Inhaltsverzeichnis

W0415013

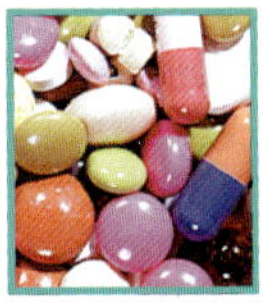

I. Stoffe, Experimente: ein erster Blick in die Chemie .... /

II. Chemische Reaktionen 27

III. Chemische Zeichensprache 43

Inhaltsverzeichnis

IV. Oxidation und Reduktion als Sauerstoffübertragung 53

V. Wasser 77

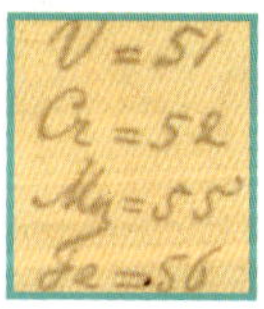

VI. Atombau und Periodensystem 89

Cl

pH 1-11

Das Buch deckt für die Wahlpflichtfächergruppe I den gesamten Lernstoff in Klasse 8 und Klasse 9, 1. Halbjahr bzw. für die Wahlpflichtfächergruppen II/III den Stoff der Klasse 9 ab. Die nicht besonders gekennzeichneten Seiten wenden sich an Schüler und Schülerinnen aller Gruppen. Inhalte, die in Gruppe I zusätzlich oder vertieft behandelt werden, haben in der Überschrift ein Sternchen und sind mit einem ganzseitigen türkisen Raster unterlegt.
Am Ende des Bandes befinden sich zwei Zusatzkapitel (zwei Sternchen), die ganzseitig violett unterlegt sind. Sie liefern aktuelle Inhalte aus dem Bereich moderner Technologien für interessierte Schülerinnen und Schüler.

	Grundwissen
A1	Aufgabe
V1	weniger gefährlicher Versuch; die Lehrkraft entscheidet, ob dieser Versuch auch von Schülern durchgeführt werden kann
V2	gefährlicher Versuch; nur für Lehrkräfte
Alles im Griff?	Übungsdoppelseite zur Wiederholung und Lernzielkontrolle
Stoffe	Mindmap – Schlüsselbegriffe des Kapitels im Zusammenhang

I. Stoffe, Experimente: ein erster Blick in die Chemie

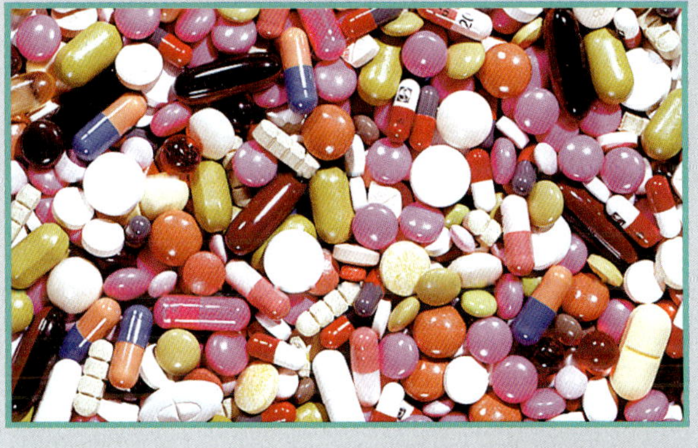

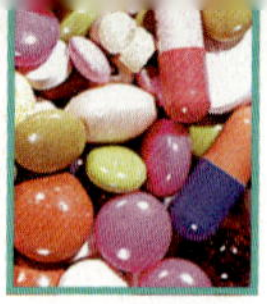

1 Ohne Chemie läuft nichts. Aufgaben und Bedeutung der Chemie

A1 Aus welchen Materialien kann ein T-Shirt (Jogging-Anzug) gefertigt sein? Woraus können Ohrstecker oder -ringe bestehen? Wie erkennst du Gegenstände, die z. B. aus Kupfer gemacht sind?

Von den Anfängen der Chemie. Schon die Menschen der Vorzeit sammelten Erfahrungen über die Veränderungen von Stoffen im Feuer (Rösten, Räuchern, Töpferei) oder beim Gerben von Häuten. Im **Altertum** beherrschten die Menschen bereits das Färben von Stoffen z. B. mit Purpur, einem Farbstoff aus der Purpurschnecke (B 1). Seine Gewinnung war so aufwändig, dass das Purpur nur für die Amtskleider von Königen oder hohen Beamten verwendet wurde (B 2).

1 Aus ca. 1200 Purpurschnecken konnten nach Zugabe von Salz durch Kochen und anschließendes Eindampfen mit Honig nur einige Gramm des kostbaren Farbstoffes gewonnen werden.

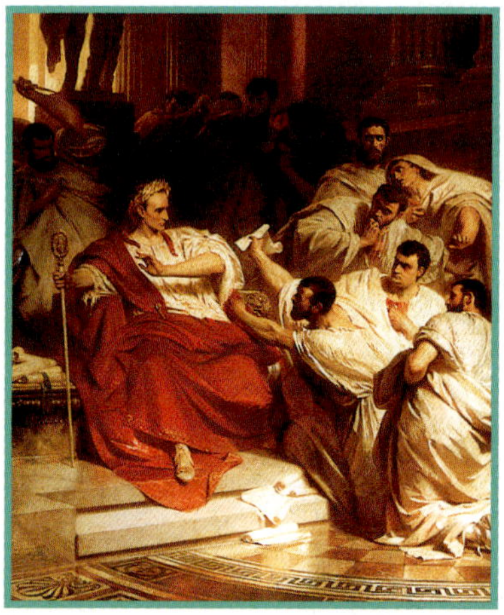

2 Purpurmantel eines Königs

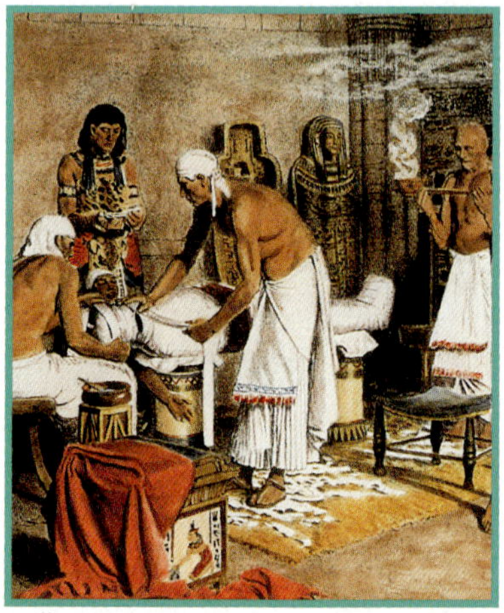

3 Ägypter bei der Einbalsamierung eines Toten

Vor 4500 Jahren bestand in **Ägypten** eine hoch entwickelte Kultur, die eng verknüpft war mit der Herstellung neuer Stoffe und der Erforschung ihrer Eigenschaften. Um die Körper ihrer Toten vor dem Verwesen zu schützen, stellten die alten Ägypter Salben und Öle her, mit denen sie den Leichnam einbalsamierten und anschließend mit Bandagen umwickelten (B 3). Solche Mumien sind bis heute in mehr oder weniger gutem Zustand erhalten.
Die Arbeit der **Alchemisten,** wie sie zwischen dem 4. und 16. Jh. betrieben wurde, war für die Entwicklung der heutigen Chemie von besonderer Bedeutung. Die Alchemisten suchten nach dem „Stein der Weisen", der vor allem zur Umwandlung von häufig vorkommenden, unedlen Metallen wie Eisen in das wertvolle und begehrte Gold verhelfen sollte. Damit Nichteingeweihten ihre Arbeiten verborgen blieben, verwendeten sie geheime Namen und Zeichen. Wir verdanken den Alchemisten eine Erweiterung der Stoffkenntnisse z. B. über Heilmittel und Giftstoffe, eine Fülle von chemischen Entdeckungen, z. B. Porzellan und Phosphor, und die Entwicklung und Verfeinerung chemischer Arbeitsmethoden (B 4). Auf all diesen Kenntnissen konnte die moderne Chemie aufbauen.

V1 Ein blank geriebener Eisennagel wird in eine Lösung von Kupfersulfat getaucht und nach kurzer Zeit herausgenommen. Der Nagel ist verkupfert worden. Dieser Versuch galt den Alchemisten als Beweis für die Umwandlung von Eisen in Kupfer. Was meinst du dazu?

A2 In einem Buch der Alchemie ist zu lesen: „Es ist falsch, wenn etliche behaupten, dass die Stoffe nicht umgewandelt werden können; sehen doch selbst die Köche täglich, wie aus Wasser Luft wird, aus luftartigen Fetten Feuer, aus Holz Asche, aus Käse Würmer, aus diesen Fliegen usw." Äußere dich zu diesen Vorstellungen!

A3 Stelle aus der Zeitung Berichte über Gefahren zusammen, die mit der Chemie in Zusammenhang gebracht werden! Um welche Gefahren handelt es sich genau? Wie denkst du darüber?

Die Aufgaben der Chemie. Die Chemie ist ein Teilbereich der Naturwissenschaften und eng mit Biologie und Physik verknüpft. In der Physik werden alle Gegenstände, die uns umgeben, als Körper bezeichnet. Man unterscheidet feste, flüssige und gasförmige Körper. Das Material, aus dem ein Körper besteht, nennt man in der Chemie Substanz oder Stoff. Jeder Stoff hat bestimmte Eigenschaften, durch die man ihn von anderen Stoffen unterscheiden kann. Der Chemiker untersucht diese Eigenschaften und die Zusammensetzung der Stoffe und versucht, Gefahren zu erkennen, die von bestimmten Stoffen ausgehen (B 5).

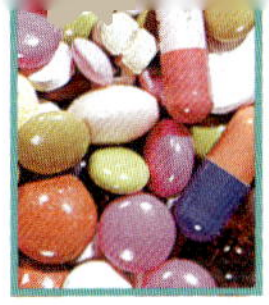

4 Alchemistisches Laboratorium

5 Modernes Labor

Chemie – die Lehre von den Stoffen, ihren Eigenschaften, ihrem Aufbau, ihren Veränderungen und ihrer Herstellung.

Arzneimittel und Farbstoffe, Kunststoffe und Treibstoffe, Mineraldünger und Schädlingsbekämpfungsmittel, Waschmittel und Körperpflegemittel, aber auch hochleistungsfähige Werkstoffe für Industrie und Technik sind Ergebnisse der chemischen Forschung (B 6).

6 Gegenstände aus dem täglichen Leben

Chemie heute. Ohne die moderne Chemie und ihre Leistungen ist unser heutiger Lebensstandard nicht mehr vorstellbar. Trotzdem verbinden viele Menschen „die Chemie" mit Abgasen in der Luft, Giften in Nahrungsmitteln, mit Unfällen usw. Eine wesentliche Aufgabe der Chemie in unserer Zeit ist es aber gerade, durch verstärkte Kontrolle der Luft, des Bodens und der Gewässer gegen diese Bedrohungen etwas zu tun. Es müssen nicht nur Lösungen gefunden werden, wie Schadstoffe aufgespürt, sondern auch wie sie beseitigt oder zumindest verringert werden können. Die Erforschung der Umweltverträglichkeit von Stoffen, die von der Industrie auf den Markt gebracht werden, ist eine weitere Aufgabe der Chemie. Eine große Herausforderung stellt die Suche nach Möglichkeiten dar, unsere Energieversorgung auch in Zukunft zu sichern und nachhaltig zu wirtschaften. Ohne Beiträge der Chemie – sei es in der Forschung oder in der Industrie – können die Probleme nicht gelöst werden.

A4 In den letzten Jahrzehnten leistete die Chemie wertvolle Beiträge in den Bereichen Ernährung, Gesundheit, Hygiene und technischer Fortschritt. Kannst du dies näher erläutern?

Aufgabe der Chemie ist die Herstellung neuer Stoffe und die Erforschung der Stoffeigenschaften. Sie untersucht mögliche Gefährdungen unserer Umwelt durch Chemikalien und schlägt Sicherheitsmaßnahmen vor. Die Chemie hat heute eine überragende Bedeutung in fast allen Bereichen unseres Lebens.

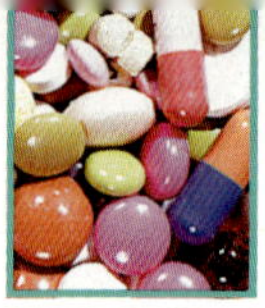

2 Verwechslung ausgeschlossen
Einfache Möglichkeiten der Stofferkennung

Erkennen und Unterscheiden von Stoffen. Um mit den vielen Stoffen, die uns im Alltag begegnen, richtig umzugehen und sie sinnvoll zu verwenden, muss man ihre Eigenschaften kennen. Vielleicht weiß der eine oder andere aus eigener Erfahrung, was passiert, wenn man eine Kunststoffschüssel auf die heiße Herdplatte stellt. Manche Stoffe können uns durch ihre gesundheitsschädlichen Eigenschaften in Gefahr bringen, z. B. Lösemittel, Lacke und Reinigungsmittel. In diesem und im nächsten Kapitel lernen wir verschiedene Möglichkeiten kennen, Stoffe zu erkennen und zu unterscheiden. Zunächst versuchen wir, einige Eigenschaften von Stoffen auf direktem Wege über unsere **Sinnesorgane** zu bestimmen.

A1 Nenne Metalle, die du leicht an der Farbe erkennen kannst!

A2 Betrachte verschiedene gelbe Stoffe aus der Chemiesammlung! Welche Namen auf den Gefäßetiketten hast du schon einmal gehört, welche hören sich interessant und neu an?

Farbe – eine Eigenschaft, die ins „Auge" fällt. Die Farbe von Gold oder Kupfer ist so kennzeichnend, dass jeder weiß, was man sich unter der Bezeichnung „goldgelb" oder „kupferrot" vorstellen soll. Wir können Gegenstände oder Münzen aus Gold oder Kupfer leicht erkennen und sie von solchen aus Silber oder anderen Metallen unterscheiden (B 1). Alle Metalle sind außerdem durch ihren **Glanz** gekennzeichnet.
Viele Stoffe fallen durch ihre charakteristische Farbe auf (B 2). Manchmal ist eine eindeutige Farbbeschreibung nicht möglich (B 3). Verwechslungen sind somit nicht ausgeschlossen. Auch bei Schmuck oder bei Münzen ist dies der Fall.

1 Manche Metalle sind an ihrer Farbe zu erkennen.

2 Kupfersulfat – blau, Schwefelpulver – gelb, Kaliumpermanganat – violett

3 Verschiedene Stoffe mit gelber Farbe

Kristalle – nicht nur wertvoll für Sammler. Die Betrachtung der Kristallform von Stoffen ist eine zuverlässige Möglichkeit zur Stofferkennung. Zucker und Salz, beides weiße Feststoffe, lassen sich auf diesem Wege gut voneinander unterscheiden (B 4). Manche von euch sind vielleicht von den Kristallformen einiger Mineralien so fasziniert, dass sie sich eine Sammlung besonders auffallender Stücke zulegen möchten. Die Kristallform entsteht durch natürliches Wachstum und manche Kristalle lassen sich sogar mit ein wenig Zeit und Geduld „züchten".

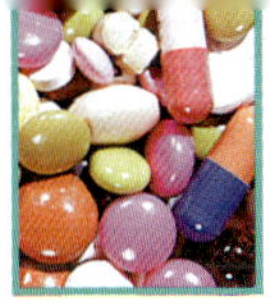

4 Kristalle von Kochsalz (links) und Zucker (rechts)

A3 Versuche, die Form einiger Kristalle genauer zu beschreiben!

Die Farbe allein ist kein Merkmal zur sicheren Stofferkennung. Das Erkennen der Kristallform ist zuverlässiger.

Geruch und Geschmack – typisch, aber nicht immer unproblematisch. Obwohl viele Stoffe scheinbar unverwechselbar riechen, z. B. Essig oder Benzin, ist eine eindeutige Geruchsbeschreibung gar nicht so leicht. Da manche Stoffe stechend riechen oder gar giftig sind, muss man eine Geruchsprobe fachmännisch durchführen. Dazu fächelt man den Geruchsstoff vorsichtig mit der Hand zur Nase (B 5). Bei Geruchsproben ist in jedem Fall darauf zu achten, dass nur kleinste Mengen eingeatmet werden. So schützt man sich auch vor geruchlosen Giftgasen.
Im alltäglichen Leben sind Geruchs- und Geschmacksempfindungen meist eng gekoppelt. Aus Erfahrung wissen wir, dass wir mit unserer Zunge verschiedene Geschmacksqualitäten unterscheiden können:

Geschmacksqualität				
sauer	süß	bitter	salzig	seifig
Essig	Zucker	Bittermandel	Kochsalz	Waschlauge

Die aufgeführten Stoffbeispiele sind uns bekannt, eine Geschmacksprobe ist hier unbedenklich. Bei unbekannten Stoffen, z. B. Chemikalien, kommt eine Geschmacksprobe nicht infrage. Viele Stoffe sind nämlich schon in kleinsten Mengen gefährlich für unsere Gesundheit. Zuverlässige Informationen über mögliche Gefahren, die von chemischen Substanzen ausgehen können, liefern die Gefahrensymbole (B 6 und Buchanhang). Giftige und gesundheitsschädliche Stoffe müssen eindeutig gekennzeichnet sein.

Farbe, Glanz, Kristallform, Geruch und Geschmack sind wichtige Eigenschaften, die für die Stofferkennung von Bedeutung sind. Geruchsproben sind vorsichtig durchzuführen; Geschmacksproben bei Chemikalien kommen nicht infrage.

5 Geruchsprobe

V1 Bei den folgenden Stoffen wird vorschriftsmäßig eine Geruchsprobe durchgeführt: Essig, Benzin, brennende Wolle (Haare), Sauerstoff. Versuche, den Geruch zu beschreiben!

6 Gefahrensymbole: giftig, gesundheitsschädlich, ätzend, entzündlich

A4 Im Anhang findest du Gefahrensymbole. Was ist allen diesen Symbolen gemeinsam? Nenne Beispiele aus dem Alltag!

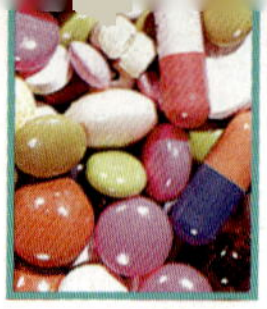

3 Im Experiment liegt Erkenntnis. Experimentelle Methoden zur Stofferkennung

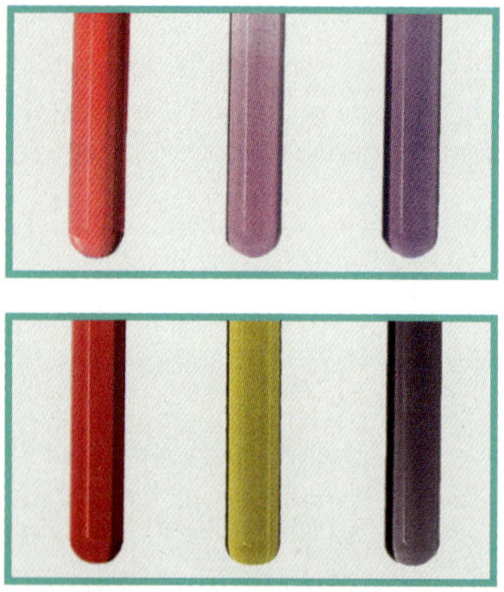

1 Indikatoren sind Farbstoffe, die in saurer, neutraler und alkalischer Lösung unterschiedliche Farben annehmen.

V1 Tropfe Blaukrautwasser in Zitronensaft, Seifenlösung, Essig und Weißwein! Welche Beobachtungen kannst du machen?

A1 Wie sind Behälter mit feuergefährlichen Flüssigkeiten gekennzeichnet?

A2 Nenne Lösemittel, die du aus dem Haushalt kennst!

V2 In ein Reagenzglas gibt man je einige Stäubchen der Farbstoffe Methylenblau und Sudan III (rot). Was beobachtet man nach Zugabe von je ca. 3 cm^3 Wasser und Benzin (vgl. B 2)?

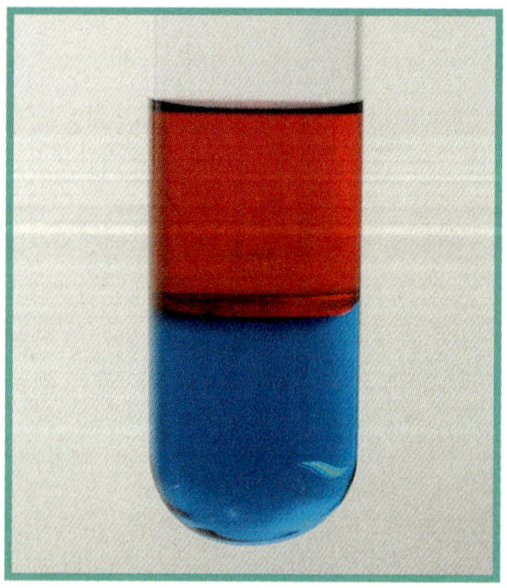

2 Der blaue Farbstoff ist in Wasser gelöst, der rote in Benzin.

Das Experiment in der Chemie. Wenn die Bestimmung der Stoffeigenschaften durch unsere Sinnesorgane nicht ausreicht, wie erhalten wir dann sichere Angaben zur Erkennung und Unterscheidung der Stoffe? Hier helfen uns **Experimente** weiter. Dabei werden **Beobachtungen** gemacht. Die Auswertung der Beobachtungen führt zu Ergebnissen, die durch weitere Versuche überprüft werden. So erhält man in der Chemie **zuverlässige Erkenntnisse**, z. B. über kennzeichnende Stoffeigenschaften. Experimente dienen in der Forschung zur Lösung chemischer Probleme und sind auch grundlegender Bestandteil des Chemieunterrichts.

Indikatoren – Farbstoffe im Dienste des Chemieunterrichts. Essig und Seifenlösung lassen sich am Geschmack als Säurelösung bzw. als Lauge erkennen. Bei vielen anderen Lösungen könnte diese Untersuchungsmethode sehr gefährlich sein. Daher verwendet man zu ihrer Erkennung Indikatoren. Das sind Farbstoffe, die in sauren bzw. laugenhaften (alkalischen) Flüssigkeiten bestimmte Farben annehmen (B 1). Im Blaukraut oder auch im Tee sind solche Farbstoffe enthalten. Es gibt aber auch andere Indikatoren, z. B. Universalindikator und Lackmus.

Kenntnis der Brennbarkeit hilft Gefahren zu vermeiden. Wir kennen brennbare (z. B. Spiritus) und nicht brennbare Stoffe (z. B. Wasser). Dies lässt sich mit kleinen Portionen gefahrlos feststellen und kann so auch zur Stofferkennung dienen. Unter den brennbaren Stoffen gibt es **feuergefährliche Flüssigkeiten und Gase.** Beim Umgang mit ihnen ist deshalb äußerste Vorsicht geboten, z. B. offenes Feuer vermeiden (s. S. 62). Behälter und Transportfahrzeuge mit feuergefährlichen Substanzen müssen besonders gekennzeichnet werden.

Stoff und Lösemittel müssen zueinander passen. Wasser ist ein **Lösemittel** für Salz und Zucker. Dagegen lösen sich Salz und Zucker in Benzin nicht auf. Die Angabe „löslich" oder „unlöslich" verlangt immer die Angabe des Lösemittels. Fett löst sich nicht in Wasser, dagegen in Benzin, d. h., Benzin ist ein Lösemittel für Fett. Die beim Auflösen eines Stoffs in einem Lösemittel erhaltene Flüssigkeit nennt man **Lösung**.
In der **chemischen Reinigung** und im **Haushalt** gibt es eine Anzahl verschiedener Lösemittel, mit denen Verschmutzungen oder Stoffrückstände beseitigt („gelöst") werden können. Dabei ist wegen Brandgefahr oder Giftigkeit Vorsicht geboten.

Die elektrische Leitfähigkeit – wichtig in Alltag und Technik. Stoffe lassen sich nach ihrer elektrischen Leitfähigkeit grundsätzlich in **Leiter** und in **Nichtleiter** einteilen. Typische elektrische Leiter sind die Metalle. Zur Prüfung der elektrischen Leitfähigkeit wird ein Stromkreis nach B 3 gebaut.

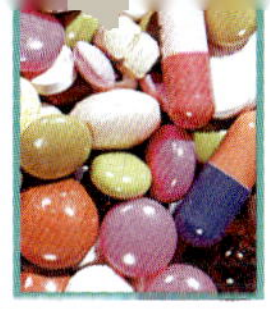

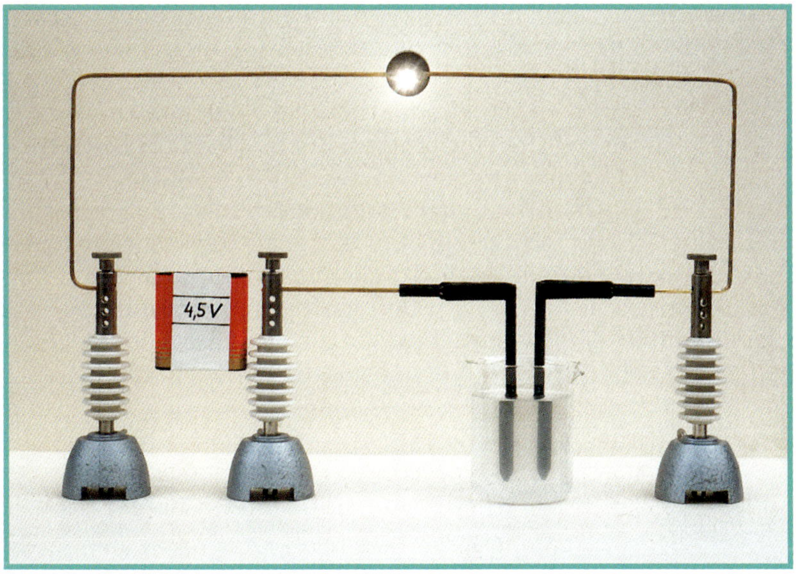

3 Prüfung der elektrischen Leitfähigkeit einer Flüssigkeit. Die Taschenlampenbatterie ist über Drähte mit einem Lämpchen (Messgerät) verbunden. Der Stromkreis ist an zwei Kohlestäben (Elektroden) unterbrochen. Taucht man die beiden Kohlestäbe in eine leitende Flüsigkeit, ist der Stromkreis geschlossen.

V3 Wir prüfen die elektrische Leitfähigkeit von Eisen, Glas, Kochsalzlösung und Zuckerwasser.

Die Ergebnisse von V 3 zeigen uns, dass auch bestimmte Lösungen den Strom leiten. Wenn elektrische Geräte mit leitenden Flüssigkeiten in Berührung kommen, ist daher höchste Vorsicht geboten (Unfälle im Badezimmer durch Stromschlag).

Schmelz- und Siedepunkt – unentbehrlich bei der Stofferkennung. Durch Bestimmung der Schmelztemperatur (**Schmelzpunkt**) erhält man eine wichtige Angabe für eine genaue Stoffbeschreibung. Du weißt vom Bleigießen an Sylvester, dass Blei schon mit einer Kerzenflamme geschmolzen werden kann. Es hat einen sehr niedrigen Schmelzpunkt (B 4). Der Schmelzpunkt entspricht der Temperatur des **Gefrierpunkts** oder **Erstarrungspunkts**. Auch der **Siedepunkt** (Siedetemperatur) kann experimentell bestimmt werden. Siedetemperaturen werden stets auf Normalbedingungen bezogen. Näheres über den Zusammenhang von Siedepunkt und Luftdruck erfährst du in der Physik. Die Siedetemperatur entspricht der Temperatur des **Kondensationspunkts.** Das ist die Temperatur, bei der sich Dampf in Tropfen abscheidet, d. h. sich verflüssigt.

4 Schmelzen von Blei

Schmelz- und Siedepunkte bei 1013 mbar in °C

Stoff	Schmelzpunkt	Siedepunkt
Blei	327,4	1751
Aluminium	660	2467
Eisen	1536	3070
Schwefel	115	445
Wasser	0,00	100
Alkohol	114	78
Essigsäure	16,6	118,5

A3 Unterscheide folgende Stoffpaare eindeutig jeweils durch eine Eigenschaft: Wasser – Alkohol, Puderzucker – Mehl, Eisen – Blei.

Experimentell bestimmbare Eigenschaften von Stoffen sind Brennbarkeit, Löslichkeit, elektrische Leitfähigkeit, Schmelzpunkt und Siedepunkt. Zur Erkennung von Säurelösungen und alkalischen Lösungen (Laugen) dienen Indikatoren.

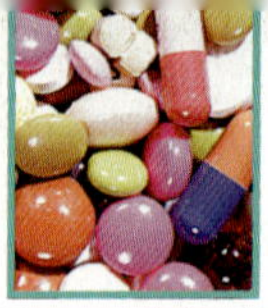

4 Stoffe auf dem Prüfstand Reinstoffe und Gemische

A1 Nimm das Lexikon zu Hilfe! Was versteht man unter Gesteinen im Gegensatz zu Mineralien?

Reinstoffe. Ein Reinstoff besitzt eine Reihe bestimmter, gleich bleibender Eigenschaften. Je mehr Eigenschaften man kennt, desto zuverlässiger kann er beschrieben werden. Die Bestimmung der Eigenschaften ist daher eine wichtige Aufgabe der Chemie. Beispiele für Reinstoffe sind Kupfer, Kochsalz und Schwefel.

Gemische. Die meisten in der Natur vorkommenden Stoffe sind Gemische. Sie bestehen aus mindestens zwei verschiedenen Reinstoffen. Die Bestandteile der Gemische können dabei in den Zustandsarten fest, flüssig oder gasförmig vorkommen. Die Eigenschaften eines Gemisches hängen davon ab, in welchem Verhältnis seine Bestandteile nebeneinander vorliegen.

1 Granit ist ein Feststoffgemisch: Es besteht aus Feldspat, Quarz und Glimmer.

A2 Legierungen sind Mischungen verschiedener Metalle. Welche Metalle sind in den Legierungen Messing und Bronze enthalten?

A3 Nenne die Bestandteile von Milch und Mineralwasser!

Verschiedene Stoffgemische – Überblick mit Beispielen

	Feststoff	Flüssigkeit	Gas
Feststoff in	Granit, Erde **Legierung** z. B. Messing, Bronze	*gelöst*: **Lösung** z. B. Zucker-, Salzwasser *ungelöst*: **Suspension** z. B. Sand in Wasser, Pfeffer in Wasser	**Rauch** z. B. Staub, Ruß in Luft
Flüssigkeit in	Bindemittel für Benzin, Heiz- und Dieselöl	*gelöst*: **Lösung** z. B. Alkohol in Wasser *ungelöst*: **Emulsion** z. B. Öl in Wasser, Milch	**Nebel, Spray** z. B. Wasser in Luft
Gas in	**poröser Stoff** z. B. Bimsstein, Ytong	*gelöst*: **Lösung** z. B. Sauerstoff in Wasser *ungelöst*: **Schaum** z. B. Seifenwasserblasen	**Gasgemisch** z. B. Luft

Ein Beispiel für ein **Feststoffgemisch** ist **Granit.** Dabei handelt es sich um ein sehr hartes Gestein, das aus mindestens drei verschiedenen Reinstoffen zusammengesetzt ist (B 1). Solche natürlichen Reinstoffe werden auch als Mineralien bezeichnet.
Gemische wie Granit, bei denen man die Bestandteile deutlich voneinander unterscheiden kann, nennt man **heterogene** Gemische (Gemenge). Im Gegensatz dazu gibt es Gemische, bei denen die Bestandteile so gleichmäßig und fein vermischt sind, dass man diese nicht unterscheiden kann, z. B. Zuckerwasser. Sie heißen **homogene** Gemische.

2 Gewinnung von Steinsalz aus einem Salzbergwerk

Wie kann man Reinstoffe und Gemische unterscheiden?
Eine Antwort auf diese Frage bietet sich an, wenn wir die **Gewinnung von Speisesalz** näher betrachten. Man erhält es aus **Steinsalz**, das aus Bergwerken gefördert wird (B 2).
Das Salzgestein ist noch mit anderen Stoffen verunreinigt, es ist ein Gemisch (B 3). Im Speisesalz, das in den Handel kommt, sind

diese Verunreinigungen bereits entfernt. Man rührt oder schüttelt das zerkleinerte Salzgestein in Wasser und trennt die ungelösten Bestandteile ab. Das zurückbleibende Salzwasser ist eine **Lösung** (B 4). Durch Verdampfen des Wassers kann man Speisesalz gewinnen. Während des Siedens steigt die Temperatur ständig an, d. h. Lösungen wie z. B. Salzwasser haben einen **Siedebereich.** Reines Speisesalz (Kochsalz) ist ein Reinstoff und besitzt einen **Siedepunkt**, der immer bei 1469 °C liegt. Der Schmelzpunkt ist ebenfalls gleich bleibend bei 800 °C.

3 Rohes Steinsalz, durch Beimengungen verunreinigt

V1 Ein Stück rohes Steinsalz wird zerkleinert und in einem Kolben mit Wasser geschüttelt. Wenn sich ein Bodensatz gebildet hat, wird die überstehende Flüssigkeit abgegossen. Was enthalten Flüssigkeit bzw. Bodensatz?

4 Beim Auflösen setzen sich unlösliche Bestandteile ab, aus der Salzlösung darüber gewinnt man Speisesalz.

A4 Reinstoffe sind im Haushalt selten. Kannst du einige Beispiele nennen?

V2 Sand und Eisenspäne werden vermischt. Aus der Mischung wird das Eisen mit einem Magneten herausgeholt.

Gemische besitzen einen Schmelz- und Siedebereich, Reinstoffe haben einen konstanten Schmelz- und Siedepunkt.

Speisesalz hat noch eine Reihe weiterer, ganz bestimmter Eigenschaften: Es ist weiß, geruchlos und kristallisiert in würfelförmigen Kristallen (S. 11, B 4). Der Geschmack ist salzig, in Wasser ist es gut löslich. Die Lösung leitet den elektrischen Strom.
Im Gemisch bleiben die Eigenschaften der einzelnen Reinstoffe erhalten. Man kann sie deshalb wieder unverändert aus einem Gemisch heraustrennen, so z. B. Speisesalz aus Salzwasser durch Verdampfen des Wassers oder Eisen aus einem Gemenge aus Sand und Eisen mithilfe eines Magneten (B 5).

5 Mit einem Magneten können Eisenspäne aus einer Mischung mit Sand herausgeholt werden.

Gemische bestehen aus verschiedenen Stoffen. Die Anteile der einzelnen Stoffe können unterschiedlich sein. Daraus ergeben sich veränderliche Eigenschaften.
Reinstoffe sind im Gegensatz zu Gemischen Stoffe mit gleich bleibenden Eigenschaften.

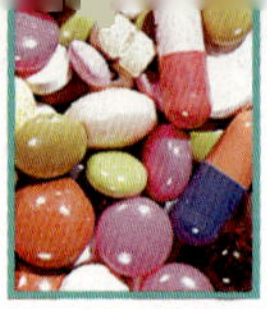

5 Dem Reinstoff auf der Spur
Trennung von Gemischen

V1 Eine Salzlösung bringt man zum Sieden und hält eine kalte Glas- oder Porzellanschale in den entweichenden Dampf. Vergleiche den Geschmack der Ausgangslösung mit dem der aufgefangenen Flüssigkeit! Erkläre!

A1 Ca. 1 Löffel Gartenerde wird in ein Glas Wasser gegeben und gut verrührt. Überlege die Reihenfolge und den Sinn der Anwendung folgender Trennverfahren: Eindampfen, Dekantieren („Abgießen“), Filtrieren.

1 Beim Goldwaschen wird der leichte Sand weitgehend weggeschwemmt; auf dem Boden der Schüssel werden Goldkörnchen sichtbar.

A2 Aus Wein lässt sich Branntwein gewinnen. Welches Trennverfahren wird hier angewandt? Erkläre!

Wie können Gemische getrennt werden? Stoffe kommen in der Natur meist als Gemische vor. Seit alters her standen die Menschen aber vor dem Problem, dass sie nur an ganz bestimmten Bestandteilen interessiert waren, so z. B. an Speisesalz im Salzgestein oder an Goldstaub im Flusssand. Es mussten also Möglichkeiten gefunden werden, aus Gemischen den gewünschten Stoff abzutrennen.

Die Grundlage dafür ist die Tatsache, dass die **Eigenschaften der einzelnen Bestandteile im Gemisch erhalten bleiben**. Die unterschiedlichen Eigenschaften können bei der Auftrennung genutzt werden. So wird der goldhaltige Sand beim „Goldwaschen“ in einer Schüssel mit Wasser so bewegt, dass sich die schweren Goldkörner (Dichte ca. 19 g/cm^3) absetzen können und der leichtere Sand (Dichte ca. 3 g/cm^3) weggeschwemmt wird. Diese Methode hat sich bis heute fast unverändert erhalten (B 1). Aus dem Alltag bekannt ist uns auch das Abtrennen von Teeblättern oder Kaffeesatz von der Flüssigkeit durch ein Sieb bzw. einen Filter.

Gewinnung von Reinstoffen – eine wichtige Aufgabe der Chemie. Um die unterschiedlichen Eigenschaften der Gemischbestandteile möglichst effektiv ausnutzen zu können, wurden spezielle Geräte und Trennverfahren entwickelt. Heute ist es ohne weiteres möglich, Gemische von wenigen millionstel Gramm in die Bestandteile zu zerlegen!

Zu den alltäglichen Trennverfahren gehören auch heute noch in jedem Labor das **Filtrieren** und das **Destillieren**. Während man beim Filtrieren die unterschiedliche Teilchengröße der einzelnen Bestandteile ausnutzt, beruht das Trennprinzip beim Destillieren auf den verschiedenen Siede- bzw. Kondensationspunkten der Gemischanteile (B 2).

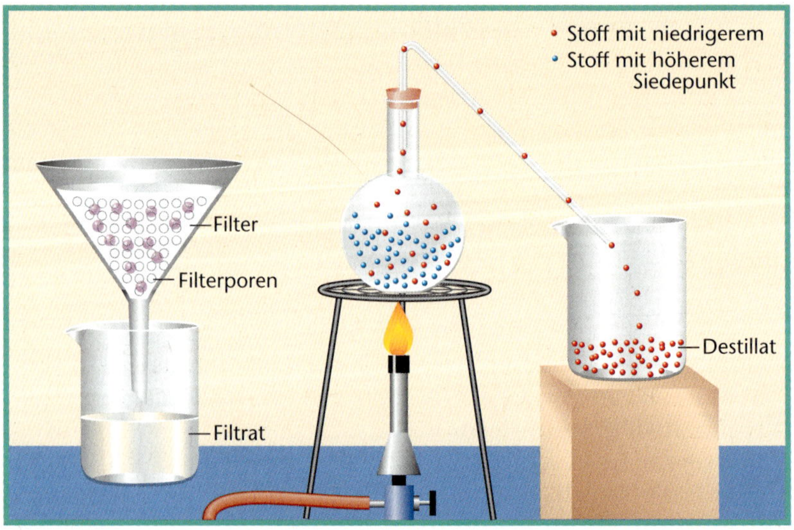

2 Zwei „klassische“ Trennverfahren im Modell: Filtrieren (links) und Destillieren (rechts)

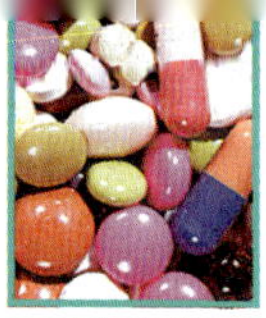

Trennverfahren im Überblick			
Trennverfahren	**Stoffeigenschaften, die zum Trennen ausgenutzt werden**	**Beispiele**	
Sieben Filtrieren	Teilchengröße	Trennen von Sand und Kies Filtern von Kaffee	
Destillieren	Siedepunkt Kondensationspunkt	„Schnapsbrennen" Gewinnung von destilliertem Wasser	
Dekantieren (Abgießen)	Dichte	Wasser von abgesetztem Quark trennen	
Zentrifugieren	Dichte	Fett aus der Milch abtrennen	
Extrahieren (Herauslösen)	Löslichkeit	Öl (Fett) aus Pflanzensamen gewinnen, Farb- u. Aromastoffe aus Teeblättern herauslösen, Koffein aus schwarzem Tee und Bohnenkaffee herauslösen	 

Einfaches Prinzip mit ungeheuren Möglichkeiten – Chromatographie: Dabei handelt es sich um ein besonders effektives Verfahren zur Untersuchung und Auftrennung von Gemischen. Der Begriff „Chromatographie" (von griech. chroma = Farbe und graphein = schreiben) beruht darauf, dass man ursprünglich mit **Farbstoffgemischen** gearbeitet hat, bei denen der Trenneffekt leicht erkennbar war. Aber auch nicht gefärbte Substanzen, die mit diesem Verfahren getrennt werden, lassen sich durch Umwandlung in farbige Produkte oder mittels physikalisch-chemischer Nachweisgeräte aufspüren.
In den letzten Jahrzehnten hat sich die Chromatographie zu einer Methode entwickelt, ohne die die moderne Chemie nicht mehr vorstellbar ist. Immer wieder erfahren wir durch die Presse von einem neuen Doping-Fall, vor allem bei großen sportlichen Wettkämpfen. Wie groß die Leistungsfähigkeit der Chromatographie ist, zeigt sich darin, dass selbst Spuren von **Dopingmitteln** im Urin sicher nachgewiesen werden können.
Die vielen chromatographischen Techniken, die bis heute entwickelt wurden, beruhen alle auf einem **einzigen Prinzip**: Eine bewegliche („mobile") Phase, in der sich das aufzutrennende Gemisch befindet, wird an einer unbeweglichen („stationären") Phase – z. B. einem Filterpapier – vorbeigeführt. Dabei „wandern" die Gemischbestandteile aufgrund ihrer unterschiedlichen Eigenschaften verschieden schnell, weil sie von der stationären Phase weniger oder mehr festgehalten werden. So kommt es allmählich zu einer Auftrennung des Gemisches (B 3).

Beim Auftrennen von Gemischen nutzt man die unterschiedlichen Eigenschaften der Gemischbestandteile aus. Wichtige Trennverfahren sind: Filtrieren, Destillieren, Dekantieren, Zentrifugieren, Extrahieren und Chromatographieren.

V2 Ein Streifen Filterpapier (besser Chromatographiepapier) wird an einem Ende geknickt, sodass er über einen quer gelegten Stab (Bleistift o. ä.) in ein Becherglas oder Einmachglas eingehängt werden kann. Etwa 2 cm vom unteren Papierrand entfernt zieht man mit einem schwarzen Filzstift einen Querstrich und hängt dann das Filterpapier in das Glas, dessen Boden ca. 1 cm hoch mit Wasser bedeckt ist; dabei muss sich der Farbstrich unbedingt oberhalb der Wasseroberfläche befinden.

3 Demonstration der Chromatographie mit schwarzer Filzstiftfarbe

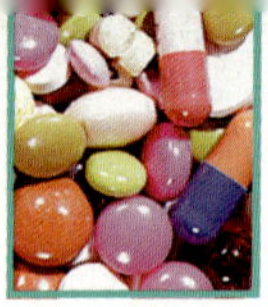

6 Unsichtbares wird sichtbar. Modellvorstellung vom Feinbau der Stoffe

1 Griechischer Naturphilosoph

V1 Man gibt in einen Standzylinder mit Wasser einen Kaliumpermanganatkristall und lässt das Gefäß ruhig stehen. Beobachtung nach einigen Minuten? Nach einigen Tagen?

V2 50 cm³ Alkohol (z. B. Brennspiritus, Methanol) und 50 cm³ Wasser werden in einem Messzylinder vermischt. Wie groß ist das Volumen der erhaltenen Mischung?

A1 Versuche das Ergebnis von V 2 zu deuten! Nimm an, dass verschiedene Stoffe vermutlich aus verschieden großen Teilchen bestehen!

Ist ein Stoff beliebig oft teilbar? Wir wissen nicht, wer zuerst auf den Gedanken kam, Stoffe könnten aus kleinsten, nicht mehr zerlegbaren Teilchen aufgebaut sein. Sicher ist, dass schon in der griechischen Philosophie diese Idee eine Rolle spielte. Einer ihrer bedeutendsten Vertreter, **Demokrit** (460–370 v. Chr.) aus Abdera, nannte diese Teilchen **Atome**. Das Wort bedeutet so viel wie „nicht weiter teilbar". Wie kam er darauf? Vielleicht so, wie es in B 1 dargestellt ist. Dass dieser Gedanke erst nach über 2000 Jahren wieder aufgegriffen wurde, erscheint zunächst erstaunlich, ist aber verständlich: Was sollten die Menschen damals damit anfangen? Weder konnte man ihnen diese kleinsten Teilchen zeigen, noch sahen sie in den Überlegungen irgendeine praktische Bedeutung. Der englische Naturforscher **J. Dalton** (1766–1844) verhalf zu Beginn des 19. Jahrhunderts diesen alten Ideen zum Durchbruch. Er zog sie zur Deutung von Versuchsbeobachtungen heran und seine Überlegungen waren so überzeugend, dass sich diese Vorstellungen sehr rasch in der Wissenschaft durchsetzten.

Diese Vorstellung vom Aufbau der Stoffe nennt man das Teilchenmodell vom Aufbau der Materie: Jeder Stoff ist aus unsichtbar kleinen Teilchen aufgebaut (z. B. Atomen).

Modelle als Verständnishilfen. Die Wissenschaft verwendet Modellvorstellungen und Modelle um Tatsachen und Vorgänge der Natur sowie Beobachtungen bei Experimenten anschaulich darzustellen, d. h. so zu beschreiben, dass wir sie uns vorstellen können. Mithilfe des Teilchenmodells können wir uns z. B. das Auflösen eines Zuckerstückchens gut erklären (B 2).

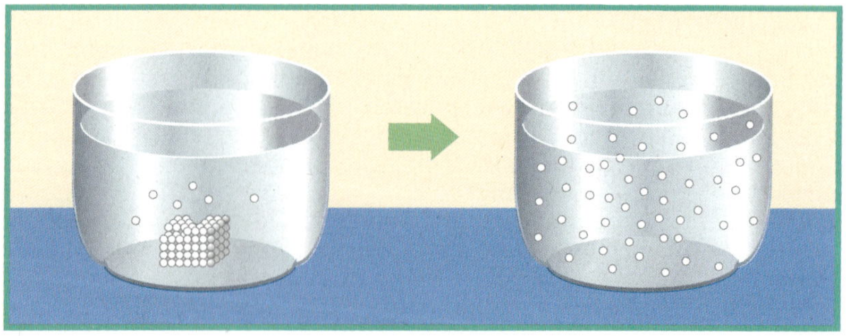

2 Modellvorstellung: Auflösen eines Zuckerstückchens

Beim Lösen wird dieses in winzige Teilchen zerkleinert, die wir nicht mehr sehen können. Sie sind im Wasser verteilt, aber offensichtlich noch vorhanden, wie eine Geschmacksprobe beweist. Beim Verdampfen des Wassers lagern sich die Zuckerteilchen wieder zu sichtbaren Kristallen zusammen.
Auch die Geruchswahrnehmung können wir mit dem Teilchenmodell einleuchtend deuten, indem wir annehmen, dass „Duft-

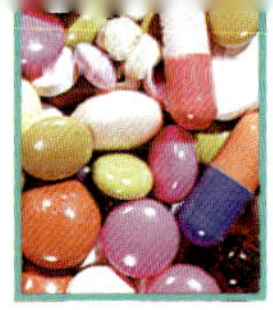

teilchen" von dem Stoff (z. B. einer Blüte) in unsere Nase gelangen und dort den entsprechenden Eindruck hervorrufen. Allerdings können wir mit Modellen keineswegs alles erklären. Das Teilchenmodell gibt uns z. B. keine Antwort auf die Beobachtung, dass sich manche Stoffe, wie etwa Benzin, nicht in Wasser lösen. Wir müssen dann Modelle verfeinern oder nach anderen, brauchbareren Vorstellungen suchen.

Zustandsarten und Teilchenmodell. Bei der Deutung der Zustandsarten und Zustandsänderungen der Stoffe bewährt sich das Teilchenmodell. Das hatte schon Dalton festgestellt. Die Tatsache, dass Stoffe in den Aggregatzuständen fest, flüssig und gasförmig auftreten können, erklärte er so: „Alle Stoffe bestehen aus einer ungeheuren Anzahl von äußerst kleinen Teilchen. Diese sind miteinander durch eine stärkere oder schwächere Anziehungskraft verbunden". Wärme bedeutet nach diesem Modell die Bewegungsenergie der Teilchen. Wärmezufuhr vergrößert die Bewegungsenergie, sodass die Teilchen die gegenseitigen Anziehungskräfte überwinden und ihre Plätze verlassen können – der Stoff wird flüssig oder sogar gasförmig. Im Physikunterricht wurden diese Vorstellungen bereits genauer besprochen. Wegen ihrer großen Bedeutung auch für die Chemie sind sie nochmals zusammenfassend dargestellt.

A2 Du kennst den Globus als ein „Modell" unserer Erde.
Überlege, wobei dir dieses Modell hilfreich sein kann!
Suche nach Merkmalen oder Eigenschaften dieses Modells, die offensichtlich nicht der Wirklichkeit entsprechen!
Nenne Fragen, zu denen dieses Modell keine Aussagen macht!

A3 Nimm Stellung zu den Aussagen: „Ein Modell ist entweder richtig oder falsch" und „Wenn schon ein Modell, dann das richtige"!

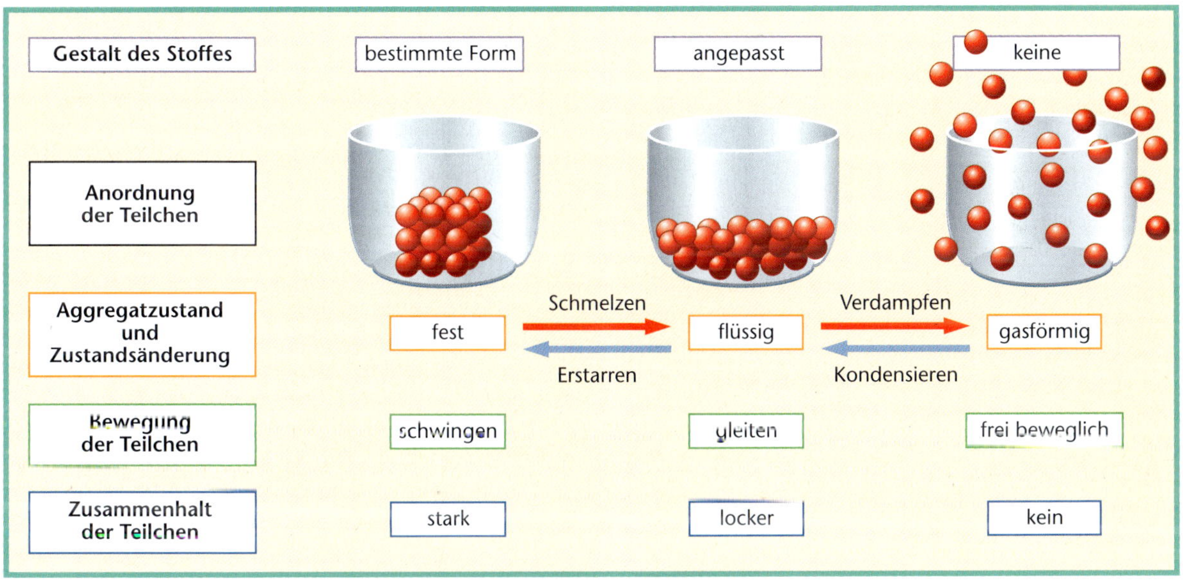

3 Zustandsarten und Zustandsänderungen nach dem Teilchenmodell

Nach dem Teilchenmodell bestehen alle Stoffe aus unvorstellbar kleinen Teilchen. In der Wissenschaft dienen Modelle zur Veranschaulichung und als Vorstellungshilfen. Jedes Modell kann nur innerhalb bestimmter Grenzen angewendet werden.

7 Kleine Teilchen – große Zahlen
Atome und Moleküle

1 John Dalton (1766–1844)

Aus der Chemiegeschichte. Schon J. Dalton ging von einer begrenzten Zahl unterschiedlicher Atomsorten aus. Andererseits kannte man bereits damals eine nahezu unbegrenzte Vielzahl von Stoffen. Wie kommt diese Vielfalt zustande? Dalton vermutete, dass sich verschiedene Atome zu großen Verbänden zusammenschließen und sich dabei vielfältig kombinieren lassen. Diese aus Atomen zusammengesetzten Teilchen nennen wir heute **Moleküle**. Wie er sich das vorstellte finden wir in B 2 und B 3 dargestellt. Die Arbeit des Chemikers beruht dann (einfach ausgedrückt) auf dem Zusammenfügen und Trennen der Atome voneinander.

2 Durch unterschiedliche Farben und Größen können die verschiedenen Atomsorten veranschaulicht werden.

3 Gleiche oder verschiedenartige Atome können sich auch zu Molekülen vereinigen.

Die aus Atomen zusammengesetzten Teilchen nennt man Moleküle.

Atome und Moleküle kann man sichtbar machen. Die Beweise für die Existenz von Atomen und Molekülen wurden seit Dalton immer zahlreicher und überzeugender. Im Laufe des 20. Jahrhunderts gelang es dann, diese winzigen Teilchen direkt nachzuweisen. Das Feldelektronenmikroskop lieferte bereits eindrucksvolle Bilder. Noch wesentlich leistungsfähiger sind die so genannten Tunnelmikroskope und ihre verschiedenen Varianten, die von G. Binnig und H. Rohrer um 1980 entwickelt wurden. Diese Geräte ermöglichen uns überwältigende Einblicke in die Welt des Allerkleinsten und erlauben uns sogar die Manipulation (z. B. Hin- und Herschieben) einzelner Atome (s. B 4)!

Größe und Masse der Atome und Moleküle. Die verschiedenen Arten von Atomen unterscheiden sich voneinander in ihrer Größe und Masse.
Der Durchmesser eines Atoms liegt in der Größenordnung von etwa 100 Pikometer. 1 Pikometer (pm) = 10^{-12} m.
Zur Verdeutlichung ein Beispiel: Ein Stecknadelkopf enthält etwa 100 Trillionen (10^{20}) Eisenatome. Aneinander gereiht würden diese eine Kette bilden, die man ca. 25-mal zwischen Erde und Mond spannen könnte!
Entsprechend leicht sind natürlich einzelne Atome. Die **Masse** des **leichtesten Atoms**, des **Wasserstoffatoms**, beträgt 0,000 000 000 000 000 000 000 001 6 g = $1{,}6 \cdot 10^{-24}$ g.

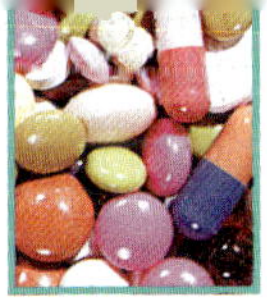

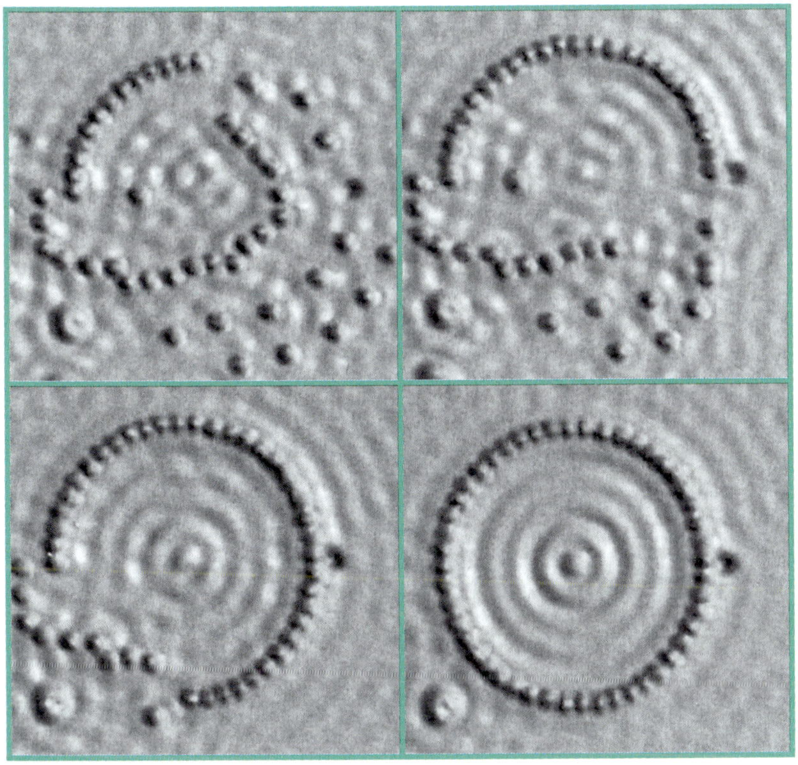

4 Rastertunnelmikroskopaufnahme von Eisenatomen auf einer Kupferoberfläche: Die Eisenatome wurden unter dem Mikroskop zu einem Ring angeordnet.

Die Masse eines Moleküls ergibt sich aus der Summe der Massen aller Atome, aus denen ein Molekül besteht. Auch dies ergibt immer noch unvorstellbar kleine Massen.

Relative Atom- und Molekülmassen. Für die praktische Arbeit des Chemikers spielen die absoluten Atommassen keine Rolle, im Gegenteil, sie erschweren selbst die einfachsten Berechnungen. Man hat sich deshalb nach internationaler Übereinkunft auf ein **Bezugsatom** geeinigt und wählte dafür zunächst das Wasserstoffatom, weil es das leichteste Atom ist (moderne Definition: s. Randleiste!). Es erhielt die **relative Atommasse 1**. Nun konnten die Massen der übrigen Atome und Moleküle als ein Vielfaches der Masse eines Wasserstoffatoms ausgedrückt werden. Ein Sauerstoffatom, relative Atommasse 16, ist demnach 16-mal schwerer als ein Wasserstoffatom. Ein Wassermolekül, bestehend aus zwei Wasserstoffatomen und einem Sauerstoffatom, hat die relative Molekülmasse 18 (1+1+16). Relative Atom- und Molekülmassen sind Verhältniszahlen und haben deshalb keine Einheit.

Verbinden sich zwei oder mehrere Atome miteinander, entsteht ein Molekül.
Die relativen Atom- und Molekülmassen sind Vergleichszahlen.

A1 Bezugspunkte spielen nicht nur in der Chemie eine Rolle. Beispiele: Angabe der Höhe eines Bergs, der Temperatur, des Luftdrucks. Nenne die entsprechenden Bezugspunkte!

Hinweis: Die **relative Atommasse** (moderne Definition) gibt an, wie viel mal schwerer ein Atom ist als 1/12 der Masse eines Kohlenstoffatoms.
Die Zahlenwerte unterscheiden sich nur unwesentlich von den auf das Wasserstoffatom bezogenen.

Beispiele für relative Atommassen

Wasserstoff	1
Kohlenstoff	12
Sauerstoff	16
Aluminium	27
Eisen	56
Uran	238

Hinweis: Die relativen Atommassen sämtlicher Elemente findest du auf der Innenseite des Buchdeckels. Die Zahlen werden im Allgemeinen auf- oder abgerundet.

A2 Berechne die relative Molekülmasse eines Methanmoleküls! Dieses besteht aus 1 Kohlenstoffatom und 4 Wasserstoffatomen.

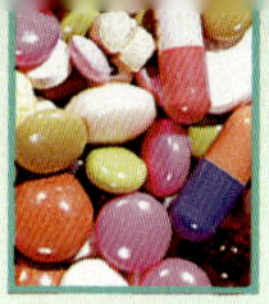

*8 Wenig ist oft viel. Das Mol, die Mengeneinheit der Chemie

Kann man Atome zählen oder wiegen? Ein Wasserstoffatom hat die unvorstellbar kleine Masse von $1{,}6 \cdot 10^{-24}$ g. Es versteht sich, dass auch die besten Waagen bei weitem nicht imstande sind, solche winzigen Massen abzuwiegen. Bequem zu handhaben wären Stoffportionen in Gramm. Wie viele Wasserstoffatome braucht man, um 1 g Wasserstoff zu erhalten? Eine einfache Rechnung: $x \cdot 1{,}6 \cdot 10^{-24}\,g = 1\,g$; $x = 6{,}025 \cdot 10^{23}$. Diese Teilchenmenge nennt man 1 mol.

1 mol ist die Menge von $6{,}025 \cdot 10^{23}$ Teilchen, z. B. Atome, Moleküle.

1 mol Eisen besteht also aus ungefähr $6 \cdot 10^{23}$ Eisenatomen, 1 mol Kohlenstoff aus $6 \cdot 10^{23}$ Kohlenstoffatomen, 1 mol Wasser aus $6 \cdot 10^{23}$ Wassermolekülen usw. Eine einfache Überlegung führt uns zur praktischen Nutzung dieser Stoffmengen:
1 mol Wasserstoffatome wiegt 1 g (s. o.). 1 Kohlenstoffatom ist 12-mal schwerer als 1 Wasserstoffatom, folglich ist 1 mol Kohlenstoffatome auch 12-mal schwerer als 1 mol Wasserstoffatome, 1 mol Kohlenstoffatome wiegt also 12 g. 1 mol Eisenatome wiegt nach dieser Überlegung 56 g, 1 mol Wassermoleküle 18 g.

A1 Auch im Alltag verwendest du Mengeneinheiten, z. B. 1 Dutzend (= 12 Stück). Suche nach weiteren Mengeneinheiten!

A2 Wie viel mol Wasser enthält 1 l Wasser (1 kg Wasser)? Wie viele Teilchen sind das?

A3 Du hast vor dir 1 mol Kohlenstoff und 1 mol Schwefel. Was ist gleich, was ist verschieden? Begründe jeweils!

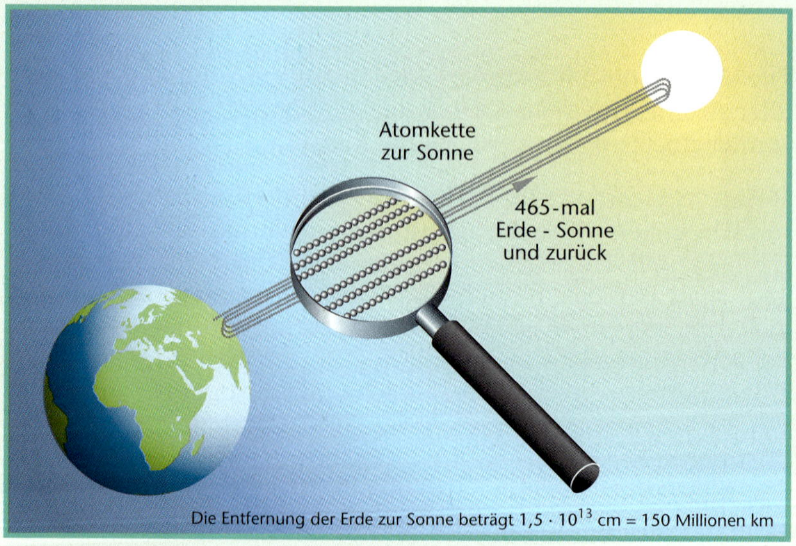

1 Ein Eisenwürfel mit einer Kantenlänge von knapp 2 cm enthält 1 mol Eisenatome. Ein Eisenatom hat einen Radius von 116 pm (1 pm = 10^{-12} m). Könnte man die Atome dieses Eisenwürfels so aufreihen, dass ein Atom unmittelbar an das nächste gereiht wird, würde man eine Kette aus Eisenatomen erhalten, die 465-mal von der Erde zur Sonne und zurück reicht.

Die Masse von 1 mol eines Stoffs erhält man, indem man den Zahlenwert der relativen Teilchenmasse (z. B. Atom- oder Molekülmasse) mit der Einheit Gramm versieht.

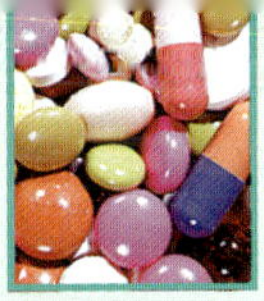

Berechnung von Stoffmengen. Zur Beschreibung oder Durchführung seiner chemischen Arbeit benötigt der Chemiker die Anzahl von Teilchen (Atome, Moleküle), die zusammentreten, umgruppiert oder getrennt werden. Das lässt sich mithilfe der molaren Massen problemlos angeben. Ein Beispiel: Will der Chemiker gleich viele Eisen- und Schwefelatome haben, so wiegt er Eisen und Schwefel im Verhältnis ihrer relativen Atommassen ab, also z. B. 56 g Eisen und 32 g Schwefel. Er kann sowohl ein Vielfaches als auch einen Bruchteil dieser Stoffportionen nehmen. Überwiegt eine Atomsorte, so finden die überzähligen Atome keinen Reaktionspartner. Sie liegen unverändert neben dem Reaktionsprodukt vor.

Die Veranschaulichung des Molbegriffs. B 1 lässt ahnen, welch ungeheure Teilchenzahl in 1 mol eines Stoffs enthalten ist. Dazu ein weiteres Beispiel: Die gesamte Landoberfläche der Erde (149 137 000 km^2) soll – in Gedanken – mit 1 mol Würfelzucker-Stückchen bedeckt werden (Annahme: 1 Zuckerwürfel entspricht 1 cm^3). Wenn alle Erdteile lückenlos bedeckt sind, bleiben immer noch Zuckerwürfel übrig, sodass sie übereinandergeschichtet werden müssen. Welche Gesamthöhe wird mit den $6 \cdot 10^{23}$ Zuckerstückchen erreicht? Antwort: ca. 4 km!

Das Mol ist die Mengeneinheit der Chemie.
Die molare Masse ist die Masse von 1 mol in der Einheit g (g/mol).

2 Zählen oder Abwiegen?

A4 Große Stückzahlen von Muttern oder Schrauben kann man durch Wiegen statt durch Abzählen abmessen. Wie erhält man durch Wiegen gleich viele Schrauben und Muttern?

A5 Abb. 3 zeigt je 1 mol von verschiedenen Stoffen. Wieso ist das Häufchen Glucose (Traubenzucker) größer als das Häufchen Schwefel?

A6 $6 \cdot 10^{23}$ Geldstücke sollen gezählt werden. Annahme: Eine Person zählt pro Sekunde ein Geldstück, es zählt die gesamte Menschheit (6 Milliarden) Tag und Nacht. Wie lange wird gezählt?

3 Die Aufnahme zeigt jeweils 1 mol verschiedener Stoffe.

Alles im Griff?

1. Hilfe!

Nur ein Versuchsaufbau zur elektrischen Leitfähigkeit ist korrekt. Welche Fehler haben sich bei den beiden anderen eingeschlichen?

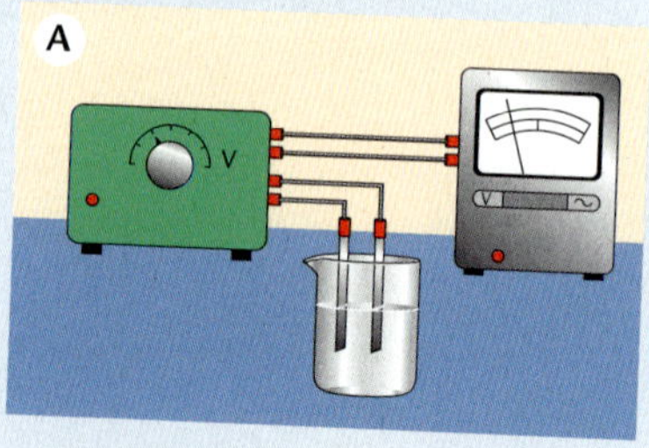

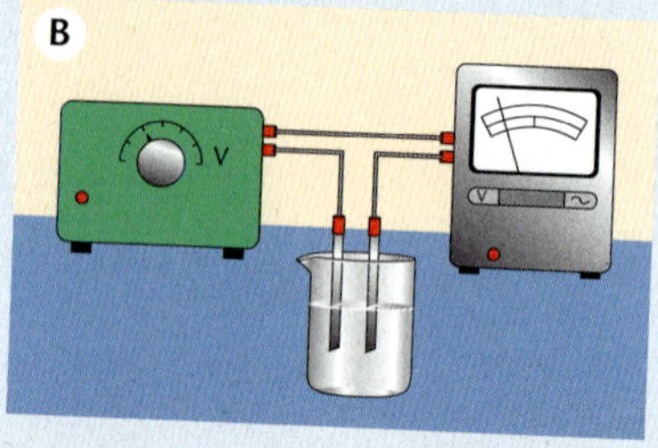

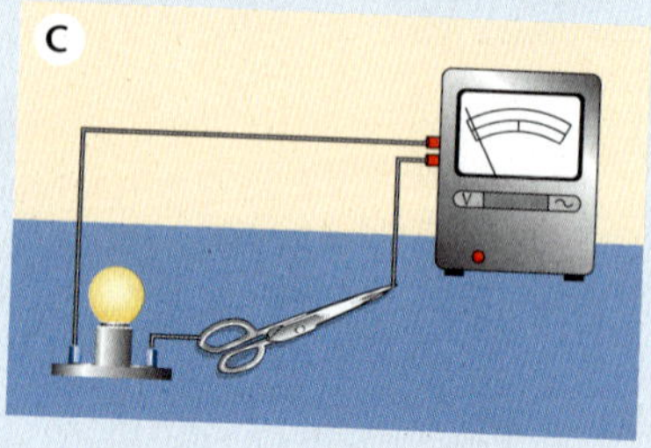

2. Ein kleines Missgeschick!

Stutzig hat aus den Vorratsbehältern A (Phenolphthalein), B (Natronlauge) und C (destilliertes Wasser) drei Reagenzgläser befüllt. Er hat vergessen, die Reagenzgläser zu beschriften. Wie kann er das mit Wasser gefüllte Reagenzglas herausfinden?

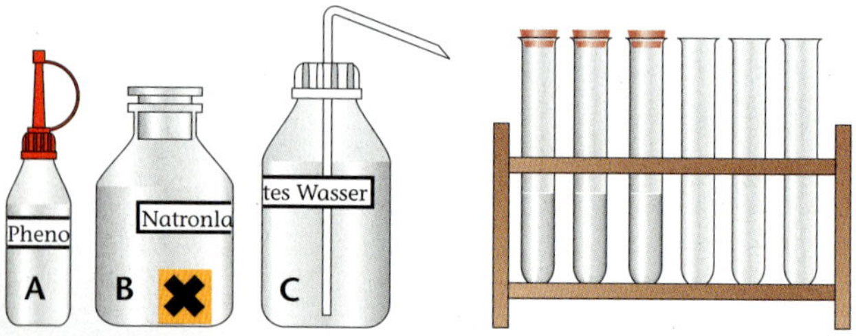

3. So nicht!

Stutzig will mit dieser Apparatur Schnaps brennen. Wieso funktioniert sie nicht?

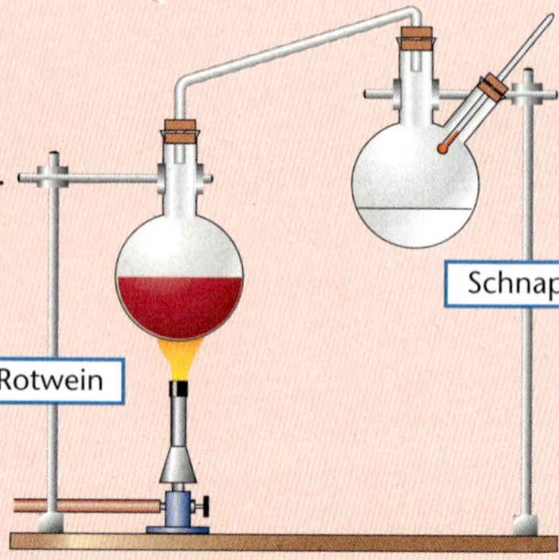

4. Damit arbeitet jeder Chemiker.

Ordne zu: Pipette – Messzylinder – Magnet – Trichter – Uhrglas – Spritzflasche – Filterpapier – Porzellanschälchen – Gasbrenner – Becherglas – Filtrat – Tiegelzange – Rundkolben – Erlenmeyerkolben – Dreibein – Reagenzglas – Mörser mit Pistill

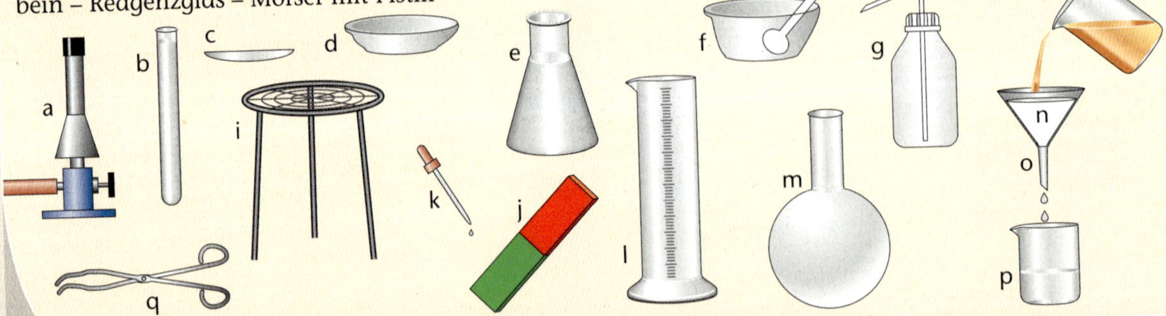

5. Reinstoff oder Gemisch?

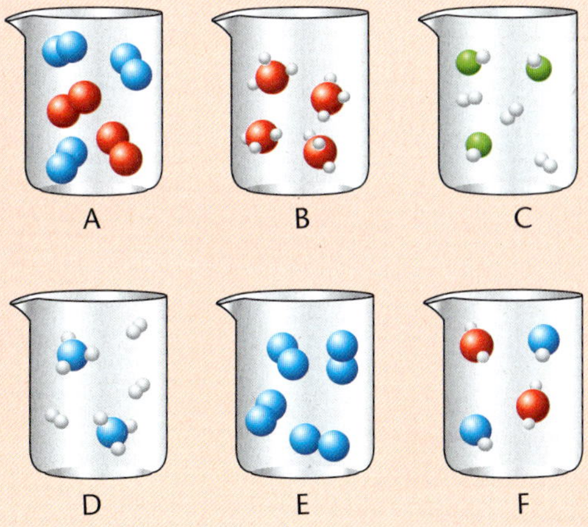

✱ 6. Schiedsrichter gesucht!

Welches Gefäß enthält **mehr Atome**?

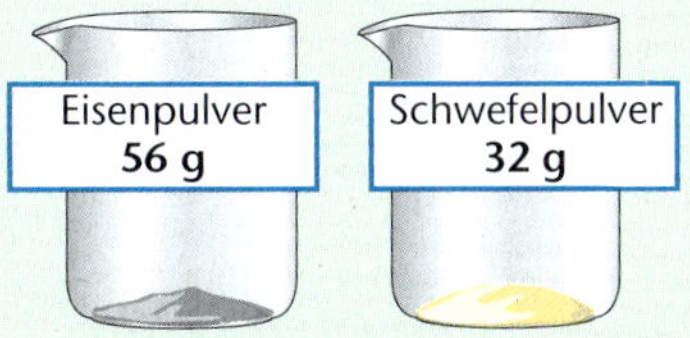

Deutschlehrer: „Es ist eindeutig mehr Schwefel als Eisen. Das erkenne ich an der Größe der Häufchen.“

Physiklehrer: „Es ist eindeutig mehr Eisen als Schwefel. Das erkenne ich an den unterschiedlichen Massen.“

Chemielehrer: „Ihr habt beide nicht Recht, denn …“

7. Probier's aus!

Überprüfe verschiedene Stoffe auf ihre Löslichkeit in Wasser und halte dein Ergebnis in einer Tabelle (siehe Beispiel unten) fest!

Stoff	Salz	Pfeffer	Zucker	Speiseöl	Essig
Löslich	?	?	?	?	?
Nicht löslich	?	?	?	?	?

8. Wie ermittelt man die Atom- bzw. Molekülmasse?

Erläutere den Modellversuch.

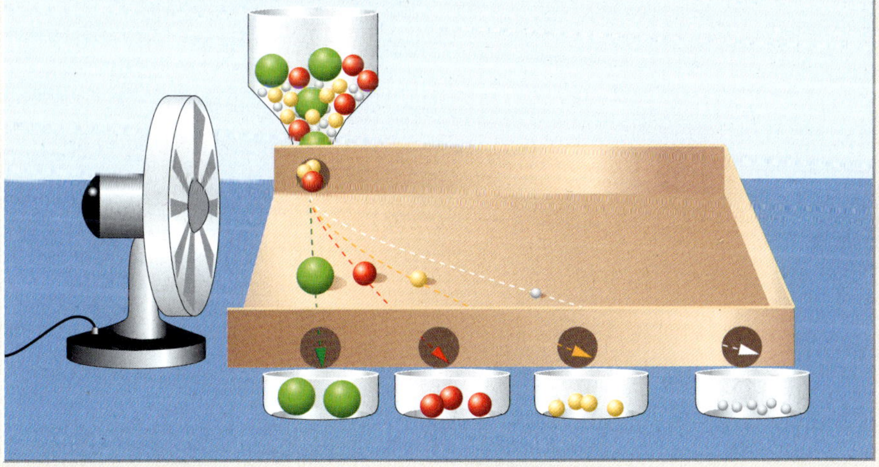

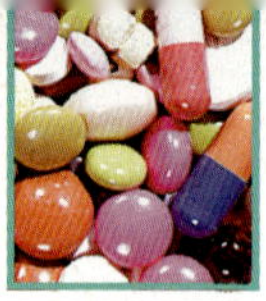

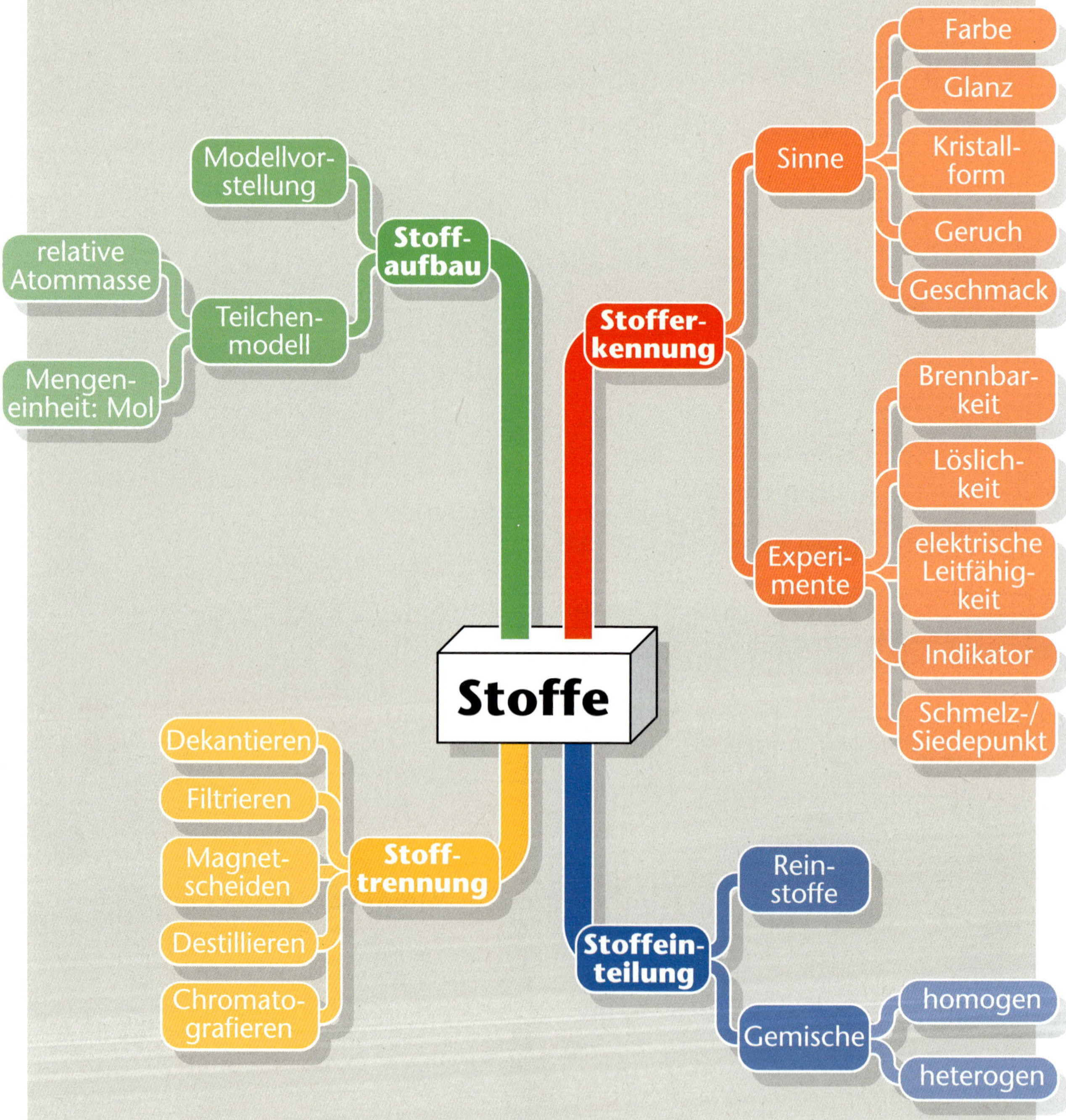

Alles Lernen ist ein Sich-Erinnern.

Plato

II. Chemische Reaktionen

9 Scheidung auf chemisch
Die Zerlegung von Stoffen

Die Trennung von Gemischen liefert keine neuen Stoffe. In einem Gemisch liegen die darin enthaltenen **Reinstoffe** unverändert vor. Aufgrund ihrer typischen Eigenschaften kann man sie mittels verschiedener physikalischer Trennverfahren in Reinstoffe „sortieren". Diese sind physikalisch nicht weiter zerlegbar und haben ganz bestimmte stoffartspezifische und konstante Eigenschaften.

V1 An die Elektroden eines Hofmann'schen Zersetzungsapparates wird Gleichspannung (10–20 V) angelegt. Nach einigen Minuten liest man das Volumenverhältnis der entstandenen Gase ab und führt mit den Gasen die Nachweisreaktionen Glimmspanprobe und Knallgasprobe durch (B 1, B 2, B 3).

Die Zerlegung von Wasser. Chemisch reines Wasser hat eine Reihe bekannter, gleich bleibender Eigenschaften, z. B. einen definierten Schmelz- und Siedepunkt – es ist ein Reinstoff. Leitet man Gleichstrom durch Wasser, so steigen an den Elektroden Gasblasen auf, das Wasser wird unter dem Einfluss des elektrischen Stroms zersetzt. Im so genannten Hofmann'schen Zersetzungsapparat (B 2) kann man die Gase getrennt auffangen und identifizieren: Am negativen Pol entsteht ein farbloses, brennbares Gas, das mit der **Knallgasprobe** als **Wasserstoff** nachgewiesen werden kann (B 3). Am positiven Pol entsteht ebenfalls ein farbloses Gas, welches nicht brennbar ist, aber einen glimmenden Holzspan zum Aufflammen bringt (**Glimmspanprobe** B 1). Es ist **Sauerstoff**.

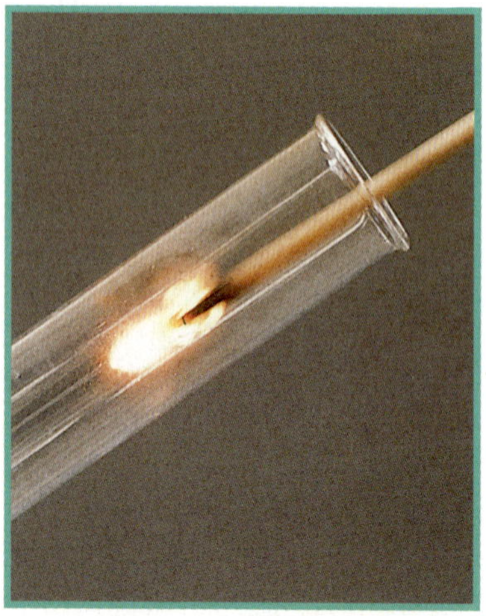

1 Durchführung einer Glimmspanprobe

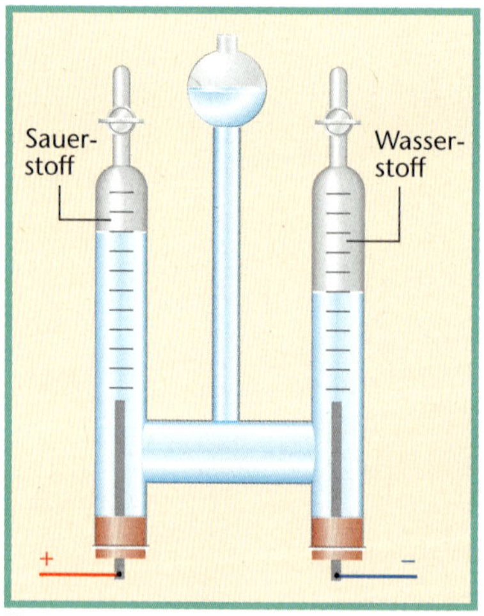

2 Apparat zur Zersetzung von Wasser mithilfe von elektrischem Strom

3 Durchführung einer Knallgasprobe

Die Zerlegung von Wasser kann in der Chemie in Form einer Reaktionsgleichung kurz so beschrieben werden:

Wasser + *Energie* ⟶ **Wasserstoff** + **Sauerstoff**

Der **Reaktionspfeil** verdeutlicht, dass das Gemisch aus Wasserstoff und Sauerstoff (**Reaktionsprodukte**) nicht das Gleiche ist wie Wasser (**Ausgangsstoff**).
Aus dem Wasser sind als neue Reinstoffe Wasserstoff und Sauerstoff mit völlig neuen Eigenschaften entstanden. Dabei ist eine **chemische Reaktion** abgelaufen.

Die Zerlegung von Stoffen

Den Vorgang der chemischen Zerlegung eines Stoffes in einfachere Bestandteile und deren Nachweis nennt man Analyse.

Zerlegung weiterer Stoffe. Erhitzt man z. B. die Reinstoffe Zucker oder Kupferacetat, so kann man beobachten, dass auch hier neue Stoffe entstehen. Diese sind allerdings nicht so einfach zu identifizieren. Die Zerlegung von Silberoxid (V 2) lässt sich dagegen wieder in einer einfachen Wortgleichung beschreiben:

Silberoxid + *Energie* ⟶ **Silber + Sauerstoff**

Bei der Zerlegung von Wasser, aber auch bei der Zerlegung anderer Stoffe wurde dauernd Energie zugeführt (elektrische Energie bzw. Wärmeenergie).

4 Zersetzung von Silberoxid

5 Zersetzung einer Kupferverbindung beim Erhitzen

6 Zersetzung von Quecksilberoxid beim Erhitzen

Chemische Vorgänge, bei denen ständig Energie zugeführt werden muss, bezeichnet man als endotherme Vorgänge.

Sowohl Wasser und Silberoxid als auch Wasserstoff und Sauerstoff sind Reinstoffe. Es besteht aber zwischen ihnen ein großer Unterschied: Es ist unmöglich, Wasserstoff und Sauerstoff weiter zu zerlegen. Solche Stoffe nennt man Grundstoffe oder **Elemente**. Wasser und Silberoxid dagegen kann man durch Energiezufuhr in neue Stoffe zerlegen, sie sind **Verbindungen** (B 7).
Durch Analysen gewinnt der Chemiker einfachere Stoffe aus kompliziert aufgebauten (z. B. Wasserstoff und Sauerstoff aus Wasser). Er kann dabei die Art und Menge der Bestandteile eines Stoffs bestimmen.

Bei einer Analyse werden chemische Verbindungen zerlegt. Verbindungen und Elemente sind zwei Arten von Reinstoffen.

V2 In einem Reagenzglas erhitzt man etwa 0,5 g Silberoxid und führt einen glimmenden Span in das Reagenzglas. Beobachtungen? (B 4)

V3 In einem Reagenzglas wird ca. 1 g Kupferformiat oder Kupferacetat erhitzt. Welcher Stoff scheidet sich an der Innenwand des Reagenzglases ab? (B 5)

A1 Im Jahr 1774 entdeckte der englische Chemiker Joseph Priestley beim Erhitzen von Quecksilberoxid den Sauerstoff und das Quecksilber. Eine weitere Zerlegung dieser Stoffe gelingt nicht. Überlege!

A2 Formuliere die Zerlegung von Quecksilberoxid durch Erhitzen in einer Wortgleichung! (B 6)

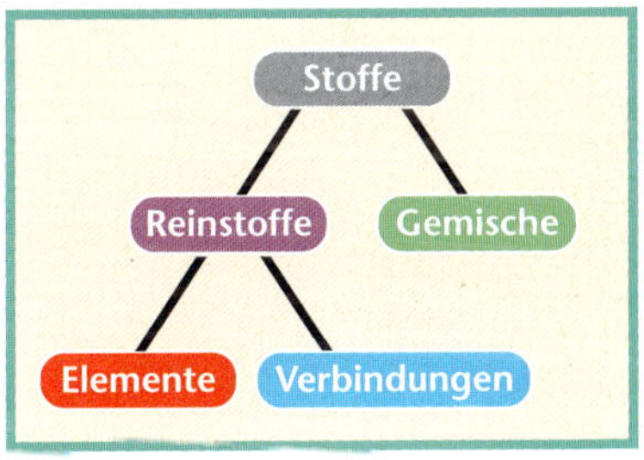

7 Alle Stoffe lassen sich in dieses Schema einordnen.

A3 Ein Streichholz wird entzündet. Handelt es sich dabei um einen chemischen Vorgang? Begründe!

10 Hochzeit auf chemisch
Synthese – die Bildung neuer Stoffe

V1 Vorsicht! Wasserstoff und Sauerstoff werden ungefähr im Volumenverhältnis 2 : 1 in einem Luftballon oder einem Kolbenprober vermischt. Nach dem Einleiten in Seifenlösung können die Blasen gezündet werden. Vorsicht, eventuell sehr laute Explosion!

V2 In einen mit Sauerstoff gefüllten hohen Standzylinder wird mit einem Glasrohr eine kleine Wasserstoffflamme eingeführt. Beobachtungen?

1 Aus dem Röhrchen strömt Wasserstoff und verbrennt zu Wasser. Im darüber gehaltenen Glas kondensiert der Wasserdampf.

V3 Eisenpulver und Schwefelpulver werden im Massenverhältnis 7 : 4 gründlich vermischt; das Gemisch wird auf einer feuerfesten Unterlage zu einem Kegel aufgehäuft. Mit einer glühenden Stricknadel kann das Gemisch gezündet werden (Zündquelle nach dem Aufglühen entfernen) (B 2).

Erfahrungen zum Thema. Wir kennen den prächtigen Glanz von Gold und Silber, von einer Aluminiumfolie oder einem neuen Kupferdach. Goldschmuck aus frühgeschichtlicher Zeit, der bei Ausgrabungen gefunden wird, zeigt diesen Glanz auch heute noch. Ein Silberbesteck kann dunkel anlaufen. Kupferdächer verlieren bald ihren Glanz, sie werden dunkel; nach Jahrzehnten sind sie mit einer grünen Schicht bedeckt. Fast alle Metalle werden im Lauf der Zeit verändert. Hinter der Veränderung von Metallen und anderen Stoffen steckt ein chemischer Vorgang, den wir jetzt an einfachen Beispielen untersuchen wollen.

Die Bildung von Wasser aus den Elementen. Vermischt man die Gase Wasserstoff und Sauerstoff bei Zimmertemperatur, erhält man ein Gasgemisch. In dem Gemisch haben Wasserstoff und Sauerstoff ihre typischen Eigenschaften behalten; man könnte beide Stoffe wieder trennen. Eine Zündung dieses Gemisches könnte gefährlich sein, deshalb tauchen wir eine Wasserstoffflamme in reinen Sauerstoff (V 2). Der Wasserstoff brennt weiter und an den kalten Wänden des Glasgefäßes kann kondensierendes Wasser (Wassertröpfchen) beobachtet werden. Aus den gasförmigen Elementen Wasserstoff und Sauerstoff hat sich unter Abgabe von Energie ein neuer Stoff mit neuen Eigenschaften gebildet: Wasser. **Wasser** ist eine **chemische Verbindung**, die aus Wasserstoff und Sauerstoff entsteht. Es kann wieder unter Zufuhr von Energie (s. S. 28) in die Elemente Wasserstoff und Sauerstoff zerlegt werden. Die Bildung von Wasser lässt sich in Form einer Reaktionsgleichung beschreiben:

$$\textbf{Wasserstoff} + \textbf{Sauerstoff} \longrightarrow \textbf{Wasser} + \textit{Energie}$$

Allgemein nennt man die chemische Vereinigung von Stoffen zu neuen Stoffen eine Synthese.

Weitere Synthesen. Die Elemente Eisen und Schwefel sollen miteinander vereinigt werden (V 3). Man vermischt Eisenpulver mit Schwefelpulver und erhält ein **Gemisch**, in dem Eisen und Schwefel ihre typischen Eigenschaften behalten haben. Diese Eigenschaften könnte man ausnutzen um das Gemisch wieder aufzutrennen, z. B. die unterschiedliche Farbe, die unterschiedliche Dichte, das unterschiedliche Verhalten gegenüber einem Magneten usw. Wird das Gemisch erhitzt, so beginnt es zu glühen und glüht auch nach dem Entfernen der Zündquelle weiter. Nachdem das Glühen zu Ende ist, beobachtet man einen einheitlichen, blauschwarzen, spröden Feststoff. Dieser entstandene Stoff besitzt Eigenschaften, die im Gemisch nicht zu beobachten waren.
So bildet er z. B. mit Salzsäure ein übelriechendes, giftiges (**Vorsicht!**) Gas, während das Eisen-Schwefel-Gemisch mit Salzsäure ein geruchloses, ungiftiges Gas entwickelt. Es ist also ein neuer

Stoff entstanden. Weil er sich aus Eisen und Schwefel (lat. = sulfur) gebildet hat, wird er Eisensulfid genannt:

Eisen + **Schwefel** $\longrightarrow$ **Eisensulfid** + *Energie*

Bei dem Vorgang wird Energie in Form von Wärme abgegeben, es handelt sich um einen **exothermen Vorgang**.

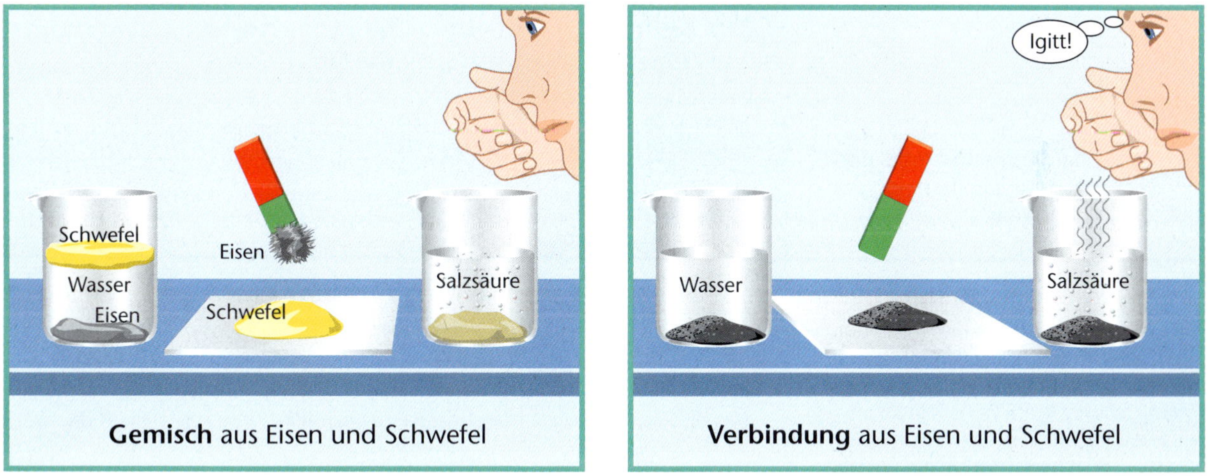

2 Aus den Reinstoffen Eisen und Schwefel erhält man beim Vermischen ein Feststoffgemisch. Beim Erhitzen entsteht daraus ein neuer Reinstoff.
Hinweis: **Geruchsprobe nur im Abzug; vorsichtig fächeln!**

Chemische Vorgänge, bei denen Energie abgegeben wird, bezeichnet man als exotherme Vorgänge.

Obwohl die Bildung von Eisensulfid unter Wärmeabgabe abläuft, musste zu Beginn kurz erhitzt werden, d. h. Energie zugeführt werden. Entsprechend bildet sich Zinksulfid bei der Reaktion von Zink mit Schwefel:

Zink + **Schwefel** $\longrightarrow$ **Zinksulfid** + *Energie*

Synthesevorgänge sind die Grundlage für die Vielfalt künstlich (**synthetisch**) hergestellter chemischer Verbindungen. Aus den rund 100 Elementen lassen sich durch Synthesen Millionen von Verbindungen herstellen, bei deren Aufbau häufig eine Vielzahl von Elementen beteiligt ist.

Bei einer Synthese werden chemische Verbindungen hergestellt. Es handelt sich um neue Stoffe, die andere Eigenschaften als die Ausgangsstoffe besitzen.

V4 **Schutzbrille! Abzug!** Zinkpulver und Schwefelpulver werden auf einer feuerfesten Unterlage im Massenverhältnis 2 : 1 vermischt und zu einem Kegel angehäuft. Die Zündung kann mit einem heißen Draht oder einer Gasflamme erfolgen. Nicht im Reagenzglas zünden, Explosionsgefahr!

11 Freiwillig geht nichts. Merkmale einer chemischen Reaktion

Bei einer chemischen Reaktion entstehen neue Stoffe. Wasser entsteht bei der Synthese aus den Gasen Wasserstoff und Sauerstoff. Es unterscheidet sich in seinen Eigenschaften völlig von den Ausgangsstoffen. Diese Beobachtung lässt sich verallgemeinern: Bei allen chemischen Reaktionen finden **Stoffänderungen** statt. Es entstehen neue Stoffe.

V1 Vorsicht! Ein starkwandiges Reagenzglas wird mit etwas Wasserstoff gefüllt (so, dass auch noch Luft darin enthalten ist!) und mit einem Stopfen verschlossen. Zum Zünden hält man das Reagenzglas mit der Mündung an die Brennerflamme und entfernt den Stopfen.

Bei chemischen Reaktionen ist Energie beteiligt. Ein Gemisch aus Wasserstoff und Sauerstoff kann man beliebig lange aufbewahren, ohne dass eine Reaktion erfolgt. Erst nach der Zündung läuft die Reaktion ab. Auch bei anderen chemischen Vorgängen haben wir beobachten können, dass zunächst Energie zugeführt werden muss, damit eine Reaktion in Gang kommt.

Man nennt den für einen „Reaktionsstart" notwendigen Energiebetrag Aktivierungsenergie.

A1 Zeichne nach B1 die Energieinhalte der Ausgangsstoffe und der Reaktionsprodukte für einen endothermen Vorgang!

A2 Ein Streichholz wird entzündet. Beschreibe diesen Vorgang, wobei folgende Fachausdrücke verwendet werden sollen: Ausgangsstoffe, Reaktionsprodukte, energiearm, energiereich, Aktivierungsenergie, chemischer Vorgang, frei werdende Energie.

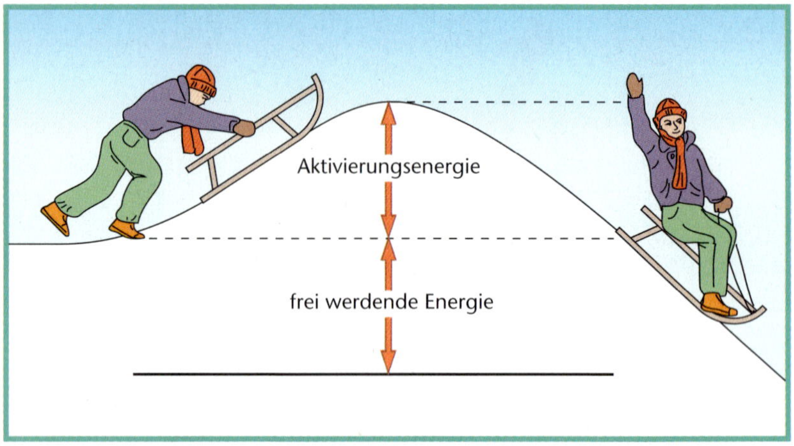

1 Veranschaulichung von Aktivierungsenergie und frei werdender Energie. Beim Anstieg muss der Schlittenfahrer zum Ersteigen des Abfahrtshügels Energie aufbringen. Bei der Talfahrt wird die Aktivierungsenergie und weitere Energie wiedergewonnen. So kann man sich einen exothermen Vorgang vorstellen.

Durch die Aktivierungsenergie werden die Stoffe in einen reaktionsbereiten Zustand versetzt. Nach dem Start läuft dann z. B. die Vereinigung von Wasserstoff und Sauerstoff von allein weiter. Dabei wird insgesamt sehr viel Energie abgegeben (vgl. B1). Reaktionen, die unter Energieabgabe ablaufen, nennt man **exotherm**. Woher kommt diese frei werdende Energie? Energiereiche Ausgangsstoffe reagieren zu energiearmen Reaktionsprodukten (z. B. Wasser). Dagegen wird bei der Zersetzung von Wasser oder Silberoxid nicht Energie frei, sondern es muss ständig Energie zugeführt werden. Solche Reaktionen nennt man **endotherm**. Wo verbleibt diese dauernd zugeführte Energie? Energiearme Ausgangsstoffe (z. B. Wasser) reagieren zu energiereichen Produkten (z. B. Wasserstoff und Sauerstoff).

Merkmale einer chemischen Reaktion

Jeder Stoff besitzt einen bestimmten Energieinhalt. Alle Stoffe streben einen energiearmen (= stabilen) Zustand an.

Das Energiediagramm einer chemischen Reaktion. Betrachtet man die Stoffänderung und den Energieumsatz beim Ablauf einer chemischen Reaktion, so lässt sich dazu ein **Energiediagramm** zeichnen. Aus dem Energiediagramm ist abzulesen, dass bei einer chemischen Reaktion zuerst ein „Energieberg" (= Aktivierungsenergie) überwunden werden muss, bevor die Reaktion abläuft. Darin liegt der Grund, warum viele Stoffe mit hohem Energieinhalt dennoch recht beständig (reaktionsträge) sind, z. B. ein Gemisch aus Wasserstoff und Sauerstoff.

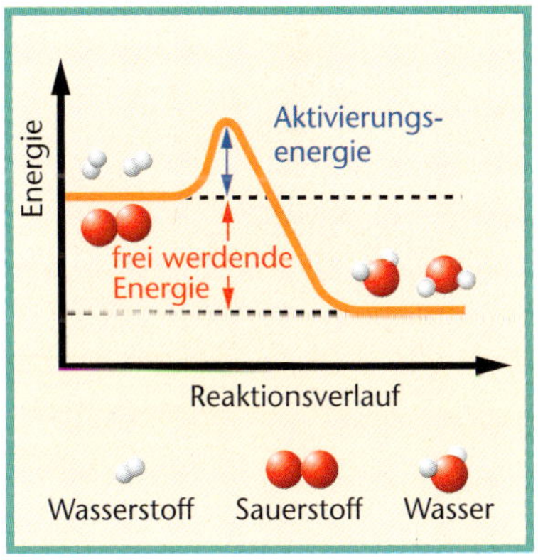

2 Energiediagramm für eine exotherme Reaktion. Beispiel: Synthese von Wasser.

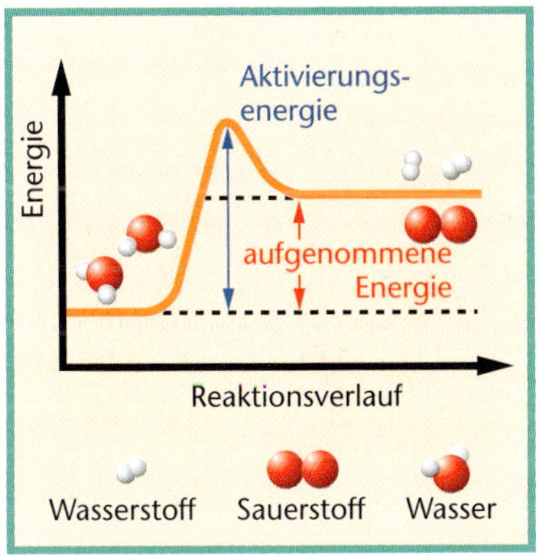

3 Energiediagramm für eine endotherme Reaktion. Beispiel: Analyse von Wasser.

Energiereiche Verbindungen sind relativ stabil, wenn sie eine hohe Aktivierungsenergie benötigen, um chemisch reagieren zu können.

Beispiele dafür sind Kohle und Erdöl mit den bekannten Produkten wie Benzin und Heizöl. Auch viele Stoffe, aus denen die Lebewesen aufgebaut sind, sind energiereiche Verbindungen, z. B. Kohlenhydrate und Fette. Die hohe Aktivierungsenergie schützt diese Stoffe vor der chemischen Zersetzung, z. B. durch Luft und Wasser.

**Eine chemische Reaktion ist durch die Stoffänderung und einen Energieumsatz gekennzeichnet.
Man unterscheidet zwischen exothermen und endothermen Reaktionen.
Die Höhe der Aktivierungsenergie entscheidet, wie leicht eine chemische Reaktion ablaufen kann.**

A3 Zum Entzünden von Holz wird Energie zugeführt, trotzdem bezeichnen wir das Verbrennen von Holz als einen exothermen Vorgang. Erkläre unter Verwendung der zutreffenden Fachausdrücke!

A4 Ein Stoff kann aus zwei verschiedenen Gründen chemisch stabil sein. Begründe!

12 Auf die Plätze! Chemische Reaktionen und Teilchenmodell

A1 Erkläre mithilfe des Teilchenmodells die Synthese von Eisensulfid und die Zerlegung von Silbersulfid!

V1 In ein Reagenzglas gibt man ein Zündholz und verschließt es dicht mit einem Gummistopfen. Den Stopfen fixiert man mit einem Klebeband am Reagenzglas. Das verschlossene Glas wird genau gewogen. Dann erhitzt man den Zündholzkopf bis er aufflammt. Nach dem Abkühlen wird das Reagenzglas erneut genau gewogen.

A2 Wenn eine Kerze verbrennt, wird sie offensichtlich leichter. Wie kann man das mit dem Gesetz von der Erhaltung der Masse in Einklang bringen?

A3 Wende das Gesetz von der Erhaltung der Masse auf das Müllproblem und die Entsorgung von Giftstoffen an!

A4 Alte Auto(abgas)katalysatoren werden recycelt. Erkläre, warum das ein wirtschaftlich lohnendes Verfahren ist! Informiere dich in der Bibliothek oder im Internet über das Recycling von Katalysatoren!

Aus der Geschichte. J. Dalton formulierte schon zu Beginn des 19. Jahrhunderts (!) in seinem Hauptwerk die folgenden Sätze: ,,Die chemische Synthese und Analyse geht nicht weiter als bis zur Trennung der Atome und ihrer Wiedervereinigung. Keine Neuerschaffung oder Zerstörung des Stoffes liegt im Bereich chemischer Wirkung. Wir können ebensowohl versuchen, einen neuen Planeten dem Sonnensystem einzuverleiben, oder einen vorhandenen zu vernichten, als ein Atom Wasserstoff zu erschaffen oder zu zerstören. Alle Änderungen, welche wir hervorbringen können, bestehen in der Trennung von Atomen, welche vorher im Zustande der Kohäsion oder Verbindung waren, und in der Vereinigung solcher, welche vorher getrennt waren."
Diese Aussagen sind auch heute noch die Basis allen chemischen Tuns.

Deutung chemischer Reaktionen mit dem Teilchenmodell. Bei der Zerlegung von Wasser werden durch Zufuhr von Energie die Wassermoleküle aufgespalten. Jedes Wassermolekül besteht aus zwei Wasserstoffatomen und einem Sauerstoffatom. Jeweils zwei der gebildeten Wasserstoff- bzw. Sauerstoffatome lagern sich zu Wasserstoff- bzw. Sauerstoffmolekülen zusammen und bilden die gasförmigen Elemente Wasserstoff und Sauerstoff. In B 1 wird dies im Modell dargestellt.
Umgekehrt laufen die Vorgänge bei der Synthese des Wassers ab: Durch Zufuhr von Energie (Erhitzen) werden Wasserstoff- und Sauerstoffmoleküle aufgespalten. Die dabei gebildeten Atome reagieren miteinander zu Wassermolekülen. Aus den Elementen Wasserstoff und Sauerstoff ist unter Wärmeabgabe die Verbindung Wasser entstanden (B 2). Analyse und Synthese beruhen darauf, dass Teilchenverbände getrennt werden und die Teilchen sich zu neuen Verbänden ordnen. Bei diesen Umgruppierungen von Teilchen wird Energie aufgenommen oder freigesetzt. In beiden Fällen muss zum Start der Reaktion die Aktivierungsenergie zugeführt werden.

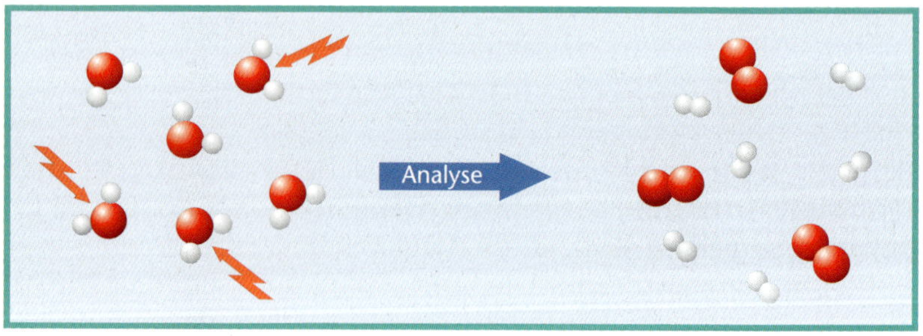

1 Erklärung der Analyse von Wasser mithilfe des Dalton-Modells

Wasserstoffatom
Sauerstoffatom

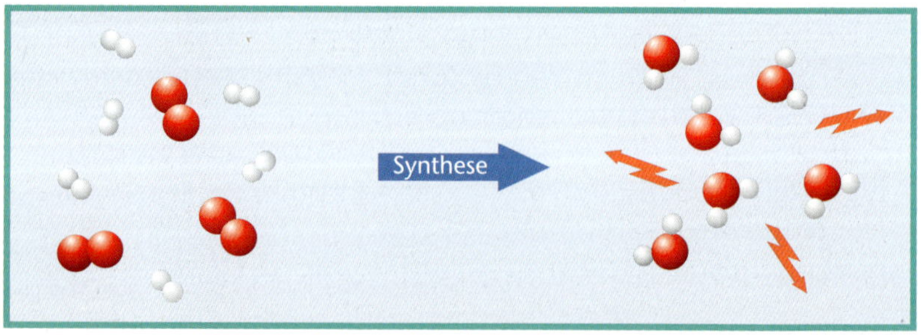

2 Erklärung der Synthese von Wasser mithilfe des Dalton-Modells

Gesetz von der Erhaltung der Masse. Wenn chemische Reaktionen auf Umgruppierungen von Atomen beruhen und Atome weder neu geschaffen noch chemisch vernichtet werden können, muss die Masse der an der Reaktion beteiligten Stoffe unverändert bleiben. Es gilt: Die Summe der Atome der Ausgangsstoffe ist gleich der Summe der Atome der Reaktionsprodukte.

Masse der Ausgangsstoffe = Masse der Reaktionsprodukte

Dieses Gesetz von der Erhaltung der Masse wurde schon im 18. Jahrhundert erkannt (A. Lavoisier, M. Lomonossow) und immer wieder experimentell überprüft. Dabei kommt es entscheidend darauf an, die chemischen Vorgänge in einem **geschlossenen System** ablaufen zu lassen (V 1), damit z. B. gasförmige Stoffe weder entweichen oder noch dazukommen können.

3 Antoine Lavoisier (1743–1794), frz. Chemiker, Mitbegründer der modernen Chemie

Recycling – ein Gebot der Stunde. Da bei chemischen Reaktionen Atome nur umgruppiert werden, also nicht verloren gehen, lassen sich aus Abfallstoffen die ursprünglichen Rohstoffe wiedergewinnen (B 4, B 5). Dies nennt man **Recycling.** Durch die Wiederverwertung werden nicht nur die Rohstoffvorräte geschont, sondern auch die kaum mehr zu bewältigenden Abfallmengen verringert. Allerdings darf nicht übersehen werden, dass die Rückgewinnung von Stoffen zwar grundsätzlich stets möglich, oft aber mit einem nicht vertretbaren Aufwand an Energie verbunden ist.

4 Recycling dient dem Umweltschutz und der Erhaltung von Rohstoffen.

5 Aus Katalysatorschrott lassen sich wertvolle Edelmetalle zurückgewinnen.

Bei einer chemischen Reaktion kommt es zu einer Umgruppierung von Atomen.
Bei chemischen Reaktionen bleibt die Gesamtmasse der Reaktionspartner erhalten.

13 Wenn kleine Mengen große Wirkung zeigen
Katalyse

V1 Zwei Reagenzgläser werden zur Hälfte mit verdünntem Wasserstoffperoxid (ca. 10%ig) gefüllt. In ein Reagenzglas gibt man eine Platindrahtspirale, in das andere Kupferdraht. Was ist zu beobachten?

V2 In verdünntes Wasserstoffperoxid (ca. 3%ig) gibt man eine Spatelspitze Braunstein und hält einen glimmenden Span in das Reagenzglas.

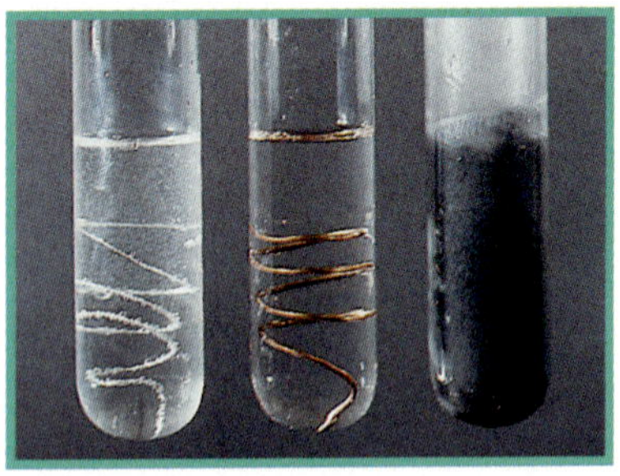

1 Ablauf von V1 (links und Mitte) und von V2 (rechts)

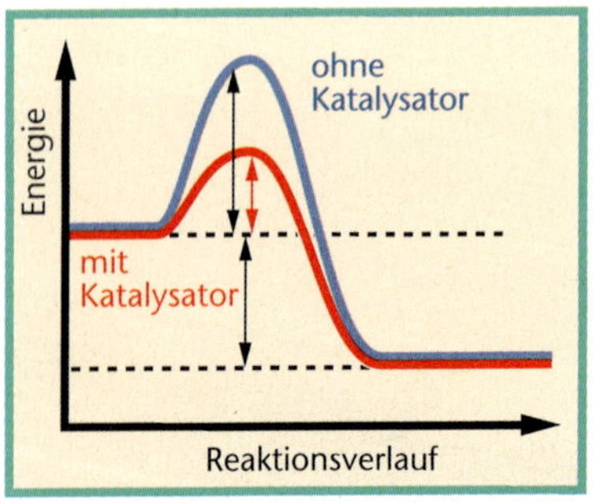

2 Herabsetzung der Aktivierungsenergie einer exothermen Reaktion unter dem Einfluss eines Katalysators

A1 Stelle das Energiediagramm für eine endotherme Reaktion unter dem Einfluss eines Katalysators auf!

Wasserstoffperoxid. Im Jahre 1818 entdeckte der französische Chemiker Louis Jacques Thenard eine Flüssigkeit, die viele Farbstoffe in kürzester Zeit zerstörte. Sein Problem war die Aufbewahrung der Flüssigkeit, denn unter Wirkung des Sonnenlichts zersetzte sich diese langsam in Wasser und Sauerstoff. Die Verbindung erhielt den Namen Wasserstoffperoxid. Beim Erhitzen verlief die Zersetzung so schnell, dass das entstehende Sauerstoffgas den Kolben zum Zerspringen brachte. Thenard arbeitete deshalb mit Bechergläsern und bewahrte die Flüssigkeit in braunen Flaschen auf, um der Zersetzung des Wasserstoffperoxids Einhalt zu gebieten. Die Zersetzung des Wasserstoffperoxids ist eine chemische Reaktion:

Wasserstoffperoxid ⟶ **Wasser** + **Sauerstoff** + *Energie*

Die für diese Reaktion notwendige Aktivierungsenergie kann in Form von Wärme oder Licht zugeführt werden. Licht und Wärme sind verschiedene Energieformen.

Wir beschleunigen die Zersetzung von Wasserstoffperoxid. Der Zerfall von Wasserstoffperoxid lässt sich z. B. zur Gewinnung von Sauerstoff nutzen. Folgende Beobachtung hilft weiter: Taucht man einen Platindraht in ein Reagenzglas mit einer wässrigen Lösung von Wasserstoffperoxid, scheiden sich am Platin Gasblasen ab. Wird zur Kontrolle ein Reagenzglas mit Wasserstoffperoxid und einem Kupferdraht danebengestellt, so kann man keine Zersetzung beobachten (B1). Die Zersetzung wird also vom Platin deutlich beschleunigt. Den Draht können wir in viele Lösungen des Wasserstoffperoxid halten. Immer ist die Zersetzungsreaktion zu beobachten, aber das Platin wird nicht verändert.

Bei Zugabe von Braunstein (eine Manganverbindung) zu Wasserstoffperoxid verläuft die Zersetzung besonders heftig. Bei dieser Reaktion wird Braunstein auch nicht verändert. Er kann abfiltriert und für weitere Versuche verwendet werden. Platin und Braunstein haben den Zerfall von Wasserstoffperoxid beeinflusst, ohne dass sie dabei verändert wurden. Sie wirken als **Katalysatoren**, bei dem jeweiligen Vorgang handelt es sich um eine **Katalyse**.

Katalysatoren können Reaktionen, die sonst unmessbar langsam ablaufen, in Bruchteilen von Sekunden ablaufen lassen. Ihre Wirkung beruht auf der Herabsetzung der Aktivierungsenergie. Dies ist für eine exotherme Reaktion in B2 dargestellt.

Wenn die Geschwindigkeit einer chemischen Reaktion durch einen Stoff beeinflusst wird, der nach der Reaktion unverändert vorliegt, so bezeichnet man diesen Vorgang als Katalyse.

Bedeutung der Katalysatoren. In der technischen Chemie spielen Katalysatoren eine entscheidende Rolle. Bei der Herstellung von 75–90% aller Produkte der chemischen Industrie sind Katalysatoren beteiligt. Beispiele dafür sind die Produktion von Margarine, Kunststoffen, Benzin und Farbstoffen. Katalysatoren führen durch Herabsetzung der Aktivierungsenergie zu einer Beschleunigung des Reaktionsablaufs und zu einer Verringerung des Energieverbrauchs. Eine besondere Rolle spielen Katalysatoren im Umweltschutz. Am bekanntesten ist der **Autoabgaskatalysator** (B 4). Er wandelt die den Motor verlassenden Schadstoffe zu ca. 90% in ungiftige Verbindungen um.

4 Glühende Katalysatorscheibe – verursacht durch einen Wasserstoffstrom

Von grundsätzlicher Bedeutung sind die **Biokatalysatoren** (**Enzyme**). Sie ermöglichen den Ablauf der chemischen Reaktionen in den Zellen der Lebewesen bereits bei Körpertemperatur.
Eine interessante Katalyse entdeckte der deutsche Chemiker Johann Wolfgang Döbereiner (1780–1849). Er stellte fest, dass ein auf Platin gerichteter Wasserstoffstrom sich plötzlich entzündet (V 3). Darauf konstruierte er bereits 1823 ein Feuerzeug, die „Döbereiner'sche Zündmaschine" (B 5). Originalexemplare können im Deutschen Museum (München) besichtigt werden.

Katalysatoren sind Stoffe, die die Geschwindigkeit chemischer Reaktionen beeinflussen. Sie setzen die Aktivierungsenergie herab und liegen nach der Reaktion unverändert vor.

3 Louis Jacques Thenard, frz. Chemiker (1777–1857)

V3 Vorsicht! Ein Glasrohr mit ausgezogener feiner Düse wird an eine Wasserstoffquelle (Stahlflasche!) angeschlossen. Man stellt einen mäßigen Wasserstoffstrom ein und hält (nach negativem Ausfall der Knallgasprobe) mit einer Pinzette Platinquarzwolle in den ausströmenden Wasserstoff. Die Quarzwolle glüht auf, der Wasserstoff entzündet sich. Steht eine Katalysatorscheibe (z. B. aufgeschnittener Autoabgaskatalysator) zur Verfügung, kann man auch hier beim Aufleiten von Wasserstoffgas die Entzündung des Wasserstoffs beobachten (B 4).

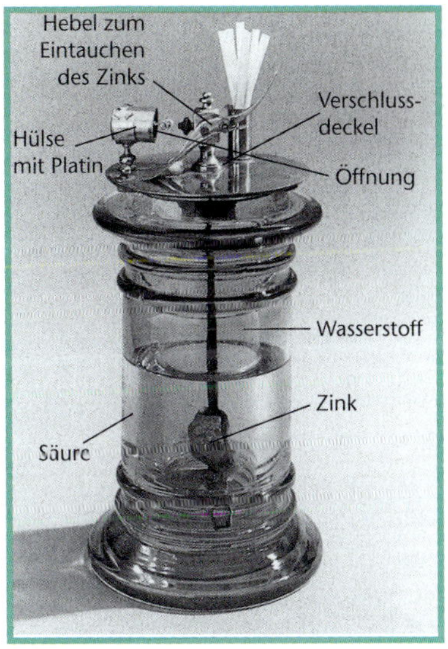

5 Döbereiner'sches Feuerzeug

6 Hätte er den Tunnel benutzt, dann hätte er Benzin und Zeit (und Ärger) gespart! Die dargestellte Situation lässt sich auf eine chemische Reaktion übertragen (s. A 2).

A2 Versuche, die in B 6 dargestellte Situation auf eine chemische Reaktion mit Katalysatoreinsatz zu übertragen! Nimm dazu B 2, S. 36 zu Hilfe und ordne zu:
Höhenunterschied Tunnel–Pass; Tunnel; Mautgebühr; Benzin- und Zeitersparnis.

7 „Chemische Kriegsführung" im Tierreich: Fühlt sich der Bombardierkäfer bedroht, so schießt er stark ätzende, heiße Sekrete gegen den Feind. Als Treibgas dient Sauerstoff, der bei der katalytischen Zersetzung von Wasserstoffperoxid entsteht.

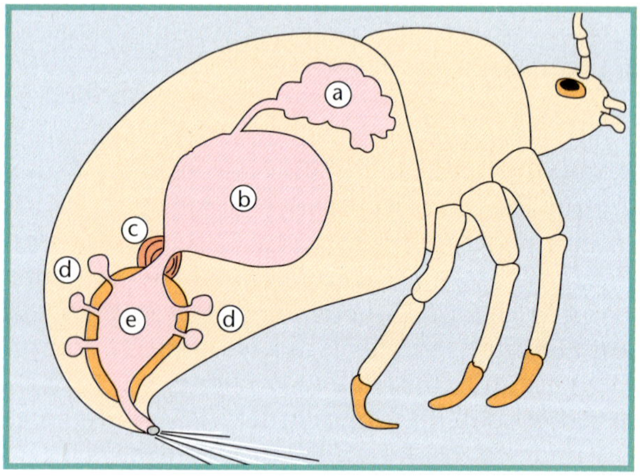

8 Aus der Skizze lässt sich die Funktionsweise des Explosionsapparats ablesen: a) Drüsen (Produktion der „Wehrsekrete") b) Sammelblase (Kampfstoff + Wasserstoffperoxid) c) Muskel d) Enzymdrüsen e) Explosionskammer mit Düse.

A3 Beschreibe den Ablauf eines Bombardierkäfer-Schusses! Stelle die Reaktionsgleichung für die Zersetzung des Wasserstoffperoxids auf!

A4 Der Bombardierkäfer kann nicht fortlaufend spritzen, weil sich sonst die Düse zu stark erhitzen würde. Woher stammt diese Wärmeenergie?

Katalysatoren setzen die Aktivierungsenergie herab. Ausströmender Wasserstoff reagiert erst mit Sauerstoff, wenn ein Zündfunke oder eine Flamme einwirkt. Es muss demnach eine beträchtliche Menge Aktivierungsenergie aufgewendet werden. Bei Anwesenheit von fein verteiltem (Oberflächenvergrößerung!) Platin setzt die Reaktion schon bei Zimmertemperatur ein (V 1). Die Aktivierungsenergie wird also vermindert, die Reaktion dadurch erheblich beschleunigt. Diese Wirkung des Edelmetalls Platin nutzt man z. B. beim Autoabgaskatalysator aus. Der Modellversuch (V 2) zeigt uns, wie durch Anwesenheit eines Katalysators die Umwandlung des giftigen, auch in den Auspuffgasen vorhandenen Kohlenstoffmonooxids in das harmlose Kohlenstoffdioxid beschleunigt werden kann.

Kohlenstoffmonooxid + Sauerstoff ⟶
Kohlenstoffdioxid + *Energie*

Wie ist die Wirkung eines Katalysators zu erklären? Durch Untersuchungen mit Rastertunnelmikroskopen hat man eine Menge über die Wirkungsweise von Katalysatoren erfahren. Eine Modellvorstellung lässt uns die Vorgänge bei der Katalyse der Wassersynthese verstehen: An die Platinatome an der Metalloberfläche lagern sich Wasserstoffmoleküle an. Dadurch werden die Bindungen zwischen den Atomen gelockert, sodass neue Bindungen zu Sauerstoffatomen, gebildet werden können. Es entstehen Wassermoleküle (B 1). Da die Vereinigung der Wasserstoffatome mit Sauerstoffatomen stark exotherm erfolgt, können weitere Moleküle in einen reaktionsbereiten Zustand versetzt werden. Die Reaktion läuft nach Überwindung der „Aktivierungsberge" von alleine weiter.

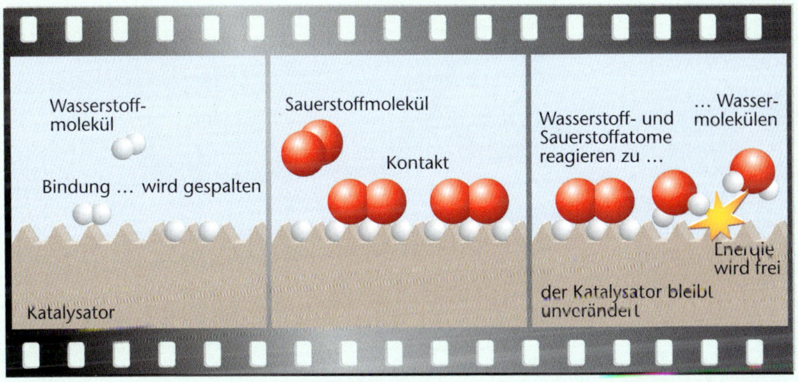

1 Auf der Metalloberfläche werden Moleküle der Ausgangsverbindungen angelagert. Dadurch wird die Bindung zwischen den Atomen gelockert

Durch die Anlagerung an der Katalysatoroberfläche werden die Bindungen der Reaktionspartner gelockert und somit die Reaktionsfähigkeit erhöht.

V1 Vorsicht! Wasserstoffgas lässt man aus einer Glasdüse austreten. Anschließend lenkt man den Wasserstoffstrom auf etwas Platinquarzwolle oder auf eine Katalysatorscheibe.

V2 Vorsicht! Abzug! In einen kleinen Kolben gibt man ca. 10 cm^3 konzentrierte Ameisensäure und dazu etwa die gleiche Menge konzentrierte Schwefelsäure. Der Kolben wird sofort mit einem Stopfen verschlossen, durch den ein Glasröhrchen geführt ist. Das entweichende Gas (giftig!) wird entzündet und in der Flamme Platinquarzwolle geglüht. Bläst man die Flamme aus und hält die noch warme Platinquarzwolle an die Mündung, entzündet sich das Gas wieder (B 2).

2 Modellversuch zum Abgaskatalysator: Kohlenstoffmonooxid kann mit heißem Platin an der Luft entzündet werden (V 2).

Alles im Griff ?

1. Die Erleuchtung

Beim Geräteturnen pudern Sportler ihre Hände mit einem weißen Pulver, Magnesia (chemische Bezeichnung: Magnesiumoxid).

2. Eine chemische Reaktion oder nicht? Begründe!

a) Gären von Obstsaft
b) Verbrennen von Holz
c) Kaffee mit Zucker süßen
d) Feilen von Kupferblech
e) Schmelzen von Eis
f) Milch wird sauer
g) Eier, Butter, Zucker, Mehl werden zu einem Kuchenteig verarbeitet.
h) Der Kuchenteig wird bei 180° C ca. 50 Minuten gebacken.

3. Ein Gedicht zur chemischen Energetik

Wenn vielleicht mit Blitz und Krachen
wir aus Stoffen neue machen,
sprechen wir seit Scheele schon
von einer chem'schen · · · · · · · · · · · · · · ·.

Zwei Arten gibt es, diese beiden
sich ganz deutlich unterscheiden.
Wird zum Beispiel frei die Wärme,
ist es eine · · · · · · · · · · · · · · ·.

Doch ist zu ihrem Ablauf nötig,
dass man Wärme zuführt stetig,
man sie · · · · · · · · · · · · · · nennt,
ihr noch nicht so viele kennt.

Doch exo-endo · · · · · · · · · wird's nie,
fehlt die · · · · · · · · · · · · · energie.

4. Probier's aus!

V1 Versuche ein Stück Würfelzucker zu entzünden!

V2 Tauche ein neues Stück Würfelzucker in Zigarettenasche (nicht selber produzieren!!!) und versuche es zu entzünden!
Welche Beobachtung machst du?
Welche Rolle spielt die Asche in diesem Versuch?

5. Die für immer verlorene Zahl!?

Der deutsche Chemiker Heinrich Landolt führte zu Beginn dieses Jahrhunderts einen Versuch durch und notierte sich:

Ich fülle Silbernitratlösung in die eine Hälfte und Kochsalzlösung in die andere Hälfte eines zweiteiligen Glasgefäßes. Nachdem ich die Gefäße dicht verschlossen habe, wiege ich:

m = 784 g

Durch Kippen bringe ich die beiden Lösungen zusammen, sodass sie reagieren können. Ich wiege von Neuem und stelle fest:

m =

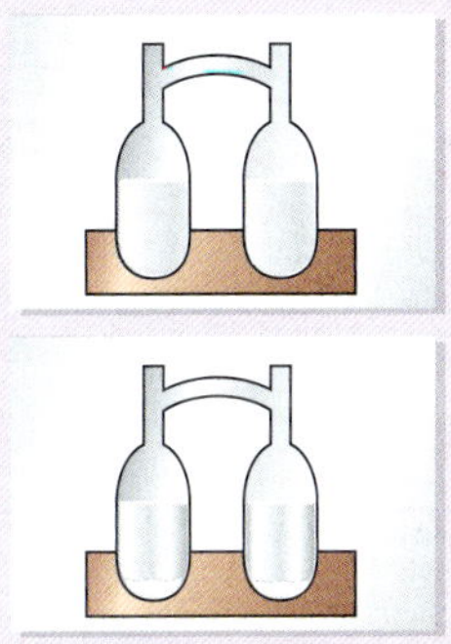

Ergänze Heinrich Landolts Laborbericht!

6. Schön aber gefährlich

Die alte Malerfarbe Zinnoberrot wurde aus dem natürlich vorkommenden Erz Zinnober (Quecksilbersulfid) gewonnen.
Solange man Zinnober erhitzt, scheiden sich silbrig glänzende Quecksilbertröpfchen ab. (Giftig!)
Formuliere die Wortgleichung zu dieser Reaktion!
Welches Energiediagramm beschreibt die Reaktion richtig?

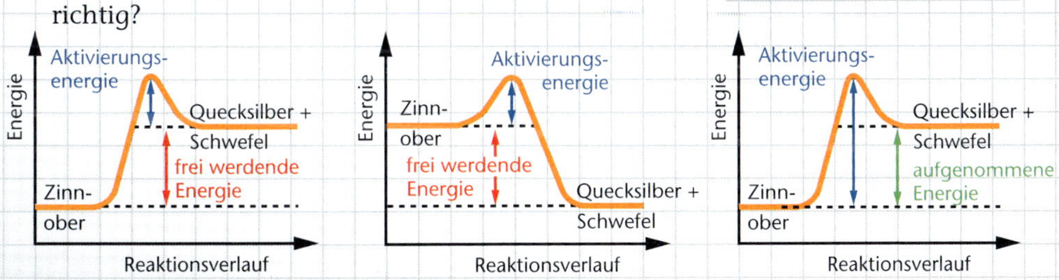

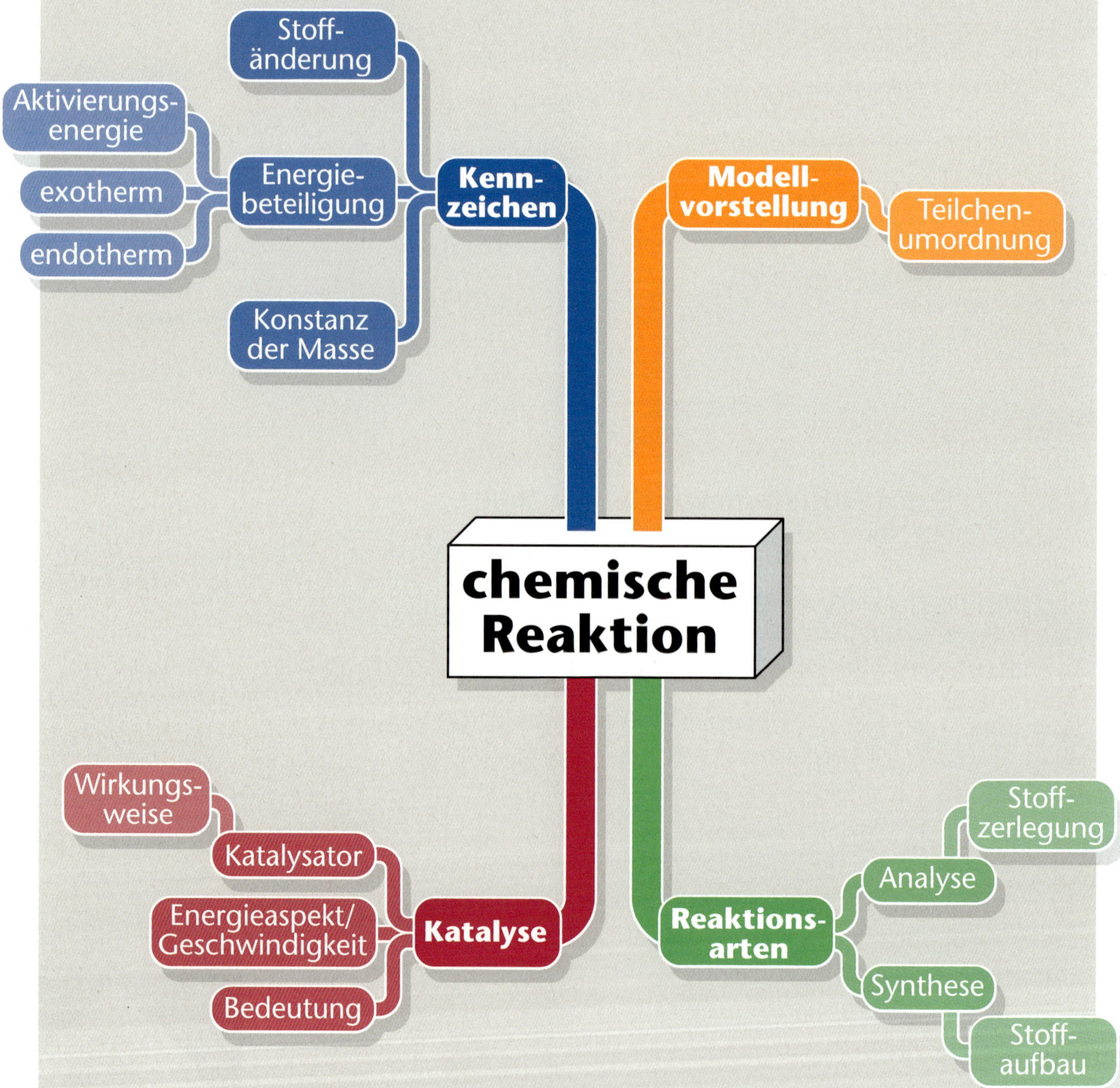

Lernen ist wie das Rudern gegen den Strom.
Hört man damit auf, treibt man zurück.

Laotse

III. Chemische Zeichensprache

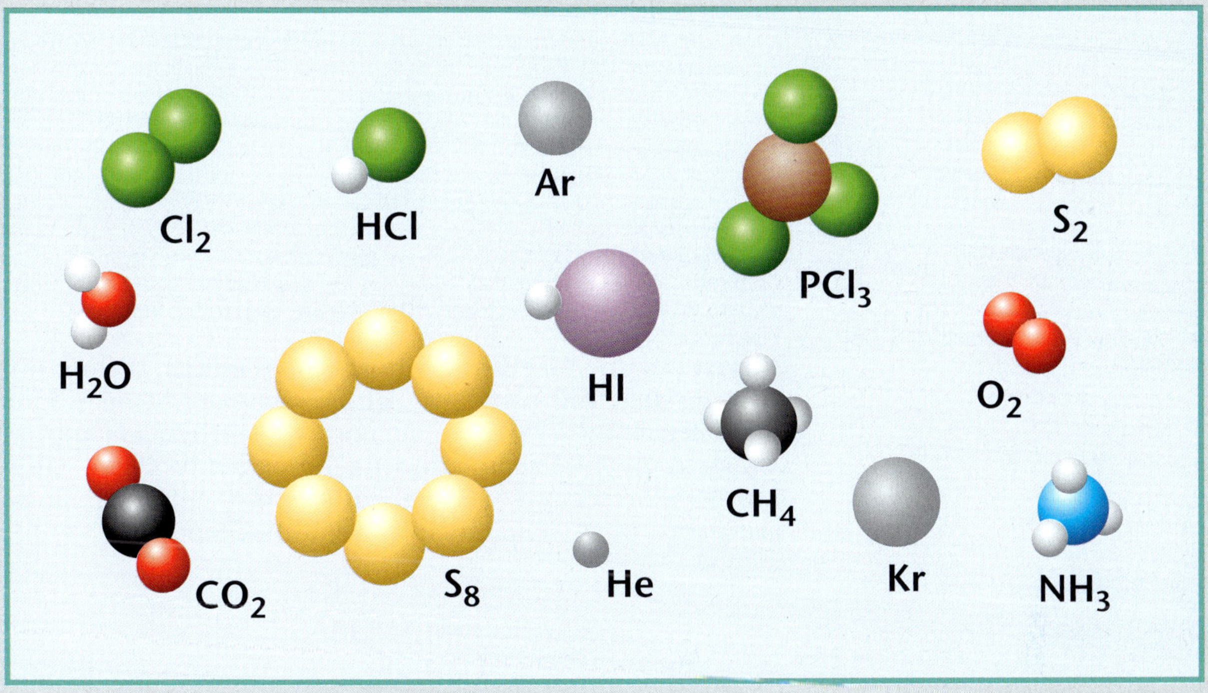

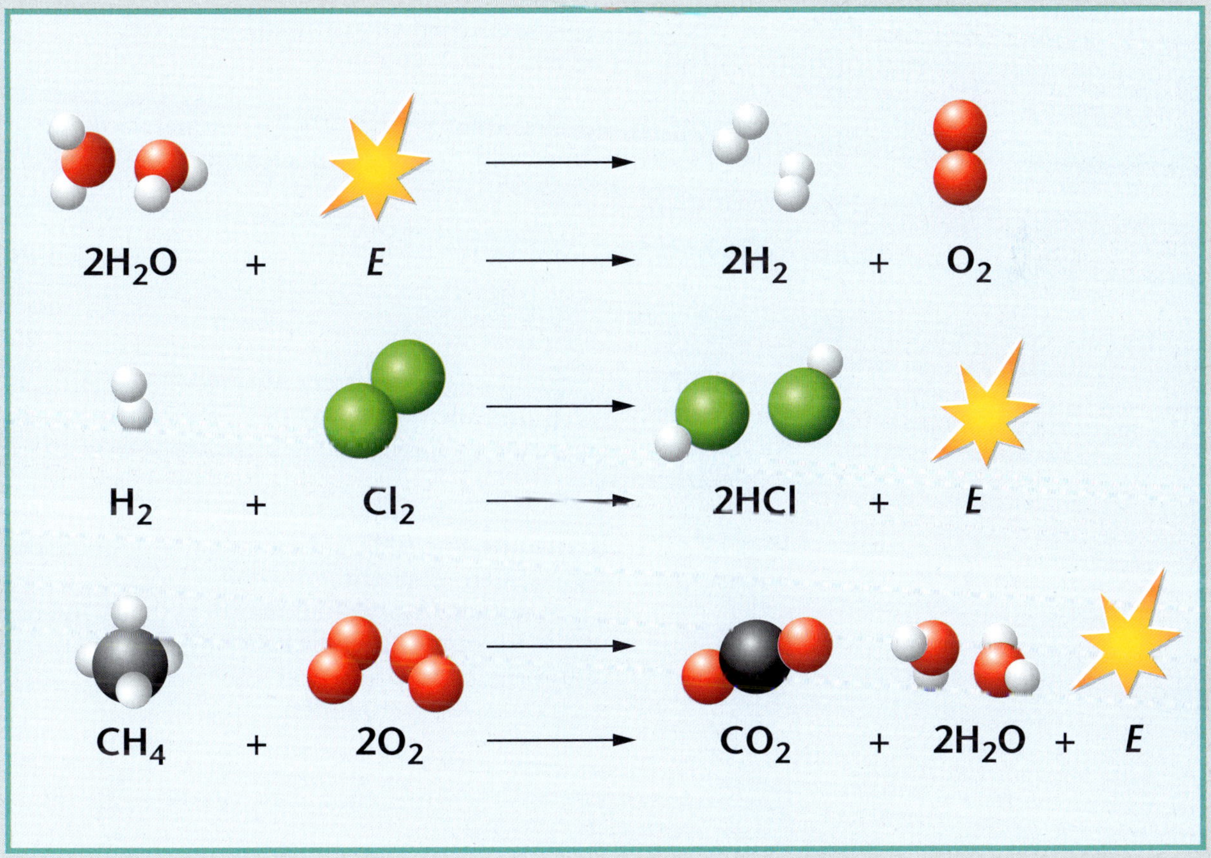

15 Kurz und bündig Die chemische Zeichensprache

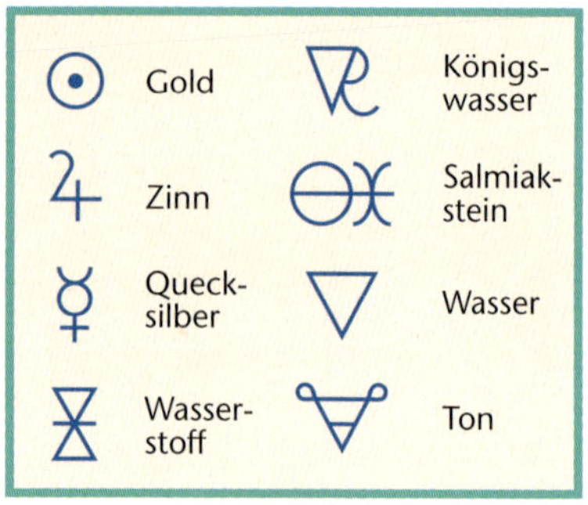

1 Alchemistische Zeichen (18. Jahrhundert)

Aus der Geschichte. Seit alters her haben die Chemiker (bzw. ihre Vorläufer, die Alchemisten) Zeichen und Symbole verwendet um Stoffe zu benennen oder um Vorgänge zu beschreiben. Die z.T. recht komplizierten Zeichen (B 1) lassen vermuten, dass es dabei weniger um eine vereinfachte Schreibweise ging, sondern eher darum, etwas rätselhaft oder geheimnisvoll erscheinen zu lassen. Der Vorschlag von J. Dalton zielte in eine andere Richtung: Er kennzeichnete die verschiedenen Elemente bzw. Atomsorten durch unterschiedlich markierte Kreise (B 2). Sie bedeuteten nicht nur ein bestimmtes Element, sondern auch ein Atom mit einer bestimmten Masse, d. h., er gab den Kreisen eine **quantitative** (mengenmäßige) **Bedeutung**. Indem er die Kreise aneinander zeichnete, drückte er aus, dass sich Atome miteinander verbunden haben.

Was ist ein chemisches Symbol? Das Pech des J. Dalton war, dass nur kurze Zeit nach ihm der schwedische Chemiker **Jöns Jakob Berzelius** (1779–1848) ein noch besseres System fand, das sich rasch durchsetzte und dessen Grundlagen bis heute gültig sind. Berzelius schlug vor, chemische Elemente mit den Anfangsbuchstaben ihrer lateinischen bzw. griechischen Namen zu bezeichnen. Beispiele:

S für Schwefel (von **S**ulfur)
Fe für Eisen (von **Fe**rrum)
H für Wasserstoff (von **H**ydrogenium)
C für Kohlenstoff (von **C**arboneum)
O für Sauerstoff (von **O**xygenium)
Ag für Silber (von **A**r**g**entum)

Ein zweiter Buchstabe (klein geschrieben!) ist immer dann nötig, wenn Elementnamen mit denselben Buchstaben beginnen.

Die Kurzschreibweise für chemische Elemente nennt man Symbole.

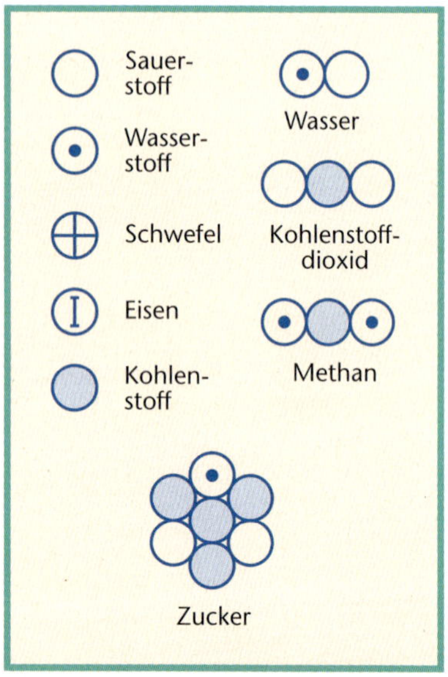

2 So stellte J. Dalton Anfang des 19. Jahrhunderts die Atome und Moleküle der Stoffe dar.

Ein chemisches Symbol macht mehrere Aussagen. So steht z. B. **Cu** für das Element und die Stoffart Kupfer, aber auch für ein Atom Kupfer und entsprechend für die relative Masse von einem Kupferatom (64).

Was ist eine chemische Formel? Indem man die Symbole der miteinander reagierenden Elemente nebeneinander schreibt, drückt man aus, dass sich die Atome miteinander verbunden haben; z. B. FeS für die Verbindung von Eisen und Schwefel. Zugleich bedeutet die Formel FeS: Eisen- und Schwefelatome haben sich im Zahlenverhältnis 1 : 1 verbunden.

Die Kurzschreibweise für eine chemische Verbindung nennt man chemische Formel.

Haben sich mehrere gleichartige Atome miteinander verbunden, drückt man dies durch eine tiefgestellte Zahl (**Index**) hinter dem Elementsymbol aus; also nicht HH sondern H_2, nicht HHO, sondern H_2O. Die Schreibweise $2\,H_2O$ bedeutet zwei Moleküle H_2O. Diese Schreibweise muss sehr sorgfältig beachtet werden, denn dadurch werden ganz unterschiedliche Sachverhalte beschrieben.

Beispiel (● bedeutet 1 Sauerstoffatom):

korrekte Schreibweise	Aussage	Modell	Vorkommen/ Bedeutung
3 O	3 einzelne Sauerstoffatome		(kommt praktisch nicht vor)
O_3	1 Sauerstoffmolekül, bestehend aus 3 miteinander verbundenen Sauerstoffatomen		„Ozon", eine giftige, aggressive Abart des Sauerstoffs
O_2	1 Sauerstoffmolekül, bestehend aus 2 miteinander verbundenen Sauerstoffatomen		„normaler" Sauerstoff (in der Luft vorhanden)
$O_2 + O_3$	Gemisch aus „normalem" Sauerstoff und „Ozon"		in der Luft enthalten

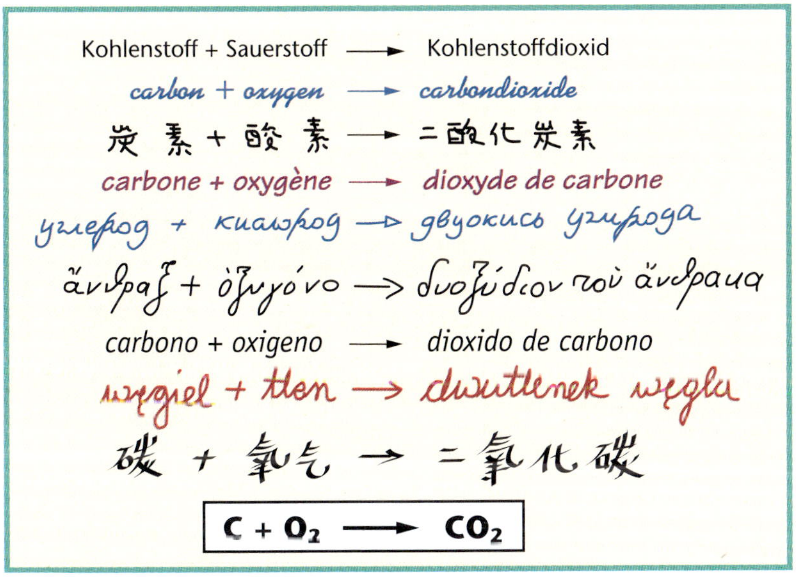

A1 Nenne Beispiele aus Technik, Straßenverkehr, Schulbereich, Haushalt, wo anstelle einer längeren Aufschrift eine Zeichensprache verwendet wird!

A2 Welche Vorteile besitzt die Berzelius-Schreibweise gegenüber der von Dalton vorgeschlagenen Kreissymbol-Schreibweise?

A3 Wie viele Atome sind in den angeführten Molekülen enthalten?
a) H_2O b) $3\,H_2O$ c) H_2SO_4

A4 Gib die Formel von Traubenzucker an (1 Traubenzuckermolekül besteht aus 6 Kohlenstoffatomen, 12 Wasserstoffatomen, 6 Sauerstoffatomen)!

3 Wenn Kohlenstoff mit Sauerstoff zu Kohlenstoffdioxid reagiert, sieht das in jedem Land anders aus: von oben nach unten: Deutsch, Englisch, Japanisch, Französisch, Russisch, Griechisch, Spanisch, Polnisch und Chinesisch! Die chemische Zeichensprache ist dagegen international – die chemischen Symbole (letzte Zeile) werden überall verstanden.

Die tiefgestellten Zahlen in den Formeln beziehen sich jeweils auf das links stehende Atomsymbol.
Die vor der Formel stehende Zahl bezieht sich auf die ganze folgende Formel.

16 Nicht zu viel und nicht zu wenig
Aufstellen von chemischen Formeln

Atome verbinden sich in bestimmten Zahlenverhältnissen. Verbindungen bestehen aus verschiedenen Atomen, die zu Atomverbänden vereinigt sind, z. B. Molekülen. Die Atome der Elemente können eine unterschiedliche Anzahl anderer Atome binden. Den Grund dafür lernen wir noch kennen, zunächst ist für uns der Begriff der **Wertigkeit** von großem Nutzen.

Wertigkeiten einiger Elemente

Element	Wertigkeit
Quecksilber	II
Zink	II
Aluminium	III
Natrium	I
Kalium	I
Silber	I
Phosphor	III, V
Chlor	I, V, VII
Iod	I, V, VII
Schwefel	II, IV, VI

A1 In den Sulfiden ist der Schwefel zweiwertig. Wie lauten die Formeln für Quecksilbersulfid, Natriumsulfid, Aluminiumsulfid? (Wertigkeiten s. Tab.)

A2 Wende dein Wissen an! Welche Wertigkeiten hat der Schwefel in den folgenden Verbindungen: H_2S, SO_2, SO_3?

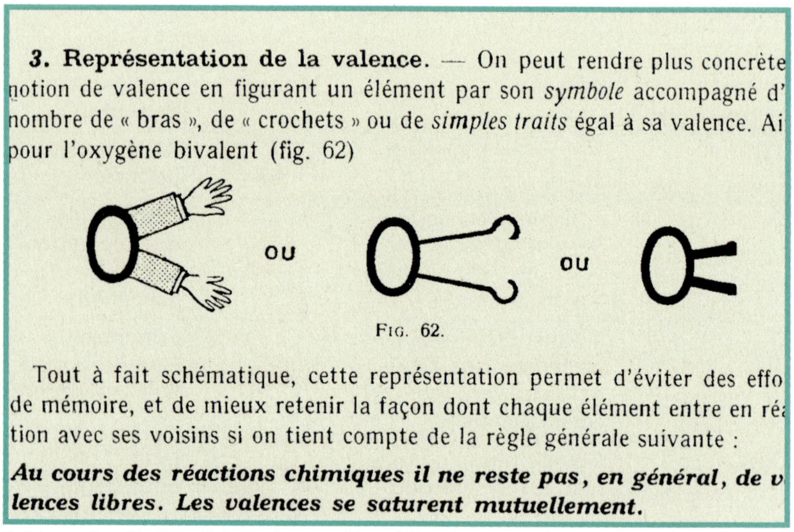
3. Représentation de la valence. — On peut rendre plus concrète
notion de valence en figurant un élément par son *symbole* accompagné d'
nombre de « bras », de « crochets » ou de *simples traits* égal à sa valence. Ai
pour l'oxygène bivalent (fig. 62)

ou ou

FIG. 62.

Tout à fait schématique, cette représentation permet d'éviter des effo
de mémoire, et de mieux retenir la façon dont chaque élément entre en ré
tion avec ses voisins si on tient compte de la règle générale suivante :

Au cours des réactions chimiques il ne reste pas, en général, de v
lences libres. Les valences se saturent mutuellement.

1 Versuch, die Wertigkeit darzustellen (altes französisches Chemiebuch)

Die Wertigkeit gibt an, wie viele einwertige Atome von einem Atom gebunden werden können.

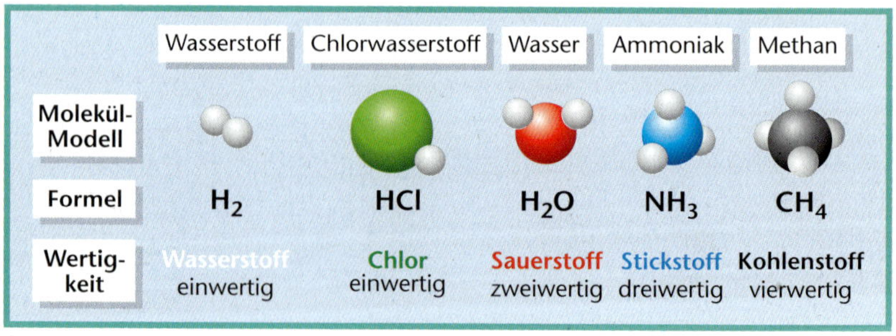

2 Darstellung der Wertigkeiten von Elementen

Das **Wasserstoffatom** kann nur ein einziges weiteres Atom binden, es ist **einwertig**. Da ein Sauerstoffatom zwei Wasserstoffatome zu binden vermag, ist es zweiwertig. In B 2 finden sich Beispiele für Wertigkeiten von Elementen.

Wir stellen chemische Formeln auf. Dazu schreiben wir die Symbole der Elemente, aus denen die Verbindung besteht, nebeneinander. In einer Verbindung aus zwei Elementen muss die

Summe der Wertigkeiten jeder Atomart gleich sein. Zum Auffinden der richtigen Zahlenverhältnisse benutzen wir das kleinste gemeinsame Vielfache (kgV) der betreffenden Wertigkeiten. Beispiel: Die Formel der Verbindung aus Aluminium und Sauerstoff soll gefunden werden:

1. Wir schreiben die Symbole der Verbindungspartner nebeneinander und darüber (in römischen Ziffern) die Wertigkeiten.	III II Al O
2. Wir errechnen das kgV der Wertigkeiten.	VI
3. Wir berechnen den Index. Die Wertigkeit von Aluminium ist im kgV 2-mal enthalten, die von Sauerstoff 3-mal.	2 3
4. Wir schreiben den jeweiligen Index zum Symbol	Al_2O_3

Merke: Wasserstoff ist immer einwertig, Sauerstoff immer zweiwertig. Manche Elemente besitzen unterschiedliche Wertigkeiten (s. Tabelle). Falls die Wertigkeit eines Elements in einer Formel bekannt ist, kann man die Wertigkeit des anderen Elements berechnen. Beispiel: In den Formeln SO_2 und SO_3 ist Schwefel im ersten Fall vierwertig, im zweiten sechswertig.

3 Mit (Lego)-Bausteinen kann man sich das Problem der übereinstimmenden Wertigkeiten verdeutlichen.

Die Bezeichnung einfacher Verbindungen. Bei der Benennung von Verbindungen aus zwei Elementen (binäre Verbindungen), wie z. B. FeS, wird der unveränderte Name des ersten Elements vorangestellt. Dann wird an den Stammnamen (abgeleitet von den lat./griech. Namen) die Endung **-id** angehängt. Das ergibt in unserem Fall den Namen Eisensulfid. Neben Eisensulfid gibt es noch weitere Sulfide, z. B. Zinksulfid.

Weitere Beispiele: FeO Eisenoxid (von oxygenium = Sauerstoff)
NaCl Natriumchlorid (von chlorum = Chlor)

Bei der Benennung einer Verbindung ist es oft notwendig, das Zahlenverhältnis, in dem sich die Atome miteinander verbunden haben, anzugeben. Dazu verwendet man die griechischen Zahlwörter. Beispiele:

SO_2	Schwefeldioxid	N_2O	Distickstoffmonooxid
SO_3	Schwefeltrioxid	NO_2	(Mono)Stickstoffdioxid
CO	Kohlenstoffmonooxid	N_2O_5	Distickstoffpentaoxid
CO_2	Kohlenstoffdioxid	Al_2S_3	Dialuminiumtrisulfid

Mithilfe der Wertigkeiten kann man einfache chemische Formeln aufstellen.
Die Formel einer Verbindung gibt das Zahlenverhältnis der am Aufbau der Verbindung beteiligten Atome an.

A3 Benenne die folgenden Verbindungen! Die Symbole findest du in der Übersicht „Die chemischen Elemente" auf der Innenseite des Bucheinbands!
NO, N_2O_3, HgS, Ag_2O, Na_2O

Hinweis: Chemische Verbindungen müssen nicht immer streng nach den offiziellen Regeln bezeichnet werden.
Beispiel: Aluminiumoxid statt Dialuminiumtrioxid.
Daneben sind noch reine Gebrauchsnamen üblich.
Beispiel: Wasser statt Diwasserstoffmonooxid.

Griechische Zahlwörter

1 = mono-	6 = hexa-
2 = di-	7 = hepta-
3 = tri	8 = octa-
4 = tetra-	9 = nona-
5 = penta-	

17 Weltsprache Chemie
Aufstellen von Formelgleichungen

Von der Wortgleichung zur Formelgleichung. Chemische Reaktionen können wir auch mithilfe der Formeln kurz und exakt ausdrücken. Beispiel:

$$\textbf{Eisen + Schwefel} \longrightarrow \textbf{Eisensulfid} + \textit{Energie}$$
$$\textbf{Fe + S} \longrightarrow \textbf{FeS} + \textit{Energie}$$

A1 Es gibt ein Argument, das für die Verwendung eines Gleichheitszeichens (statt eines Reaktionspfeils) spricht. Überlege!
Wieso verwendet man trotzdem einen Reaktionspfeil?

A2 Gib die Formelgleichungen für die **Bildung** von Silbersulfid (Ag I, S II), Aluminiumcarbid (Al III, C IV), Phosphoroxid (P V, O II), Natriumoxid (Na I, O II) an!

A3 Gib die Formelgleichungen für die **Zerlegung** von Silberoxid (Ag I), Wasser, Quecksilberoxid (Hg II) an!

Links stehen immer die **Ausgangsstoffe**, rechts die **Reaktionsprodukte**. Da es sich dabei um unterschiedliche Stoffe handelt, schreiben wir statt eines Gleichheitszeichens (=) einen **Reaktionspfeil** (⟶). Die insgesamt frei werdende Energie wird auf der Seite der Reaktionsprodukte angegeben. Bei chemischen Reaktionen dürfen **keine Atome verloren gehen oder neu geschaffen werden** (Gesetz von der Erhaltung der Masse). In der Gleichung steckt auch eine quantitative (die Mengen betreffende) Aussage: Eisenatome und Schwefelatome reagieren im Zahlenverhältnis 1 : 1.

Die Kurzschreibweise für eine chemische Reaktion nennt man Formelgleichung.

Regeln zum Aufstellen von Formelgleichungen. Dabei geht man nach einem Schema vor, das an einem weiteren Beispiel erläutert werden soll:

Schritte	**Beispiel: Bildung von Aluminiumsulfid**
1. Aufstellen der Wortgleichung	Aluminium + Schwefel ⟶ Aluminiumsulfid
2. Einsetzen der Symbole, Ermittlung der Formel(n) mithilfe der Wertigkeiten	$Al + S \longrightarrow Al_2S_3$
3. Richtigstellen der Gleichung, Überprüfung	$2\,Al + 3\,S \longrightarrow Al_2S_3$

Eine chemische Gleichung berücksichtigt, dass bei einer chemischen Reaktion keine Atome verloren gehen oder neu gebildet werden.

1 Informationen, die in einer Reaktionsgleichung stecken.
Beispiel: Zerlegung von Wasser.

Wortgleichung	Wasser	+	*Energie*	⟶	Wasserstoff	+	Sauerstoff
Formelgleichung	$2\,H_2O$	+	*E*	⟶	$2\,H_2$	+	O_2
Modelle							
Teilchenzahl	2 Moleküle Wasser			⟶	2 Moleküle Wasserstoff	+	1 Molekül Sauerstoff
Massenverhältnis	2 · 18 = 36			⟶	2 · 2 = 4	+	1 · 32 = 32

Was kann ein Symbol alles ausdrücken? Ein Symbol kann eine Stoffart, eine Teilchenzahl (Menge) und eine bestimmte Masse des symbolisierten Stoffs bedeuten.

Verschiedene Bedeutungen eines chemischen Symbols

Beispiel: Das Symbol Cu kann bedeuten:	Allgemein: Ein chemisches Symbol kann bedeuten:
1. die Stoffart Kupfer	1. eine bestimmte Stoffart
2. 1 Atom des Elements Kupfer	2. 1 Atom eines Elements
3. 1 mol Kupfer, also $6 \cdot 10^{23}$ Atome Kupfer	3. 1 mol eines Elements, also $6 \cdot 10^{23}$ Atome eines Elements
4. 63,54 g Kupfer, also die Masse von 1 mol Atomen Kupfer	4. die Masse von 1 mol Atomen eines Elements in g

Die verschiedenen Bedeutungen treffen sinngemäß auch für eine Formel zu.

Aussagen einer chemischen Gleichung. Am Beispiel der Bildung von Kohlenstoffdioxid stellen wir fest, welche Aussagen eine chemische Gleichung macht.

Reaktionsgleichung:	C	+	O_2	⟶	CO_2	+	*394 kJ*
Stoffumsatz:	**Kohlenstoff**	+	**Sauerstoff**	⟶	**Kohlenstoffdioxid**		
Anzahl:	**1 Atom C**	+	**1 Molekül O_2**	⟶	**1 Molekül CO_2**		
Stoffmenge:	**1 mol C**	+	**1 mol O_2**	⟶	**1 mol CO_2**		
Masse (g):	**12 g Kohlenstoff**	+	**32 g Sauerstoff**	⟶	**44 g Kohlenstoffdioxid**		
Energieumsatz:	**Bei der Bildung von 1 mol CO_2** wird ein **Energiebetrag von 394 kJ frei.**						

Die Bezeichnung des Energieumsatzes. Bei exothermen Reaktionen schreibt man die frei werdende Energie zu den Reaktionsprodukten, bei endothermen Reaktionen kann die aufgenommene Energie zu den Ausgangsstoffen geschrieben werden.

Fe + S ⟶ FeS + *98 kJ*; *Energie* wird frei (exotherm).

182 kJ + 2 HgO ⟶ 2 Hg + O_2↑; *Energie* wird aufgenommen (endotherm).

Eine chemische Gleichung liefert genaue Angaben über die Stoffart, Menge und Masse der Ausgangsstoffe und Reaktionsprodukte. Dabei kann auch der Energieumsatz angegeben werden.
Eine chemische Gleichung liefert also in kürzester Form eine Reihe von exakten Informationen.

A1 Wende dein Wissen an! Was besagen die chemischen Gleichungen?
$H_2 + I_2 \longrightarrow 2\,HI + 9{,}5\,kJ$
$286\,kJ + 2\,H_2O \longrightarrow 2\,H_2 + O_2$

Der Pfeil ↑ bedeutet, dass ein Gas entweicht. Der Pfeil ↓ bedeutet, dass ein Niederschlag (Fällung) entsteht.

Alles im Griff ?

1. Diese Sprache versteht jeder!

Auf einem internationalen Chemie-Kongress wird über verschiedene Chemikalien gesprochen. Um welche Stoffe handelt es sich in diesen Gefäßen?

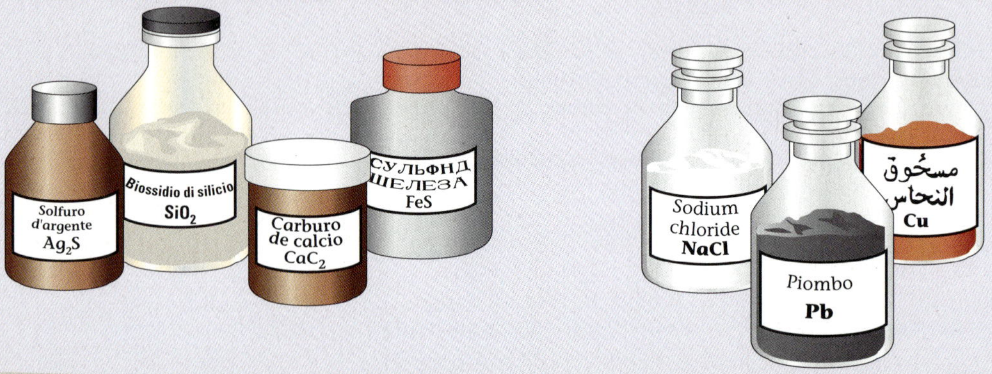

2. Was gehört zusammen?

- Bleitetrachlorid
- CO_2
- Li_3N
- Calciumdicarbid
- Al_2S_3
- Kohlenstoffdioxid
- Diphosphorpentaoxid
- $PbCl_4$
- Dialuminiumtrisulfid
- P_2O_5
- CaC_2
- Trilithiumnitrid

3. Das sollte jeder können!

Bilde aus den vorgegebenen Stoffen alle möglichen Reaktionsgleichungen!

Ausgangsstoffe

Kohlenstoff (IV)
Sauerstoff
Silber (I)
Silberoxid
Schwefel (II)
Wasser
Kupfer (II)

Reaktionsprodukte

Kohlenstoffdioxid
Wasserstoff
Sauerstoff
Silber (I)
Kupferoxid
Silbersulfid

1. Wortgleichung ? ? ? → ? ? ?
2. Formelgleichung ? ? ? → ? ? ?

4. Gib jeweils die Wertigkeit der Elemente an!

MgO Wertigkeit von Mg?
Cl_2O Wertigkeit von Cl?
N_2O_3 Wertigkeit von N?
SO_2 Wertigkeit von S?
H_2S Wertigkeit von S?

5. Erstelle die Formeln!

Verbindung aus …

N(III) und H(I)

Al(III) und S(II)

H(I) und F(I)

Si(IV) und O(II)

Mg(II) und N(III)

6. Benenne folgende Verbindungen chemisch eindeutig!

CO H_2O_2

K_2S CaI_2

CO_2

Mg_3N_2

NO CCl_4

7. Woher kommen die Symbole?

Finde zu den Elementen die passenden Symbole. Das alte Chemiebuch hilft dir deren Herkunft zu erklären.

Eisen *Quecksilber*
Wasserstoff *Blei*
Schwefel *Stickstoff*
Silber *Phosphor*
Gold *Sauerstoff*
Kohlenstoff *Kupfer*

Pb	Au	P
H	Ag	N
Hg	Cu	C
Fe	O	S

hydrogenium *cuprum*
oxygenium *hydrargyrum*
nitrogenium *sulfur*
plumbum *argentum*
ferrum *carboneum*
aurum *phosphoros*

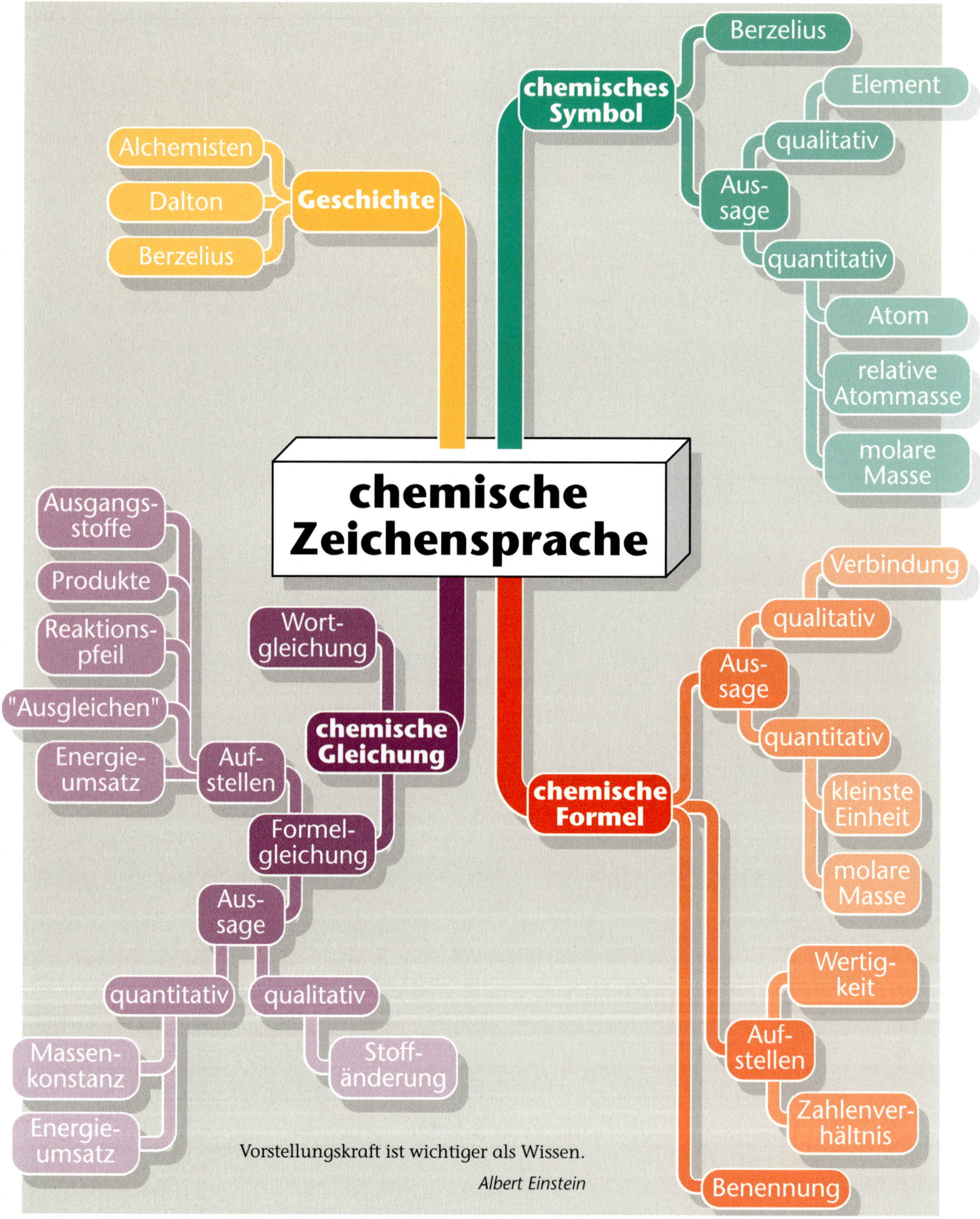

Vorstellungskraft ist wichtiger als Wissen.

Albert Einstein

IV. Oxidation und Reduktion als Sauerstoffübertragung

19 Die starken Drei
Voraussetzungen für den Verbrennungsvorgang

1 Verbrennen von Magnesium

V1 Verschiedene Stoffe (z. B. Magnesiumband, Papier, Holzspan, Kerzenwachs) werden verbrannt. Vergleiche die Verbrennungsprodukte mit den Ausgangsstoffen!

V2 Ein Platindraht oder -blech wird in der Brennerflamme geglüht. Beobachtung nach dem Abkühlen?

V3 In einem Reagenzglas wird Wachs erhitzt. An die entweichenden Dämpfe hält man eine Streichholzflamme.

V4 Ein blankes Kupferblech (ca. 8 cm×11 cm) faltet man, indem man es zunächst in der Mitte umknickt und dann die Ränder ca. 1 cm breit umbiegt (fest zusammendrücken!). Dann glüht man diesen „Kupferbrief" kräftig in der Brennerflamme und faltet ihn nach dem Abkühlen wieder auseinander (B 3).

V5 Eine auf einer Korkscheibe schwimmende Kerze wird angezündet und eine offene Gasmessglocke darübergestülpt und sogleich verschlossen (B 4). Beobachte, was mit der brennenden Kerze geschieht! Führe am Ende des Versuchs einen brennenden Span schnell in den verbliebenen Luftraum ein!

„Wohltätig ist des Feuers Macht ..." Der Gebrauch des Feuers veränderte die Lebensumstände des Menschen grundlegend. Verbrennungsvorgänge lieferten unseren Vorfahren Wärme, Licht und Schutz und ermöglichten den sich entwickelnden Kulturen z. B. die Gewinnung von Metallen aus Erzen und die Herstellung von Glasschmelzen. Sie lieferten und liefern die Energie für die meisten industriellen Prozesse, für die Heizung in Wohnungen, für den Betrieb von Kraftwerken zur Stromerzeugung und zum Antrieb von Kraftfahrzeugen. In Hinblick auf die Problematik der zukünftigen Energieversorgung ist die Auseinandersetzung mit den Vorgängen bei der Verbrennung von besonderer Bedeutung. Bis Ende des 18. Jahrhunderts hatte man nur verschwommene oder teilweise falsche Vorstellungen, was bei einer Verbrennung geschieht.

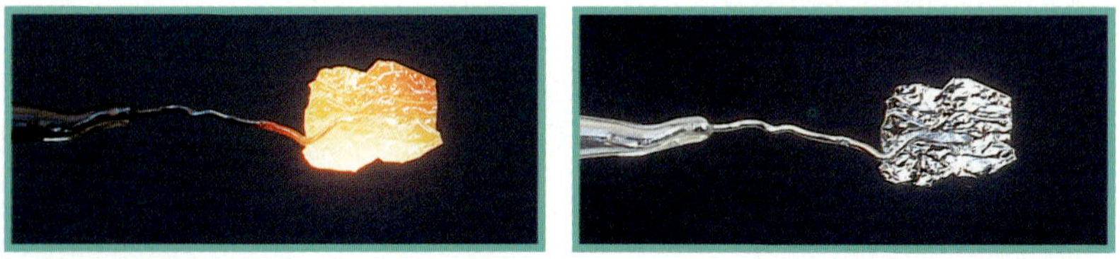

2 Platin glüht, aber verbrennt nicht.

Der Verbrennungsvorgang – gar nicht so einfach. Die Versuche V 1 und V 2 zeigen uns, dass es **brennbare** und nicht brennbare Stoffe gibt (B 1, B 2). Damit der Verbrennungsvorgang einsetzen kann, ist es erforderlich, den Brennstoff auf eine bestimmte Temperatur, die **Entzündungstemperatur**, zu erhitzen. Bei den meisten Verbrennungsvorgängen beobachten wir eine Flammenerscheinung.

Die Entzündungstemperatur ist die Temperatur, die ein Stoff erreichen muss, damit er an der Luft brennt.

Entzündungstemperatur – was steckt dahinter? Um Kerzenwachs zu entzünden muss es zunächst erhitzt werden: Das geschmolzene Wachs verdampft und kann bei weiterem Erhitzen an der Luft entzündet werden (V 3). Offensichtlich muss zur Bildung einer Flamme der Brennstoff im gasförmigen Zustand vorliegen. Nicht nur eine Änderung des Aggregatzustands, sondern auch chemische Zersetzungsvorgänge können zu brennbaren Gasen führen. Diese Vorgänge nennt man „trockene Destillation" oder Pyrolyse.

Versuch 3 zeigt eine weitere interessante Erscheinung: Der Wachsdampf brennt nicht im Inneren des Reagenzglases, sondern an dessen Mündung. Nur an der Luft ist eine Verbrennung möglich. Dies kann am Beispiel des „Kupferbrief-Versuchs" verdeutlicht werden (V 4). Nur dort, wo Luft hingelangen kann, färbt sich das Kupferblech schwarz (B 3). Generell gilt: Ein Verbrennungsvorgang kann nur bei ausreichender Versorgung mit Luft aufrechterhalten werden; in einem abgeschlossenen Luftvolumen (V 5) kommt es nach kurzer Zeit zu einem Erlöschen der Flamme. Der Teil der Luft, der die Verbrennung unterhält, ist

Sauerstoff (B 4). Bestätigt wird dies durch Verbrennungen in reinem Sauerstoff (V 6).

Die Voraussetzungen für den Verbrennungsvorgang sind: brennbarer Stoff, Erreichen der Entzündungstemperatur und ausreichend Sauerstoff.

Die Flamme – ein brennender Gasstrom. Die Flamme eines Gasbrenners ist ein brennendes Gas (z. B. Erdgas, Propangas). Das Gas strömt durch eine enge Düse von unten her in den Kamin. Dabei wird Luft mitgerissen und mit dem Gas vermischt. Die Luftzufuhr kann durch eine Manschette reguliert werden (B 5). Die Temperatur der Flamme hängt von der Art des Gases und von der Durchmischung mit Luft ab. Je besser die Durchmischung, umso heißer ist die Flamme (rauschende Laborbrennerflamme). Auch die Kerzenflamme ist ein brennendes Gas. Im Docht steigt das flüssige Kerzenmaterial empor, verdampft und verbrennt. Die Durchmischung mit Sauerstoff findet nur in der Randzone statt (B 5). Hier sind die Voraussetzungen für eine Verbrennung optimal, entsprechend hoch ist die Verbrennungstemperatur (blauer Flammensaum). Im Gegensatz dazu herrscht im Inneren der Flamme Sauerstoffmangel, die Flammentemperatur ist niedrig. Dadurch kommt es zur Rußbildung. Glühende Rußteilchen verursachen das Leuchten der Flamme.

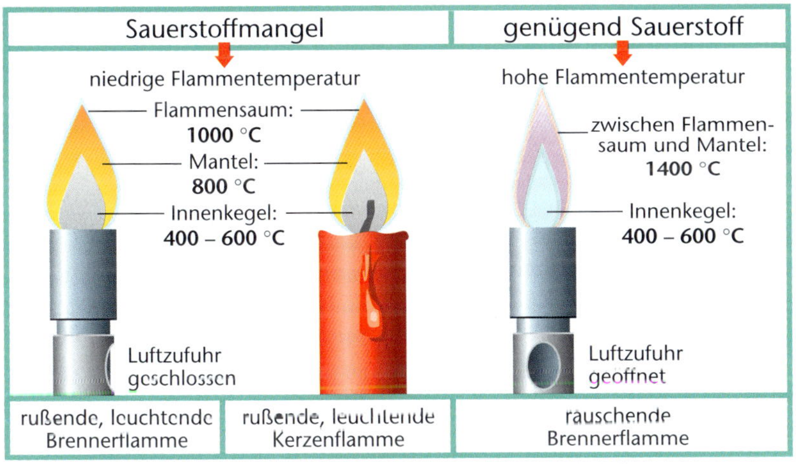

5 Zusammenhang zwischen Verbrennung und Sauerstoffzufuhr

Eine Flamme ist ein brennendes Gas. Sie entsteht bei Erreichen der Entzündungstemperatur des Brennstoffs. Je besser die Sauerstoffversorgung der Flamme, desto höher ist ihre Temperatur. Eine rußende Flamme weist auf ungünstige Verbrennungsbedingungen (Sauerstoffmangel) hin.

3 Kupferbrief-Versuch

V6 Eine brennende Kerze (oder ein glimmender Span) wird in einen Standzylinder mit reinem Sauerstoff eingeführt.

4 Eine Kerze brennt unter einer abgeschlossenen Gasmessglocke.

20 Das Spiel mit dem Feuer
Verbrennung als chemische Reaktion

V1 An eine Balkenwaage hängen wir ein Büschel feiner Eisenwolle und stellen die Gleichgewichtslage ein. Dann zünden wir die Eisenwolle mit einem Streichholz an (B 1).

Was geschieht bei der Verbrennung? Die richtige Deutung des Verbrennungsvorgangs gelang erst Ende des 18. Jahrhunderts. Mit der Entdeckung des Sauerstoffs war eine wesentliche Voraussetzung für das Verständnis gegeben.
Der Einsatz der Waage beim Experimentieren durch Antoine L. de Lavoisier (V 1) brachte der Chemie die entscheidenden Erkenntnisse: Er beobachtete beim Verbrennen von Eisen eine Massenzunahme (B 1) und deutete dies so: Eisen vereinigt sich mit Sauerstoff (Synthese) zu der Verbindung Eisenoxid. Oxide sind Verbindungen, die entstehen, wenn sich Elemente mit Sauerstoff vereinigen. Der Vorgang selbst ist eine **Oxidation**.

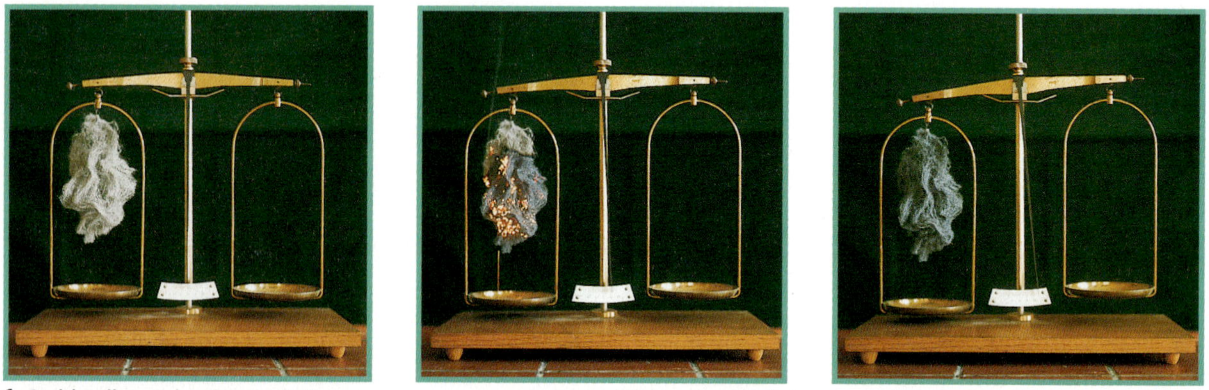

1 Stahlwolle wird auf einer Balkenwaage gewogen, dann geglüht und anschließend wieder gewogen.

V2 Ein blank geriebenes Stück Magnesiumband wird verbrannt.

A1 Vergleiche die Eigenschaften von Magnesium und seinem Verbrennungsprodukt!

A2 Welche Bedingungen sind bei allen Verbrennungen erfüllt, sodass es sich um chemische Reaktionen handelt?

A3 Stelle die Bildungsgleichungen für die folgenden Oxide auf: HgO, Ag_2O, CaO, Al_2O_3, P_4O_{10}.

Verbrennungsvorgänge an der Luft sind typische chemische Reaktionen: Die Oxide als Verbrennungsprodukte haben völlig andere Eigenschaften als die Ausgangsstoffe. Dies wird deutlich, wenn wir das Verbrennungsprodukt von Magnesium, ein weißes Pulver, dem Metall Magnesium gegenüberstellen (V 2). Das Verbrennungsprodukt von Magnesium ist Magnesiumoxid.
Bei Verbrennungsvorgängen wird Energie frei. Es handelt sich um **exotherme Reaktionen**. Die freigesetzte Energie wird als **Verbrennungswärme** bezeichnet. Die Verbrennungswärme bei den einzelnen Stoffen weist unterschiedliche Beträge auf. Die Entzündungstemperatur, welche zur Einleitung des Verbrennungsvorgangs erreicht werden muss, entspricht der Aktivierungsenergie einer chemischen Reaktion.

Bei der Verbrennung vereinigen sich Stoffe mit Sauerstoff. Diese Reaktion ist eine Oxidation. Die entstehenden Verbindungen heißen Oxide. Die frei werdende Wärmeenergie wird Verbrennungswärme genannt.

Die Verbrennungsreaktionen als chemische Gleichungen. Die Wort- und Formelgleichungen für Verbrennungsreaktionen lauten:

Magnesium + Sauerstoff ⟶ Magnesiumoxid + *Energie*
$2\,Mg + O_2 \longrightarrow 2\,MgO + E$

Eisen + Sauerstoff ⟶ Eisenoxid + *Energie*
$4\,Fe + 3\,O_2 \longrightarrow 2\,Fe_2O_3 + E$

Allgemein: Metall + Sauerstoff ⟶ Metalloxid + *Energie*

Analog zu den Metalloxiden entstehen bei der Verbrennung von Nichtmetallen die entsprechenden Nichtmetalloxide:

Kohlenstoff + Sauerstoff ⟶ Kohlenstoffdioxid + *Energie*
$C + O_2 \longrightarrow CO_2 + E$

Schwefel + Sauerstoff ⟶ Schwefeldioxid + *Energie*
$S + O_2 \longrightarrow SO_2 + E$

Bei der Verbrennung von Metallen entstehen Metalloxide, bei der Verbrennung von Nichtmetallen Nichtmetalloxide. Metalloxide sind Feststoffe, Nichtmetalloxide häufig Gase oder flüchtige Verbindungen.

Verbrennung in reinem Sauerstoff – faszinierend, aber gefährlich. In einer Sauerstoffatmosphäre verlaufen die Verbrennungserscheinungen viel intensiver ab als an der Luft. Besondere Bedingungen liefert eine Salpeterschmelze. Wie die Glimmspanprobe zeigt, spaltet geschmolzener Salpeter (Kaliumnitrat) Sauerstoff ab. Es liegen also ideale Voraussetzungen für eine Verbrennung vor (V 3): ein Stückchen Holzkohle entzündet sich spontan und „hüpft" glühend über der Schmelze auf und ab (B 2). Holzkohle (reiner Kohlenstoff) verbrennt zu Kohlenstoffdioxid. Salpeter liefert den dazu notwendigen Sauerstoff und wirkt als **Oxidationsmittel.** Wird von vornherein Salpeter mit Holzkohlepulver gemischt, so verläuft die Reaktion noch heftiger, bis hin zur Explosion (Schießpulver)! In Feuerwerkskörpern oder Knallkörpern laufen ähnliche chemische Reaktionen ab wie in V 3 (B 3). Diese im Eigenbau herzustellen ist verboten!

In reinem Sauerstoff verlaufen Oxidationsreaktionen besonders heftig. Bringt man Sauerstoff liefernde Verbindungen mit einem Brennstoff zusammen, so kommt es zu sehr intensiven Verbrennungsvorgängen. Sauerstoff liefernde Verbindungen sind Beispiele für Oxidationsmittel.

V3 Schutzscheibe, Schutzbrille!
In einem Reagenzglas wird Kaliumnitrat („Salpeter") geschmolzen, bis Gasblasen aufsteigen. Auf die Schmelze wird ein erbsengroßes Stück angeglühte Holzkohle geworfen.

2 „Salpeter" ist ein starkes Oxidationsmittel.

A4 Stellt man eine brennende Kerze auf eine Waage, so beobachtet man eine ständige Gewichtsabnahme. Wie ist dieser scheinbare Widerspruch zu V1 zu erklären?

A5 Warum ist Wasser nicht brennbar?

A6 Welche Verbindungen hast du bereits kennen gelernt, die sich als Oxidationsmittel eignen?

3 In Feuerwerkskörpern befindet sich eine Mischung eines brennbaren Stoffs mit einem Sauerstofflieferanten. Nach der Zündung kommt es zu einer heftigen chemischen Reaktion, die zum raketenartigen Aufstieg des Feuerwerkskörpers führt.

21 Ein Element mit zwei Gesichtern Sauerstoff

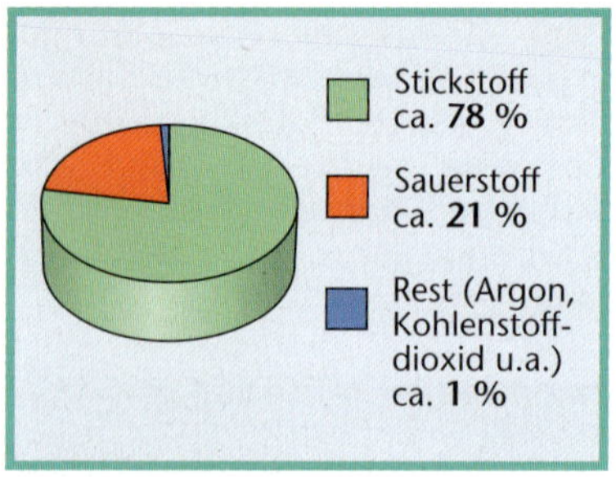

1 Bestandteile der Luft

V1 Die Böden zweier Standzylinder werden mit einer Sandschicht bedeckt. Dann werden sie mit Sauerstoff gefüllt. In einen wird ein Verbrennungslöffel mit brennendem Schwefel (Abzug!) eingeführt. In den zweiten Standzylinder senkt man vorsichtig mit der Tiegelzange glühende Stahlwolle (B 2). Vergleiche mit den Verbrennungsabläufen an der Luft!

2 Eisenwolle verbrennt in Sauerstoff.

V2 Bring einige frisch angeschnittene Sprossen von Wasserpest oder Tausendblatt in eine Lösung von Kaliumhydrogencarbonat (ca. 1 g/100 cm^3 Wasser) und stelle das Becherglas an einen sonnigen Fensterplatz! Beobachte!
Denke dir eine Versuchsanordnung aus, mit der du das Gas, welches (möglicherweise) entsteht, auffangen kannst!

Sauerstoff und Leben. Die ausreichende Versorgung mit Sauerstoff ist die Grundvoraussetzung für das Leben. Der Anteil des Sauerstoffs an der Zusammensetzung der Luft wird durch das Zusammenwirken von Atmung und Photosynthese konstant bei 21% gehalten (B 1). Der Sauerstoffverbrauch eines Erwachsenen beträgt in Ruhe etwa 250 ml/min. Für Verunglückte und Schwerkranke ist ein **Sauerstoffzelt** oft die letzte Rettung. **Atemgeräte** von Tauchern, Feuerwehrleuten und Flugzeugbesatzungen sind an eine Sauerstoffversorgung angeschlossen.

Eigenschaften des Elements Sauerstoff. Sauerstoff ist das häufigste Element; es ist mit einem Massenanteil von 50% am Aufbau der Erdrinde beteiligt. Das farb- und geruchlose Gas hat eine Dichte von 1,43 g/l und einen Siedepunkt von –183 °C. In Wasser ist Sauerstoff in beachtlichem Umfang löslich. Er ist **nicht brennbar** aber **notwendig für die Verbrennung**.

Verwendung. Sauerstoff lässt sich aus verflüssigter Luft abtrennen und steht damit für technische Zwecke zur Verfügung. Da bei der Verbrennung in reinem Sauerstoff sehr hohe Temperaturen erreicht werden, wird er in Schweißbrennern (B 2, S. 68 und B 3) und Schneidbrennern zusammen mit den Gasen Acetylen (gelbe Stahlflasche) oder Wasserstoff (rote Stahlflasche) eingesetzt. Ein spektakulärer Verwendungszweck ist der Einsatz von flüssigem Sauerstoff und Wasserstoff als Raketentreibstoffe (B 3, S. 69). Der größte Sauerstoffverbraucher ist bei uns die **Stahlindustrie**. Auch bei anderen technischen Prozessen (in der Aluminium-, Kupfer-, Glasindustrie) wird durch den Einsatz von Sauerstoff eine Verfahrensverbesserung erreicht.

Sauerstofferzeugung im Experiment. Aus Sauerstoffverbindungen wie Salpeter (KNO_3) und Wasserstoffperoxid (H_2O_2) lässt sich Sauerstoff bequem herstellen. Im Gemisch mit brennbaren Substanzen, wie z. B. Holzkohle, Schwefel, Phosphor, verlaufen die chemischen Reaktionen überaus heftig (siehe Kap. 20).

Sauerstoff fördert die Verbrennung.
Sauerstoff findet als technisches Gas vielfältige Verwendung.

Ozon – eine andere Form von Sauerstoff. Ozonwarnungen sind heute keine Seltenheit mehr. So wird z. B. vor sportlicher Betätigung im Freien gewarnt und gebeten, Kraftfahrzeuge nicht zu benutzen. Das Gas Ozon ist ein **Schadstoff in der Atemluft**.

Wie entsteht dieses Gas? Bei hohen Konzentrationen von Stickstoffoxiden (S. 66) in der Luft und starker Sonneneinstrahlung in der warmen Jahreszeit wird ein Teil des Sauerstoffs zu Ozon

(Sommersmog). Aus zweiatomigen Sauerstoffmolekülen werden dreiatomige Ozonmoleküle.

$$3\,O_2 \longrightarrow 2\,O_3$$

Sauerstoff 2-atomiges Molekül → Ozon 3-atomiges Molekül

Das 2-atomige Sauerstoffmolekül (O_2) und das 3-atomige Ozonmolekül (O_3) sind zwei Erscheinungsformen des Elements Sauerstoff.

Ozon entsteht in der bodennahen Lufthülle (Troposphäre) beim Schweißen und bei elektrischen Entladungen in der Natur (Gewitter). Auch energiereiche UV-Strahlung führt zur Ozonbildung.

Ozon – Schutzschild in der Stratosphäre. Für das Leben auf der Erde ist die Bildung von Ozon in der Stratosphäre (30 km Höhe) eine wichtige Voraussetzung. Die Ozonmoleküle entstehen durch das Einwirken von sehr energiereichen UV-Strahlen auf die O_2-Moleküle.

So konnte sich ein lebensschützender Ozonschleier bilden. Durch diese Ozonschicht werden die gefährlichen Strahlungsanteile aus dem Sonnenlicht „gefiltert“ und gelangen nicht auf die Erde. Durch so genannte „Ozonkiller“ (z. B. FCKW, Fluorchlorkohlenwasserstoffe) kommt es zu einem dramatischen Ozonabbau: z. B. Ozonloch über der Antarktis (B 4).

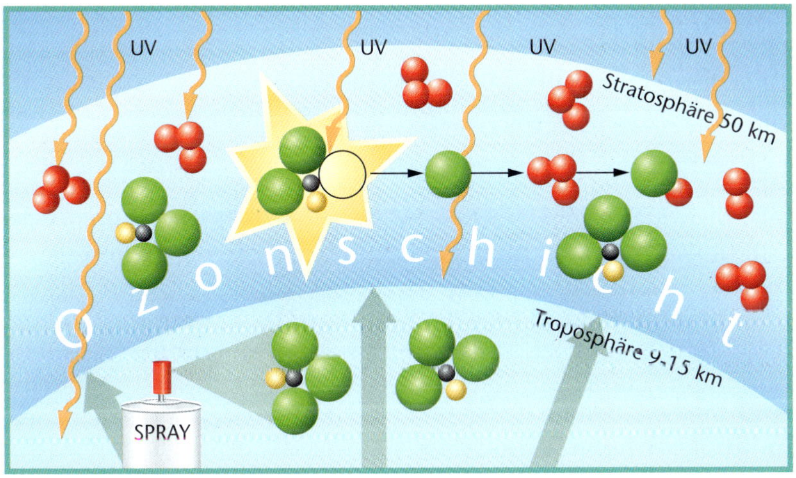

4 Treibgase aus Spraydosen dringen in die Ozonschicht ein und zerstören dort einen Teil der Ozonmoleküle. Ozon ist ein Schutz vor UV-Strahlen der Sonne.
Das Bild zeigt die Abspaltung eines Chloratoms (grün) von einem Treibgasmolekül. Das Chloratom reagiert weiter (Pfeile) mit einem Ozonmolekül und zerstört dieses.

Sauerstoff ist das häufigste Element. Ozon ist eine besondere Form des Sauerstoffs. Ozon ist in bodennahen Luftschichten schädlich.
Das Ozon der Stratosphäre ist ein Schutz für das Leben auf der Erde (Ozonschicht).

V3 Fülle ein Reagenzglas etwa 3 cm hoch mit Kaliumnitrat (Salpeter). Erhitze mit dem Laborbrenner bis der Feststoff schmilzt; erhitze nun die Schmelze weiter! Beobachtung! Führe die Glimmspanprobe durch!

A1 Eine Wasserpflanze soll in Mineralwasser gelegt werden. Ist das nur ein Gag? Welchen Sinn siehst du darin?

A2 Zum Nachweis von Sauerstoff wird die Glimmspanprobe durchgeführt (B 1, S. 28). Erkläre den fachlichen Hintergrund!

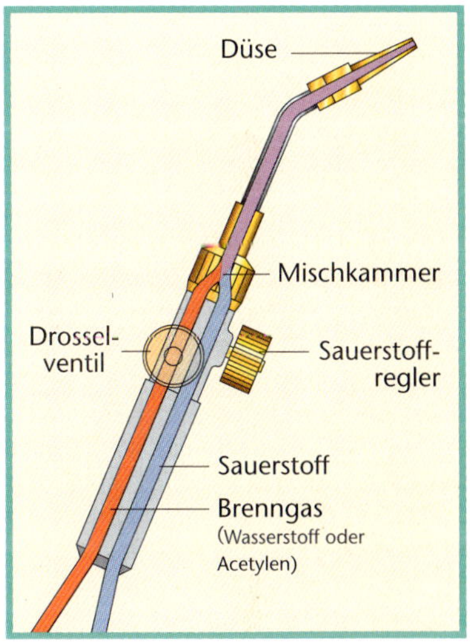

3 Schema eines Schweißbrenners

22 Laut und leise – Besondere Verbrennungserscheinungen

V1 Blankes Eisenblech wird mit der Tiegelzange in der Brennerflamme geglüht. Wie hat es sich verändert?

V2 Ein Büschel Eisenwolle (Putzwolle) wird mit der Tiegelzange gehalten und mit einer Zündholzflamme gezündet.

V3 Vorsicht! In ein rechtwinklig gebogenes Glasrohr mit einem Durchmesser von ca. 0,5 cm gibt man Aluminium- bzw. Eisenpulver. Dann bläst man, ohne das Rohr auf andere zu richten, das Pulver mit einem kräftigen Stoß durch die Flamme.

V4 Vorsicht! Ein Behälter wird entsprechend B 2 präpariert. In den Trichter bringt man etwas Glaswolle und häuft darauf getrocknetes Mehl oder Holzstaub und zündet die Kerze an. Nach Aufsetzen des Deckels verstäubt man mit einem kräftigen Luftstoß (durch kräftiges Einblasen) das Mehl.

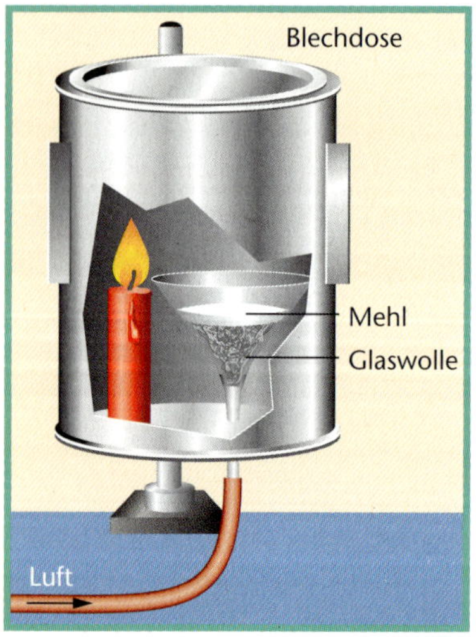

2 Versuch zur Mehlstaubexplosion nach V4

Auf den Zerteilungsgrad kommt es an. Hält man blankes Eisenblech in die Flamme, so glüht es durch und überzieht sich mit einer blauschwarzen Schicht (V 1). Dagegen lässt sich ein Büschel feine Eisenwolle (Putzwolle) richtig entzünden. Sie verbrennt Funken sprühend (V 2). Wird Aluminiumpulver durch eine Brennerflamme geblasen, so verbrennt es mit einer Stichflamme (V 3). All diesen Erscheinungen ist gemeinsam, dass es sich um Oxidationsreaktionen handelt. Sie unterscheiden sich in der Geschwindigkeit, mit der sie ablaufen. Je feiner verteilt die Stoffe vorliegen, desto höher ist die Reaktionsgeschwindigkeit. Wie ist das zu erklären? Im fein verteilten Zustand besitzen die Materialien eine viel größere Oberfläche, verglichen mit einem kompakten Stück. Bei Verbrennungsvorgängen liefern sie dem Sauerstoff eine viel größere Angriffsfläche (B 1).

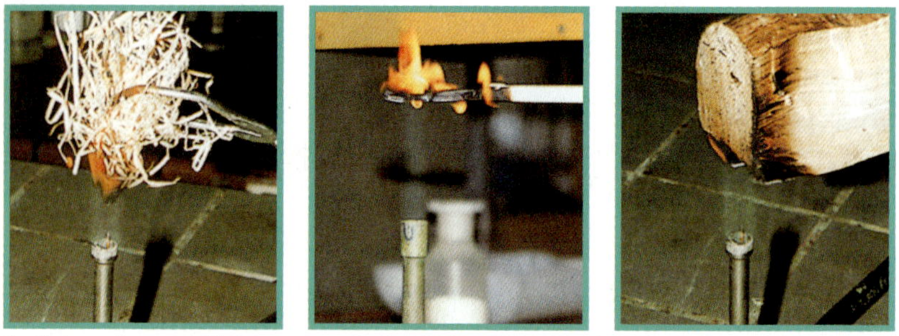

1 Holzwolle, ein Holzspan und ein Holzscheit werden jeweils in die Brennerflamme gehalten.

Je größer die Oberfläche eines brennbaren Stoffs, desto schneller verbrennt er und umso intensiver verläuft der Verbrennungsvorgang (Stichflamme!).

Explosionen – besonders intensive Verbrennungsvorgänge. In V 4 wurde Mehlstaub oder Holzstaub von der Kerzenflamme entzündet. Der aufgewirbelte Staub ist optimal mit Sauerstoff durchmischt und verbrennt deshalb bei Zündung explosionsartig (B 2). Hierbei ist die **Geschwindigkeit** des Verbrennungsablaufs **besonders groß** und die Verbrennungswärme wird in kürzester Zeit freigesetzt. Es kommt zu einer **plötzlichen Ausdehnung von Gasen.** Solche **Staubexplosionen** können in Mühlen, Holz verarbeitenden Betrieben und Kohlebergwerken Schäden in Millionenhöhe verursachen.
Besonders gefährlich sind **Gasexplosionen**: Dazu kommt es, wenn ein Gemisch aus einem brennbaren Gas und Luft vorliegt. Bei „idealer" Mischung (Explosionsbereich) sind die Folgen katastrophal (B 3). Bei chemischen Experimenten versucht man solche Explosionen zu vermeiden, indem man die **Knallgasprobe** durchführt. Verläuft dieser Test positiv, darf die Apparatur keinesfalls erhitzt werden.

3 Durch eine Gasexplosion wurde ein Gebäude völlig zerstört.

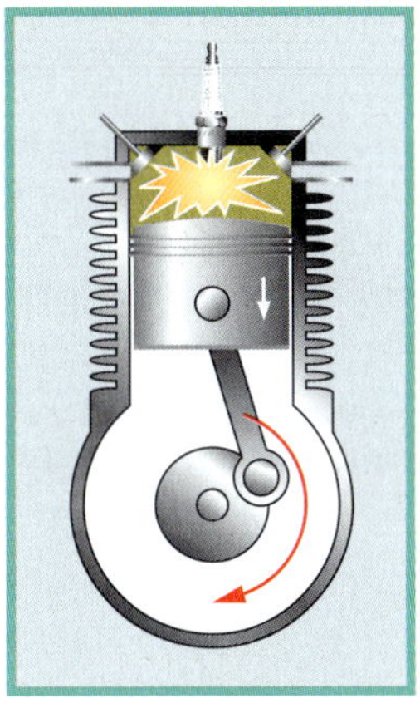

4 Arbeitsweise eines Verbrennungsmotors

Explosionsbereich von Gasen und Dämpfen (Vol.-% in Luft)

Gase	Bereich
Methan	5 –15
Ethin (Acetylen)	3,5–82
Wasserstoff	4 –75
Kohlenstoffmonooxid	12,5–75
Dämpfe	**Bereich**
Ethanol	3,5–13
Diethylether	1,5–36
Autobenzin	0,6– 8,0
Petroleum	1,0– 8,0

Eine gezielte, technisch kontrollierte explosionsartige Verbrennung läuft im **Verbrennungsmotor** ab. In den Zylindern wird ein Gemisch aus gasförmigem Treibstoff und Luft gezündet (B 4). Durch die Explosion wird der Kolben schlagartig nach unten gedrückt.

Explosionen sind schnell ablaufende Verbrennungen, die zu einer plötzlichen Hitze- und Gasentwicklung führen.

Die langsame Verbrennung. Viele Metalle, z. B. Kupfer und Eisen, verlieren an der Luft ihren Glanz; auf der Metalloberfläche entsteht langsam eine Metalloxidschicht. Beim **Rosten** von Eisen spielt dieser Vorgang eine große Rolle. Rost ist nichts anderes als ein Eisenoxid (B 5).

Die langsame Verbrennung verläuft ohne Feuererscheinung und unterhalb der Entzündungstemperatur. Als Reaktionsprodukte entstehen wieder Oxide.

Eine besondere Form der langsamen Verbrennung ist die **Atmung**: dabei werden Nährstoffe, wie z. B. Traubenzucker langsam in den Zellen „verbrannt", d. h. oxidiert. Die dabei freigesetzte Energie dient den Lebewesen zur Deckung ihres Energiebedarfs. Das entstehende Kohlenstoffdioxid kann durch die Trübung von Kalkwasser nachgewiesen werden (V 5).

Gemische aus brennbaren Stäuben und Gasen mit Luft oder Sauerstoff verbrennen explosionsartig. Die langsame Verbrennung schädigt auf der einen Seite metallische Werkstoffe (Rosten!), auf der anderen Seite ist sie die Grundlage für die Energiegewinnung bei Lebewesen.

A1 Bei welchem Gas bzw. Dampf aus der Tabelle besteht im Gemisch mit Luft jeweils die höchste Explosionsgefahr? Begründe!

5 Der Rost hat zugeschlagen.

V5 Vorsicht! Schutzbrille! In ein Becherglas mit Kalkwasser wird mit einem Trinkhalm vorsichtig Atemluft eingeblasen. Beobachtung?

1 Polarforscher in der Arktis: Kann er das Benzin anzünden?

V1 In zwei Schälchen wird etwas Leichtbenzin bzw. Heizöl (oder Petroleum) gegeben. Nun nähert man sich den Flüssigkeiten jeweils von oben langsam mit einem brennenden Span. Beobachtung? Anschließend erhitzt man das Heizöl und nähert sich wieder mit dem brennenden Span.

A1 Welche Warnsymbole sind an Tankstellen zu sehen? Warum gilt dort Rauchverbot?

A2 Ein leerer Benzinkanister kann wie eine Zeitbombe wirken. Begründe!

2 Brandschneise zur Verhinderung eines Waldbrandes

Niedriger Flammpunkt – Vorsicht, leicht entzündlich. Vom Benzin ist allgemein bekannt, dass ein überspringender Funke genügt um es zu entzünden („Benzinfeuerzeug"). Warum aber ist dies mit leichtem Heizöl nicht möglich? Eine brennbare Flüssigkeit ist leicht entzündlich, wenn sie leicht verdunstet. Dieses ist von Flüssigkeit zu Flüssigkeit unterschiedlich. Benzin lässt sich jedoch unterhalb von –20 °C auf diese Weise nicht entzünden, da sich bei dieser Temperatur keine brennbaren Dämpfe bilden können (B1). Diese Temperatur von –20 °C bezeichnet man als den **Flammpunkt** von Benzin.

Die niedrigste Temperatur, bei der sich über einer Flüssigkeit Dämpfe bilden, die an der Luft entzündet werden können, nennt man Flammpunkt.

Der Flammpunkt ist ein wichtiges Maß für die Feuergefährlichkeit brennbarer Flüssigkeiten: je niedriger der Flammpunkt, desto feuergefährlicher ist die Flüssigkeit. Flüssigkeiten mit dem Gefahrensymbol „leicht entzündlich" besitzen einen Flammpunkt unter +21 °C. Dies ist z. B. bei Spiritus der Fall, daher Vorsicht beim Umgang mit Spiritus z. B. beim Grillen.

Brandverhütung und Explosionsschutz. Von brennbaren Flüssigkeiten geht noch eine zusätzliche Gefahr aus. Ihre Dämpfe sind in bestimmten Mischungsverhältnissen mit Luft explosiv (S. 61, Tabelle). Wie lässt sich diese Gefahr vermeiden? Kühle Lagerung und richtiges Belüften (Abluft unten, Zuluft oben) verhindern, dass sich in Lagerräumen explosionsfähige Gemische bilden. Keinesfalls dürfen brennbare Flüssigkeiten, die sich nicht in Wasser lösen (z. B. Benzin), in den Ausguss oder Gulli gegossen werden. In den Rohrleitungen bilden sich explosive Gemische aus Dampf und Luft, die z. B. durch eine weggeworfene glimmende Zigarette gezündet werden können.

Der Flammpunkt ist ein Maß für die Feuergefährlichkeit brennbarer Flüssigkeiten. Hochentzündliche Flüssigkeiten, z. B. Ether, besitzen besonders niedrige Flammpunkte.

Wie kann ein Brand gelöscht werden? Mindestens einer der drei folgenden Punkte muss erfüllt sein:

Beseitigung der brennbaren Stoffe. Eine bewährte Maßnahme ist z. B. das Schlagen von Brandschneisen bei Waldbränden (B 2).

Abkühlen der brennenden Materialien. Mit Wasser können in vielen Fällen die brennenden Gegenstände so stark abgekühlt werden, dass der Brand erlischt. Die Ursache dafür ist das Un-

terschreiten der Entzündungstemperatur. Außerdem verhindert der entstehende Wasserdampf den Zutritt von Luft zum Brandherd. Aber nicht immer darf mit Wasser gelöscht werden! Bei Benzin- oder Fettbränden bewirkt das Wasser eine zusätzliche Verteilung der brennenden Flüssigkeit.

Verhinderung der Sauerstoffzufuhr. Beim Löschen mit Wasser verdrängt der entstehende Wasserdampf die Luft. Eine ähnliche Wirkung erzielt man bei der Verwendung von Löschdecken oder beim Einsatz von Kohlenstoffdioxidgas (Handfeuerlöscher). Bei großen Flüssigkeitsbränden (z. B. Tanklaster-Unfällen) haben sich Schaumlöscher besonders bewährt (B 5). In besonderen Fällen muss der Brandherd mit Sand abgedeckt werden. Ähnlich wirken Pulverlöscher.

4 Modellversuch zum Schaumlöschen nach V 2

6 Gefahrensymbole und Verbotsschilder

Ein Feuer kann gelöscht werden durch Beseitigung der brennbaren Stoffe, durch Abkühlen unter die Entzündungstemperatur oder durch Entzug des Sauerstoffs. Besonders wirksame Feuerlöscher sind Kohlenstoffdioxid-, Schaum- und Pulverlöscher.

A3 Warum ist Wasser in sehr vielen aber nicht allen Fällen ein ideales Löschmittel?

A4 In einer Pfanne auf dem Herd ist ein Ölbrand entstanden (B 3). Wie kann er am wirkungsvollsten gelöscht werden, was sollte man unbedingt unterlassen?

3 Brennendes Öl darf **nicht** mit Wasser gelöscht werden.

V2 **Modellversuch zum Nass- und Schaumlöscher:** Ein 500-ml-Erlenmeyerkolben wird mit ca. 300 ml einer Natriumhydrogencarbonatlösung (5–10%) und etwas Spülmittel beschickt. Nun versetzt man mit ca. 5 g Citronensäure und verschließt rasch mit einem Stopfen, durch den ein rechtwinklig gebogenes Glasrohr mit Spritzdüse führt; dieses soll knapp in die Lösung eintauchen. Den Stopfen gut festhalten und etwas schütteln (B 4)!

5 Handfeuerlöscher mit Betriebsanleitung

* 24 Von wegen Element
Die Zusammensetzung der Luft

Die Luft – ein Gasgemisch. Wie wir schon von der Verbrennung wissen, enthält Luft einen gewissen Anteil an Sauerstoffgas. Dieser Anteil sollte bei einer Verbrennung in einem abgeschlossenen Luftraum verbraucht werden. In V1 können wir die Volumenveränderung während des Verbrennungsvorganges beobachten. Die Kerzenflamme erlischt nach einiger Zeit. Das Niveau der Sperrflüssigkeit Wasser steigt an, das Luftvolumen nimmt demnach bei der Verbrennung ab. Ein Teil der Luft wurde also verbraucht. Die „Restluft" erstickt die Flamme, man nannte sie deshalb Stickstoff. Das Gas, das die Verbrennung ermöglicht, ist, wie wir bereits wissen, der Sauerstoff. Wissenschaftliche Untersuchungen der Restluft haben allerdings gezeigt, dass der Sauerstoffgehalt der Luft lediglich abgenommen hat. Deshalb brennt die Kerze nicht mehr weiter.
Genauere Vorstellungen über den Anteil des Sauerstoffs in der Luft vermittelt der folgende Versuch (V2). Das Kupfer hat sich beim Erhitzen mit dem Sauerstoff zu Kupferoxid verbunden, das ursprüngliche Luftvolumen hat sich um 1/5 verringert.

$$\underset{\text{Kupfer}}{2\,Cu} + \underset{\text{Sauerstoff}}{O_2} \longrightarrow \underset{\text{Kupferoxid}}{2\,CuO}$$

Luft ist also ein **Gemisch**, das zu ca. einem Fünftel aus Sauerstoff und ca. vier Fünfteln aus Stickstoff besteht.

V1 Eine auf einer Korkscheibe schwimmende Kerze wird angezündet und eine Gasmessglocke darüber gestülpt (B 4, S. 55). Beobachte, was mit der brennenden Kerze geschieht! Führe am Ende des Versuchs einen brennenden Span schnell in den verbliebenen Luftraum ein!

A1 Überlege, wie die Volumenabnahme in V1 erklärt werden kann!

V2 Ein Kolbenprober mit genau 100 cm³ Luft wird über ein Verbrennungsrohr, in dem sich zwischen Glaswolle ein Kupfernetz befindet, mit einem zweiten Kolbenprober verbunden. Dieser steht auf Null. Dann erhitzt man das Kupfernetz und drückt die Luft mehrmals von einem Kolbenprober in den anderen. Nun lässt man abkühlen und liest das Restvolumen ab. Beachte die Farbe des Kupfers nach dem Versuch!

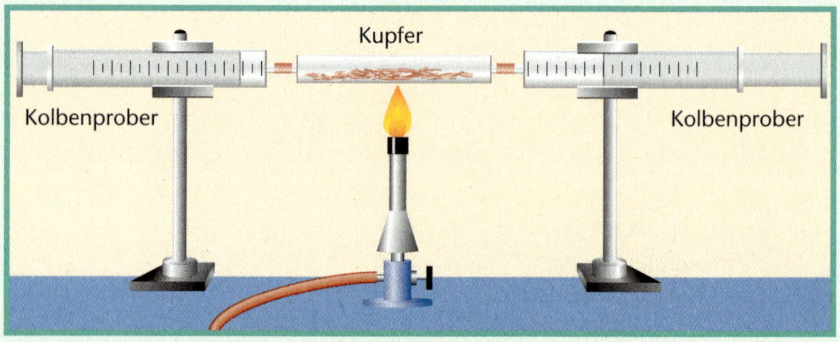

1 Abtrennung des Sauerstoffs der Luft mithilfe von erhitztem Kupfer. Der Sauerstoff der Luft verbindet sich mit Kupfer zu Kupferoxid.

Die Bestandteile reiner Luft. Neben den Hauptbestandteilen Stickstoff und Sauerstoff enthält reine Luft immer das für die grünen Pflanzen lebenswichtige Gas Kohlenstoffdioxid und die Edelgase.

Die Bestandteile der Luft

Stoff	Symbol/Formel	Volumenanteil (%)
Stickstoff	N_2	78,09
Sauerstoff	O_2	20,95
Kohlenstoffdioxid	CO_2	0,03
Helium	He	0,00046
Neon	Ne	0,00161
Argon	Ar	0,9325
Krypton	Kr	0,000108
Xenon	Xe	0,000008

A2 In welchem Zusammenhang hast du schon von Edelgasen gehört?

Eine genaue Analyse der Luftbestandteile bringt die Tabelle. **Edelgase** reagieren unter normalen Bedingungen nicht mit anderen Stoffen. Sie sind die **reaktionsträgsten Elemente**. Erstaunlich ist, dass die Zusammensetzung der Luft unter natürlichen Bedingungen weitgehend konstant bleibt. Bildung von Sauerstoff (Photosynthese) und Verbrauch von Sauerstoff (Atmung/Verbrennung) halten sich die Waage. Seit allerdings der Mensch in größerem Maße Kohlenstoffdioxid durch Verbrennung fossiler Energieträger (z. B. Kohle, Erdöl, Erdgas) erzeugt, ist dieses Gleichgewicht gestört. Es kommt zum so genannten „Treibhauseffekt", der zu einer globalen Temperaturerhöhung mit all ihren negativen Begleiterscheinungen führen kann (B 3).

A3 Was kann man zur Verringerung des Treibhauseffekts beitragen?

A4 Erläutere, wie die Vorgänge Fotosynthese und Atmung mit dem Sauerstoff- und Kohlenstoffdioxidgehalt der Luft zusammenhängen!

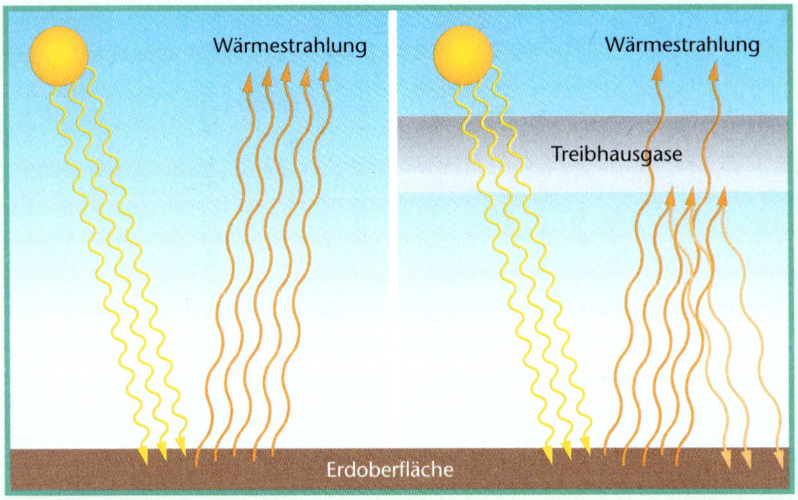

3 Treibhauseffekt

2 Krypton als Füllgas in Glühlampen

Die Luft als Rohstoffquelle. Luftbestandteile spielen in der Technik eine große Rolle. Dort werden riesige Mengen Sauerstoff zum Schweißen oder zur Stahlherstellung gebraucht. Auch Edelgase als Schutzgas beim Schweißen oder zur Füllung von z. B. Krypton- oder Xenonlampen (Autoscheinwerfer!) werden benötigt. Zur Gewinnung dieser Gase kühlt man Luft in speziellen Geräten stufenweise so tief ab, dass sie flüssig vorliegt (Linde-Verfahren). Durch fraktionierte Destillation können nun z. B. Stickstoff, Sauerstoff und Edelgase aufgrund ihrer unterschiedlichen Siedepunkte voneinander getrennt und in größeren Mengen gewonnen werden.

Durch Destillation flüssiger Luft lassen sich wichtige technische Gase gewinnen: Stickstoff, Sauerstoff, Edelgase. Sauerstoff und Kohlenstoffdioxidgehalt der Luft stehen über Atmung und Photosynthese in engem Zusammenhang.

25 Dicke Luft
Luftverunreinigung

Emission: Abgabe von Schadstoffen an die Luft

Immission: Einwirkung der Schadstoffe auf Lebewesen und Bauwerke

Luftverunreinigung – ein hausgemachtes Problem. Die Zusammensetzung der Luft blieb über lange Zeit konstant und wurde durch natürliche Ereignisse wie Vulkanausbrüche nur vorübergehend verändert. Auch in der heutigen Zeit ist der Anteil der Hauptbestandteile der Luft (ca. 1/5 Sauerstoff und 4/5 Stickstoff) gleichbleibend. Allerdings entlässt der Mensch durch sein Wirtschaften (Energiegewinnung, Industrie, Verkehr, Massentierhaltung) in steigendem Maße Schadstoffe in die Luft (B 1).

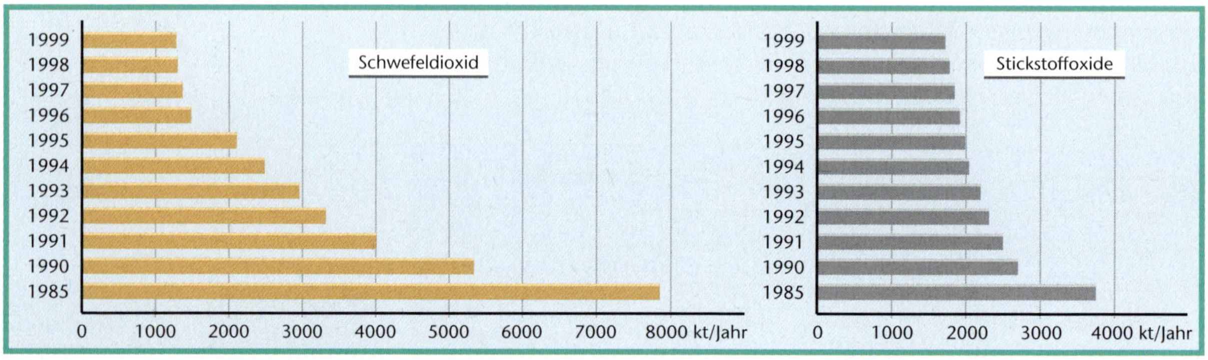

1 Emissionen in Deutschland (Gesamt) 1985–1999

V1 **Abzug!** PVC wird verbrannt, die Verbrennungsgase werden durch eine Waschflasche mit Universalindikator-Lösung geleitet. Messung der Leitfähigkeit davor und danach!

A1 Wie wirken die Schadstoffe in der Luft auf Mensch und Umwelt?

A2 Wie können wir dazu beitragen, die Luftverschmutzung zu verringern?

A3 Suche im Internet Angaben über Schadstoffkonzentrationen in Deutschland und im benachbarten Ausland!
Vergleiche sie miteinander, auch im Hinblick auf die Flächenausdehnung des entsprechenden Landes!

A4 Was geschieht in Großfeuerungsanlagen, die fossile Brennstoffe wie Kohle und Heizöl verbrennen, wenn die Brennstoffe Schwefel enthalten?

Wichtige Luftschadstoffe. Gasförmige Verunreinigungen der Luft bestehen hauptsächlich aus Schwefeldioxid, Kohlenstoffmonooxid, Stickstoffoxiden und Kohlenwasserstoffen. Den Hauptanteil an Stickstoffoxiden (NO_x) und Kohlenstoffmonooxid verursacht der Kraftfahrzeugverkehr. **Schwefeldioxid** entsteht bei der Verbrennung von schwefelhaltiger Kohle oder Heizöl, hauptsächlich in Großkraftwerken und in der Industrie. **Kohlenstoffmonooxid** wird vor allem bei unvollständiger Verbrennung in Otto- und Dieselmotoren gebildet. **Stickstoffoxide** (z. B. NO und NO_2) entstehen in Kraftwerksfeuerungen oder Verbrennungsmotoren bei hohen Temperaturen aus Stickstoff und Sauerstoff der Luft. Beispiel: $N_2 + O_2 + E \rightleftharpoons 2\,NO$
Stickstoffoxide sind giftig und lösen sich in Wasser zu sauren Lösungen. Auch Schwefeldioxid löst sich in Wassertröpfchen der Luft und verursacht so **sauren Regen**.
Auch bei der Verbrennung von Hausmüll können Schadstoffe frei werden, z. B. Chlorwasserstoff bei der Verbrennung von PVC (Polyvinylchlorid).
In Ballungsgebieten kann es bei austauscharmen Wetterlagen zu starken Anreicherungen von Luftschadstoffen kommen. Man bezeichnet sie als Smog (smoke/fog).

Die Hauptverursacher der Luftverschmutzung sind schwefelhaltige Heizmaterialien, ungünstige Temperaturen in Verbrennungsräumen sowie – je nach zu verbrennendem Produkt – zu hohes oder zu geringes Sauerstoffangebot.

Folgen der Verschmutzung. Die in der Luft enthaltenen Schadstoffe wirken in höheren Konzentrationen zerstörend auf Baumaterialien, Metalle (z. B. Korrosion) und andere Materialien ein.
Auch Pflanzen, Tiere und der Mensch können Schaden nehmen. Für einige Schadstoffe wurde eine maximale Immissionskonzentration (MIK) festgelegt. Die Luftschadstoffe werden auf der Oberfläche von Blättern oder auf dem Boden abgelagert. Schwefeldioxid kann auch zu Atemwegserkrankungen führen, vor allem in Verbindung mit Stickstoffoxiden. Kohlenstoffmonooxid ist wie Stickstoffmonooxid eine Verbindung, die den Sauerstoff am Blutfarbstoff Hämoglobin verdrängt.

MIK-Wert: Der MIK-Wert wird in mg Schadstoff pro 1 m^3 Luft angegeben. MIK_K bedeutet Kurzeinwirkung und MIK_D Dauereinwirkung (s. Tabelle).

MIK-Werte von Schadstoffen

Schadstoff	mg/m^3 MIK_K	MIK_D
CO	50	10
SO_2	1	0,3
SO_3	0,2	0,1

Verunreinigte Luft – kein unabwendbares Schicksal. Das Ausmaß der Luftverunreinigung machte es notwendig, technische Gegenmaßnahmen zu entwickeln. Als sehr wirksam erwiesen sich Filter, Entschwefelungs- und Entstickungsanlagen in Kraftwerken. Eine besonders erfolgreiche Technik ist die Reinigung der Autoabgase durch den **Abgaskatalysator** (B 2). Er bewirkt die Reduktion von Stickstoffoxiden und die Oxidation von Kohlenstoffmonooxid und unverbrannten Kohlenwasserstoffen. Als Reaktionsprodukte verbleiben Stickstoff, Kohlenstoffdioxid und Wasser.
Diese technischen Maßnahmen müssen unbedingt unterstützt werden durch das entsprechende **umweltbewusste Verhalten von uns allen**!

A5 Welche Reaktion kann in Großfeuerungsanlagen bei hohen Temperaturen zwischen dem Stickstoff und dem Sauerstoff der Luft ablaufen?

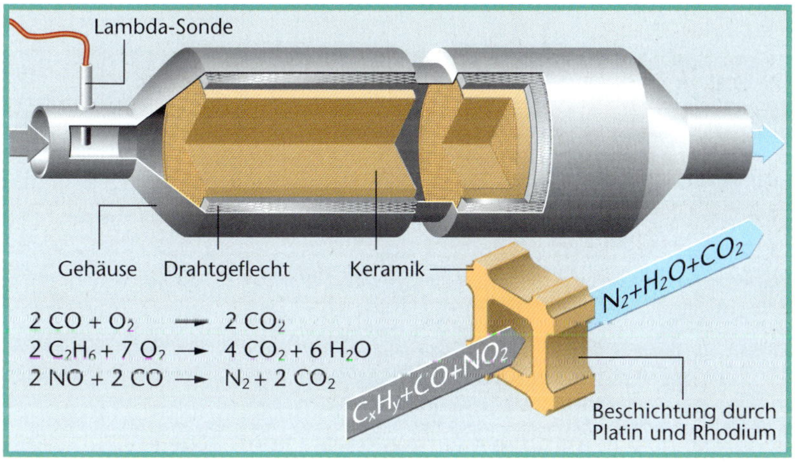

2 Autoabgaskatalysator

Luftschadstoffe gefährden Mensch und Umwelt. Technische Maßnahmen und das umweltbewusste Verhalten des Einzelnen müssen zusammenwirken.
Abgaskatalysatoren vermindern den Ausstoß von Luftschadstoffen.

26 Ein echter Knaller
Wasserstoff

V1 Zu einer Säurelösung wird Zinkpulver gegeben. Führe mit dem entstehenden Gas die Knallgasprobe durch!

V2 An einem Arm einer Balkenwaage wird ein Plastiktütchen mit der Öffnung nach unten befestigt und die Waage austariert. In dieses Tütchen wird von unten Wasserstoffgas eingeleitet (vorher Zündquellen löschen). Beobachtung?

V3 Vorsicht! Nach negativem Ausfall der Knallgasprobe wird Wasserstoff in einen mit der Öffnung nach unten ins Stativ eingespannten Standzylinder geleitet, danach eine brennende Kerze eingeführt. Sobald die Kerze erlischt, sofort herausziehen und mehrfach einführen. Beobachtung?

Ein Gas mit interessanten Eigenschaften. In unserem Sonnensystem, aber auch im übrigen Weltall ist Wasserstoff das bei weitem häufigste Element. Auf der Erde finden wir Wasserstoff fast nur in Verbindungen, aus denen man ihn gewinnen kann, z. B. durch Elektrolyse von Wasser.
Wasserstoff ist das leichteste Gas. Es ist farblos und geruchlos. Seine genaue Dichte ist 0,089 g/l. Im Gegensatz zu Sauerstoff ist Wasserstoff ein **brennbares Gas**. Dazu benötigt es allerdings Sauerstoff, allein lässt es sich nicht entzünden.
Eine brennende Kerze erlischt beim Einführen in einen mit Wasserstoff gefüllten Glaszylinder. **Wasserstoffgas unterhält also die Verbrennung nicht** (B 1). Gemische aus Wasserstoffgas und Luft sind hochexplosiv. Besonders gefährlich sind Gemische aus Wasserstoff und reinem Sauerstoff.

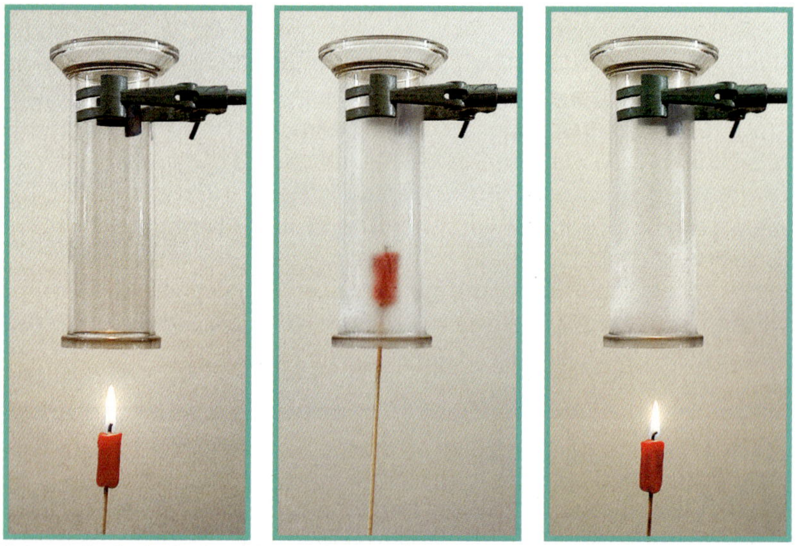

1 Im Zylinder befindet sich Wasserstoff. Beim Einführen einer brennenden Kerze erlischt diese in der Wasserstoffatmosphäre. Der am Rand brennende Wasserstoff entzündet die Kerze beim Herausziehen wieder.

Wasserstoff ist das leichteste Gas. Er ist farblos, geruchlos und brennbar.

2 Schweißbrenner im Einsatz

Hoffnungsträger Wasserstoff. Wasserstoff spielte in der Vergangenheit eine große Rolle als Traggas für Ballons und Luftschiffe. Dabei nutzte man seine sehr geringe Dichte. Die Brennbarkeit des leichten Gases führte aber schließlich zu einer Katastrophe, dem Brand des Luftschiffes Hindenburg in Lakehurst. Dies war das Ende des Einsatzes von Wasserstoff für Ballons und Luftschiffe. Das unbrennbare Edelgas Helium trat an seine Stelle, obwohl es etwa die doppelte Dichte von Wasserstoff hat und wesentlich teurer in der Gewinnung ist, da Luft fraktioniert destilliert werden muss (Linde-Verfahren). Wasserstoff gewinnt man aus Erdgas und Wasserdampf bei hohen Temperaturen. Man setzt ihn

als Rohstoff in der chemischen Industrie, aber auch als Brenngas (B 2) und in der Glas- und Halbleiterindustrie sowie in der Analysetechnik ein.
Wasserstoff gewinnt zunehmend an Bedeutung für die Energiegewinnung. Bei der Reaktion von Wasserstoffgas mit Sauerstoff werden große Energiemengen frei, die man z. B. zum Antrieb von Raketen nutzt (B 3). Unkontrolliert freigesetzt kann diese Energie zu Brand und Zerstörung führen. Wie kann man sie beherrschen?

V4 Fülle einen Ballon mit Wasserstoff und hänge so viele Gewichte daran, bis der Ballon gerade über dem Lehrertisch schwebt (keine Zündquellen in der Nähe!). Stelle die Tragkraft fest!

4 Mit Wasserstoff in einer Niedertemperatur-Brennstoffzelle betriebenes Versuchsauto.

3 Start einer Rakete (Ariane 5). 120 t Wasserstoff werden mit reinem Sauerstoff zu Wasser verbrannt. Beide Gase werden verflüssigt in Tanks mitgeführt.

Die „Zähmung" des Wasserstoffs macht Fortschritte. In einer Brennstoffzelle umgesetzt ist die Reaktion beider Gase eine beherrschbare Energiequelle ohne die genannten lästigen Begleiterscheinungen. Für den Autoantrieb wäre diese Art der Energiegewinnung vor allem deshalb geeignet, weil bei der Reaktion nur Wasser als Produkt entsteht und die Energie zum Antrieb eines Elektromotors benutzt werden kann (B 4) (Genaueres s. S. 166).
Welche Probleme verhindern bisher den Einsatz dieses attraktiven Energieträgers? Schwierigkeiten bereitet nach wie vor die Speicherung des Wasserstoffs. Das Gas ist sehr leicht und entweicht durch kleinste Poren. Aus Platzgründen muss es in flüssiger Form transportiert werden. Das erfordert sehr hohe Drücke und tiefe Temperaturen, ist also technisch sehr aufwändig

**Wasserstoff sieht man als unerschöpflichen und umweltfreundlichen Energieträger der Zukunft.
Für die chemische Industrie ist er ein wichtiger Rohstoff.**

V5 Vorsicht! Wasserstoff-Sauerstoff-Gemische mit unterschiedlichen Volumenanteilen werden untersucht, indem man kleine Mengen in Seifenlösung einleitet und die Blasen zündet. Bei welchem Mischungsverhältnis ist die heftigste Explosion zu beobachten?

A1 Was kommt beim Wasserstoff-Auto aus dem Auspuff?

A2 Wie kann man Wasserstoff gewinnen (mehrere Möglichkeiten)?

27 Partnerwechsel
Reduktion als Sauerstoffabgabe

Ein Blick in die Chemiegeschichte. Am 1. August 1774 erhitzte der englische Naturforscher Priestley nach einer Notiz in seinem Tagebuch roten „Quecksilberkalk" und erhielt dabei ein Gas, das bald als Sauerstoff erkannt wurde. Daneben bildete sich reines Quecksilber. Der französische Chemiker A. Lavoisier erkannte bald darauf, dass es sich bei „Quecksilberkalk" um Quecksilberoxid gehandelt hatte.
Eine Wiederholung dieses historisch wichtigen Versuchs wird heute als problematisch angesehen, da dabei giftige Quecksilberdämpfe in die Luft gelangen können.

V1 In einem Reagenzglas erhitzt man etwa 0,5 g Silberoxid und führt einen glimmenden Span in das Reagenzglas. Was ist zu beobachten?

A1 Woran ist zu erkennen, dass bei V1 eine chemische Reaktion abläuft?

Vom Silberoxid zum Silber. Silberoxid lässt sich durch Erhitzen zersetzen. Als Reaktionsprodukte entstehen Silber und Sauerstoff. Silber lagert sich im Reagenzglas ab, Sauerstoff entflammt den glimmenden Holzspan (Glimmspanprobe).

$$2\,Ag_2O + \textit{Energie} \longrightarrow 4\,Ag + O_2\uparrow$$

Die Verbindung Silberoxid wurde durch die Abgabe von Sauerstoff zum Element Silber zurückgeführt. Die chemische Fachsprache nennt dies **reduzieren** (lat. reducere). Die Abgabe von Sauerstoff aus einer Verbindung wird als **Reduktion** bezeichnet. In den meisten Fällen lässt sich allerdings das Metall nicht so einfach aus seinem Oxid gewinnen.

Wasserstoff – ein begehrter Partner bei der Metallgewinnung. Aus Kupferoxid lässt sich durch bloßes Erhitzen kein Kupfer herstellen. Erhitzt man jedoch Kupferoxid bei Anwesenheit von Wasserstoff, so entsteht elementares Kupfer. Daneben beobachten wir die Abscheidung von Wasser. Offensichtlich hat der Wasserstoff dem Kupferoxid den Sauerstoff entzogen und ist dabei selbst zu Wasser oxidiert worden.

$$CuO + H_2 \longrightarrow Cu + H_2O + \textit{Energie}$$

Kupferoxid + Wasserstoff ⟶ Kupfer + Wasser + Energie
(schwarz) (rotbraun)

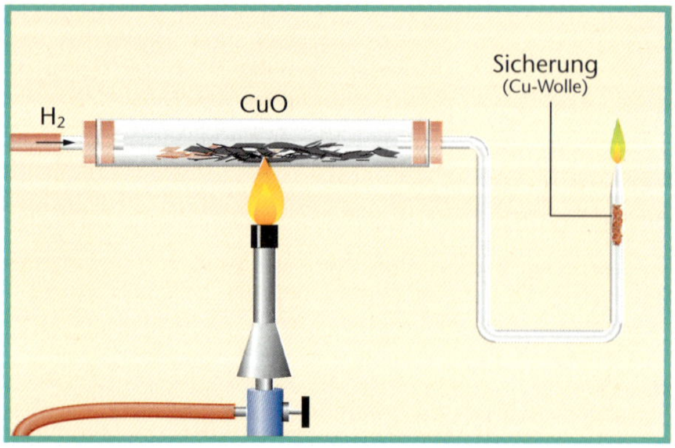

1 Im Wasserstoffstrom wird Kupferoxid in einer exothermen Reaktion zu Kupfer umgewandelt. Dabei entsteht als Nebenprodukt Wasser.

2 Im Verbrennungsrohr wird drahtförmiges Kupferoxid durch Wasserstoff zu Kupfer reduziert. Nach Aktivierung läuft die Reaktion von selbst weiter.

Mit dieser Reaktion lernen wir einen wichtigen Reaktionstyp kennen. Dem Kupferoxid wird Sauerstoff entzogen – es wird **reduziert**. Der Sauerstoff wird von Wasser gebunden, der Wasserstoff wird also **oxidiert**. Solche Reaktionen nennt man **Redoxreaktionen**, weil Reduktion und Oxidation gekoppelt sind.

Reduktion ($CuO \rightarrow Cu$)

$$CuO + H_2 \longrightarrow Cu + H_2O$$

Oxidation ($H_2 \rightarrow H_2O$)

Redoxreaktion

Weil Wasserstoff das Kupferoxid reduziert hat, ist er ein **Reduktionsmittel**. Gleichzeitig hat aber das Kupferoxid Wasserstoff zu Wasser oxidiert; es ist ein **Oxidationsmittel**. Damit haben wir wichtige Begriffe kennen gelernt, die wir zusammenfassen.

Reduktion: Abgabe von Sauerstoff aus einer Verbindung
Oxidation: Vereinigung von Stoffen mit Sauerstoff
Reduktionsmittel: Stoff, der Sauerstoff aufnimmt
Oxidationsmittel: Stoff, der Sauerstoff abgibt

Redoxvorgänge haben große Bedeutung. Neben dem Wasserstoff können auch andere Elemente oder Verbindungen als Reduktionsmittel auftreten. Dies wird zur Gewinnung vieler Metalle genutzt. Oxidierte Eisenerze lassen sich durch Kohle zu Eisen reduzieren. Aus Quarzsand (Siliciumoxid) gewinnt man mithilfe geeigneter Reduktionsmittel (z. B. Magnesium) Silicium. Dieses Halbmetall ist zu einem unverzichtbaren Hightech-Werkstoff unserer Zeit geworden, z. B. zur Herstellung von Computerchips und Solarzellen. Viele Reaktionen, die in Organismen ablaufen, z. B. die Atmung, sind ebenfalls Redoxvorgänge.

Die Redoxreaktion ist ein Vorgang, bei dem immer eine Reduktion mit einer Oxidation gekoppelt ist.
Redoxreaktionen gehören zu den wichtigsten Vorgängen in Natur und Technik.

V2 **Vorsichtsmaßnahmen genau beachten! Schutzscheibe!** In ein schwer schmelzbares Glasrohr wird drahtförmiges Kupferoxid eingebracht. Eine Öffnung wird mit der Zuleitung für Wasserstoff, die andere mit einem zur Spitze ausgezogenen Röhrchen verschlossen (gefüllt mit Cu-Wolle als Rückschlagsicherung). Das Rohr wird zur Ausströmöffnung hin etwas geneigt und in ein Stativ gespannt. Dann wird ein mäßiger Wasserstoffstrom eingeleitet und nach zweimaligem negativen Ausfall der Knallgasprobe entzündet. Die Flamme wird auf eine Höhe von 2 – 3 cm einreguliert. Nun wird das Kupferoxid im Verbrennungsrohr erhitzt. Sobald es aufglüht, nimmt man den Gasbrenner weg und lässt zur Kühlung noch einige Minuten Wasserstoff nachströmen (B 1, B 2).

* 28 Gemeinsamer Auftritt Redoxsysteme in der Praxis

V1 Reduktion von Wasser durch erhitztes Magnesium: Der Boden eines schwer schmelzbaren Reagenzglases ist mit feuchtem Sand bedeckt. In die Mitte des RG wird ein Stück Magnesiumband zickzackförmig eingebracht. In der Öffnung des RG steckt ein durchbohrter Stopfen mit gebogenem Glasrohr und Rückschlagsicherung. Das Magnesiumband wird so lange erhitzt, bis es aufglüht. Dabei entweicht aus dem feuchten Sand Wasserdampf, der über das aufglühende Magnesium streicht.

Vom Oxid zum Element – eine Frage des Reduktionsmittels. Kupferoxid kann mit Wasserstoff leicht zu Kupfer reduziert werden (s. S. 70). Lässt sich das dabei entstehende Wasser (Wasserstoffoxid!) wieder zu Wasserstoff reduzieren? Erhitzen führt erst bei sehr hoher Temperatur (über 2000 °C!) zum Erfolg. V1 zeigt uns einen einfacheren Weg. Nach der Reaktion finden wir im Reagenzglas weißes Magnesiumoxid, das entweichende brennbare Gas ist Wasserstoff (Knallgasprobe!). Die Deutung fällt leicht: Magnesium hat dem Wasser den Sauerstoff entzogen, es wirkt als Reduktionsmittel. Es selbst wird zu Magnesiumoxid oxidiert.

$$H_2O + Mg \longrightarrow MgO + H_2\uparrow$$

In diesem Fall reagiert Wasser also als Oxidationsmittel! Diese überraschende Eigenschaft der sonst so stabilen Verbindung Wasser ist bei Metallbränden unbedingt zu beachten. Brennendes Magnesium darf also keinesfalls mit Wasser gelöscht werden! In den so genannten Magnesium-Fackeln der Taucher nutzt man die starke Reduktionswirkung des Magnesiums aus.

A1 Formuliere die Reaktion von Zink (Zn) mit Wasser als Redoxreaktion!

A2 Wende die Begriffe Oxidation, Reduktion, Oxidationsmittel, Reduktionsmittel auf die Gewinnung von Eisen im Hochofenprozess an!

Unedle Metalle sind starke Reduktionsmittel.

V2 **Abzug!** Reduktion von Siliciumdioxid durch Magnesium: 1 g trockenes Quarzpulver wird mit 1,4 g feinem Magnesiumpulver in einem Porzellantiegel gemischt und auf einer feuerfesten Unterlage bis zum Aufglühen erhitzt. Vorsicht beim Entsorgen: Das Reaktionsprodukt kann mit Wasser giftige, selbst entzündliche Gase bilden.

V3 **Vorsicht! Abzug!** 3 g Bleioxid (PbO) werden mit 0,1 g Holzkohlepulver vermischt; im schwer schmelzbaren Reagenzglas wird zuerst schwach, dann zum Glühen erhitzt (B 3). Die glühende Masse wird in ein Becherglas mit Wasser geschüttet.

Technisch wichtige Redoxreaktionen. Metalle werden meist durch Reduktion ihrer Oxide gewonnen. So wird Eisen durch Reduktion von Eisenoxid im Hochofenprozess hergestellt. Als Reduktionsmittel dient Kohlenstoff in Form von Koks:

$$Fe_2O_3 + 3\,C \longrightarrow 2\,Fe + 3\,CO$$

Das Kohlenstoffmonooxid wirkt im Hochofen ebenfalls als Reduktionsmittel:

$$Fe_2O_3 + 3\,CO \longrightarrow 2\,Fe + 3\,CO_2$$

Während es sich bei Eisen um einen altbekannten Werkstoff handelt, steht das Element Silicium erst seit wenigen Jahrzehnten im Mittelpunkt des Interesses. Es ist das entscheidende Ausgangsmaterial für die Herstellung von Chips für Computer und für Solarzellen. In der Natur kommt es in praktisch unerschöpflichen Mengen als Quarzsand (Siliciumdioxid) vor (B 2).
Allerdings ist der Energieaufwand erheblich, um Siliciumdioxid zu Silicium zu reduzieren. In der Technik verwendet man als Reduktionsmittel Kohlenstoff. Im Labor ist Magnesium geeigneter.

$$SiO_2 + 2\,Mg \longrightarrow Si + 2\,MgO$$

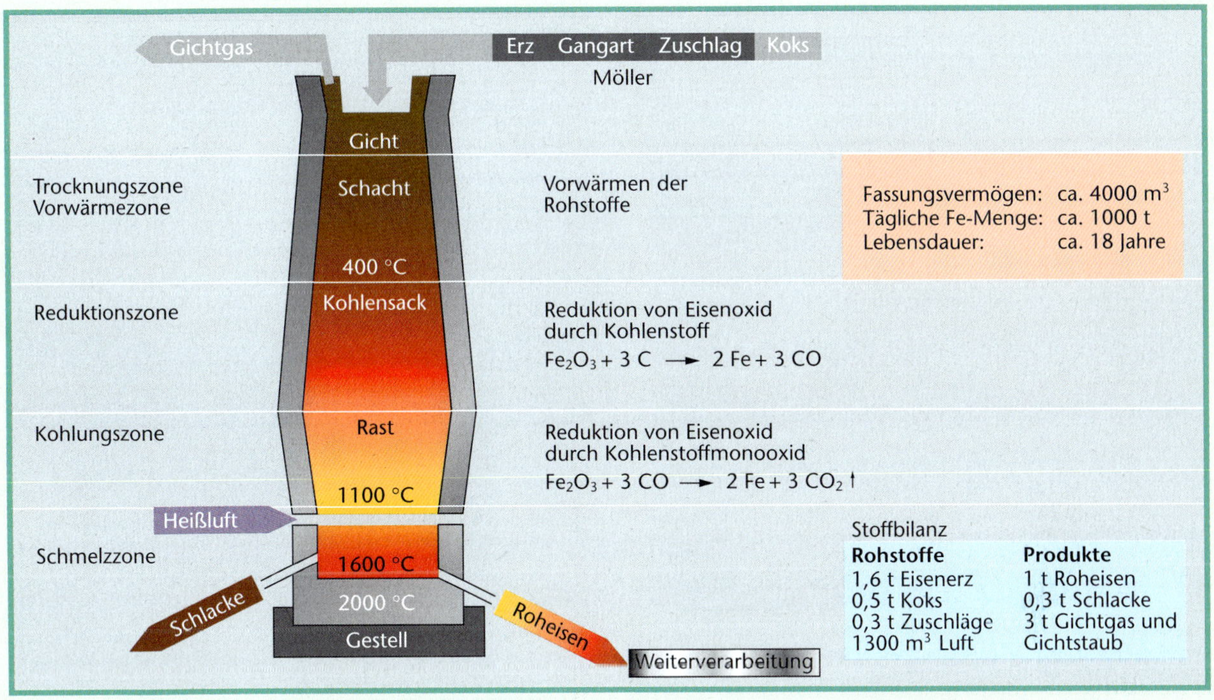

1 Zusammenfassung der Vorgänge in einem Hochofen

2 Aus SiO_2 (Sand) wird in einer Redoxreaktion Silicium gewonnen, ein für die moderne Technologie wichtiges Element.

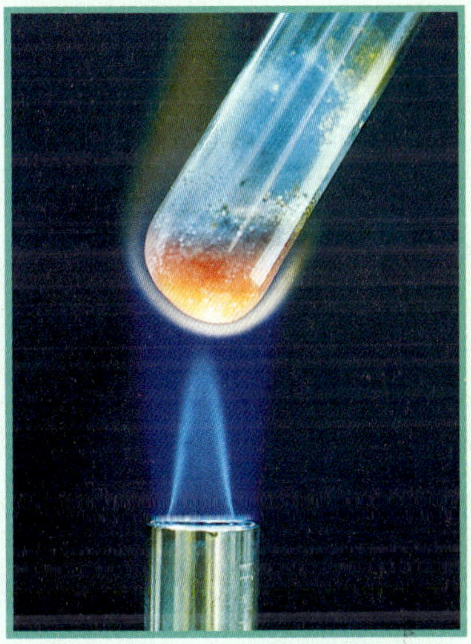

3 Reduktion von Bleioxid (PbO)

A3 Formuliere die Reduktion von Bleioxid PbO mit Kohlenstoff C!

Bei der technischen Gewinnung von Eisen und Silicium laufen jeweils Redoxreaktionen ab. Dieser Reaktionstyp ist also in der Technik von überragender Bedeutung. Viele weitere Reaktionen in Natur und Alltag sind ebenfalls Redoxreaktionen. Damit haben wir einen grundlegenden Reaktionstyp kennengelernt.

Redoxreaktionen sind ein grundlegender Reaktionstyp in der Chemie.
Dabei werden die Reduktionsmittel oxidiert, die Oxidationsmittel reduziert.

Alles im Griff ?

1. Es brennt! Was nun?

Suche das richtige Verhalten bei der Brandbekämpfung (jeweils a oder b)!

Tipp: Windrichtung beachten!

Tipp: Entscheide: Flächenbrand von hinten oder von vorne bekämpfen?

Tipp: Entscheide: Einzeln nacheinander oder miteinander in einer Front?

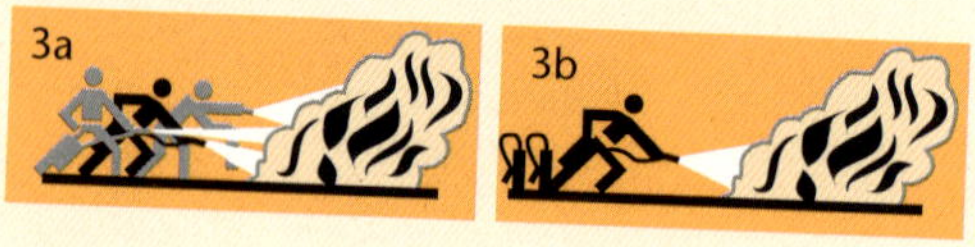

Tipp: Hinweis: Ungeduld ist selten gut!

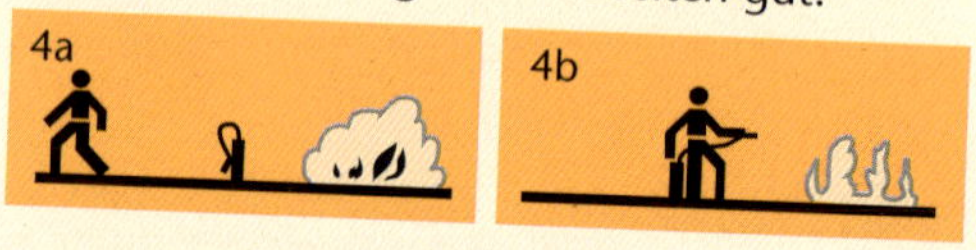

2. Licht auch unter Wasser?

a) Taucher verwenden Magnesiumfackeln: Der folgende Ausschnitt aus einer Internet-Info erklärt die Funktionsweise.

> The flare contains a mix of magnesium and nitrate powders, packed under pressure into a steel tube. It is lit with a waterproof fuse.

b) Formuliere die Reaktionsgleichung für den Fall, dass das Magnesium mit dem Wasser reagiert.

3. Sauerstoff – alles klar?

Die Schüler Fittig und Stutzig experimentieren mit Sauerstoff. Stutzig hat Probleme, Fittig kann ihm helfen! Du auch?

In einem Gefäß befindet sich Luft, im anderen Sauerstoff. Wo ist der Sauerstoff?

4. Gefahren ⊖ – Vorteile ⊕

Wasserstoff birgt Gefahren ⊖, bietet aber viele Vorteile ⊕. Ergänze!

Wasserstoff

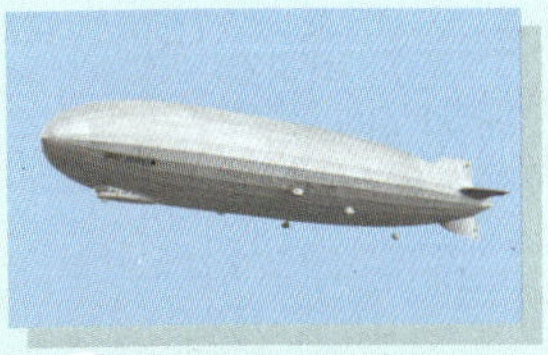

⊕ leichtestes Gas
⊖ ???

⊕ ???
⊖ ???

⊕ ???
⊖ Speicherung
⊖ ???

⊕ rußlose Flamme
⊖ ???

5. Vorsicht!

Diese Gefahrensymbole solltest du auf alle Fälle kennen!

Du triffst zu Hause immer wieder auf Stoffe, die diese Gefahrensymbole tragen. Worauf musst du beim Umgang mit diesen Stoffen achten?

6. Was geschieht beim Anzünden einer Kerze?

Bringe folgende Aussagen in die richtige Reihenfolge!

1. An der Flamme wird das flüssige Wachs gasförmig.
2. Das flüssige Wachs steigt am Docht hoch.
3. Wachsdampf entzündet sich und brennt.
4. Das feste Wachs am Docht der Kerze schmilzt.

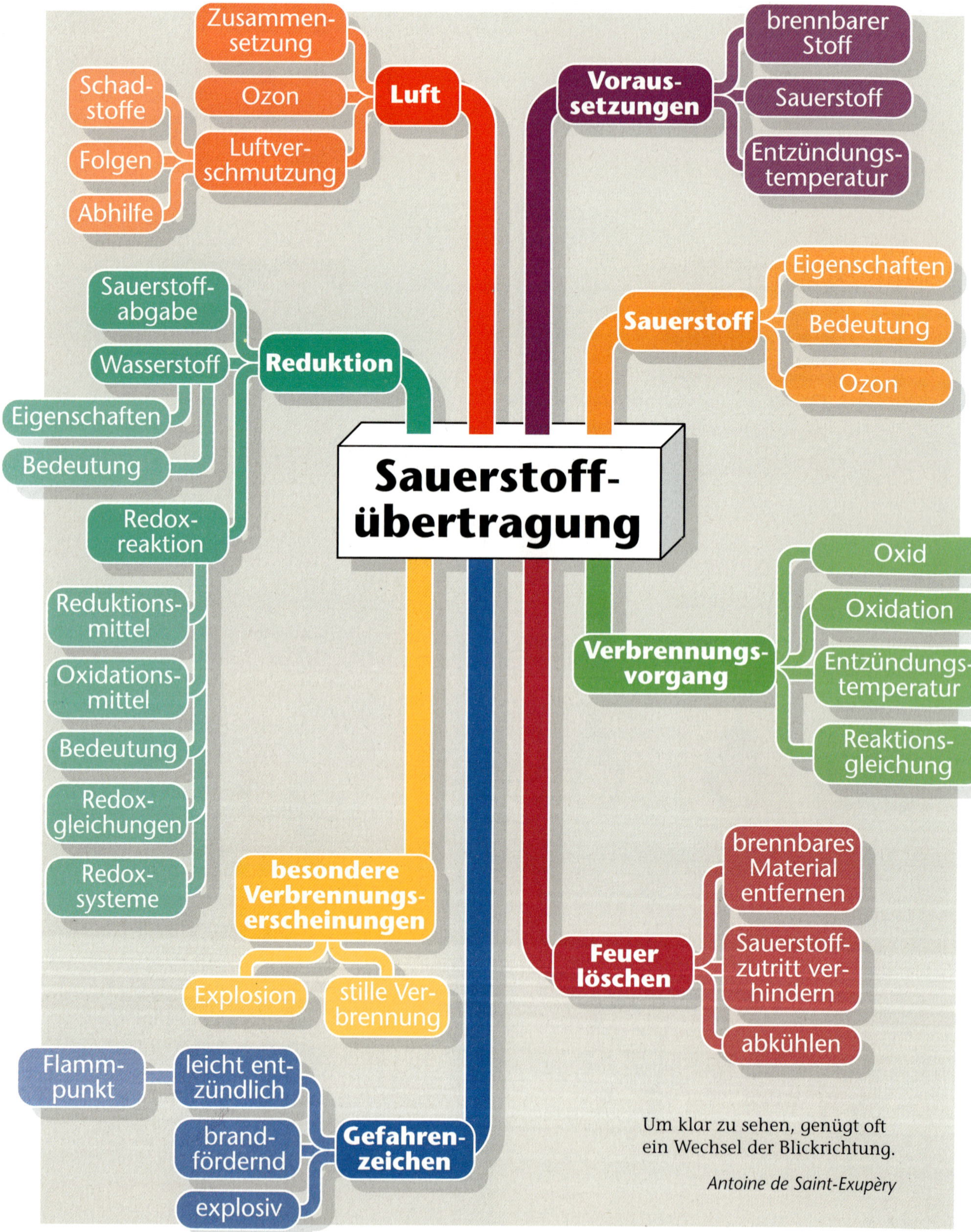

Um klar zu sehen, genügt oft ein Wechsel der Blickrichtung.

Antoine de Saint-Exupèry

V. Wasser

* 29 Der aus der Reihe tanzt
Wasser – ein besonderer Stoff

1 Nur 0,6 % der Gesamtwassermenge der Erde sind für die Gewinnung von Trinkwasser nutzbar.

A1 Informiere dich über den Salzgehalt von Meereswasser!

A2 Informiere dich über den Salzgehalt von Süßwasser!

A3 Probiere destilliertes Wasser, Leitungswasser und verschiedene Mineralwässer! Notiere deine Geschmacksempfindung!

A4 Informiere dich über den Unterschied zwischen Mineralwasser, Tafelwasser und Heilwasser!

Aus der Antike. In der Antike sahen einige Philosophen das Wasser als den Urstoff aller Dinge an. Thales von Milet meinte, das Wasser als flüssiges und überall durchdringendes Element sei der Anfang aller Dinge. Nach den Vorstellungen von Aristoteles entstanden alle Stoffe durch das Wechselspiel der vier Elemente Erde, Luft, Feuer und Wasser. Er war der Ansicht, dass Wasser durch den Kontakt mit Wärme, sprich Feuer, zu Luft wird. Aus der Luft entsteht Nebel, der in Form von Wasser auf die Erde fällt. Seit jener Zeit hat die Wissenschaft viele neue und genauere Erkenntnisse über die Eigenschaften und die Bedeutung des Wassers für alles Leben auf der Erde gewonnen.

Wasser ist nicht gleich Wasser. Wasser begegnet uns in unterschiedlicher Art, als Süß- oder Salzwasser, in verschiedener Form, als Eis, flüssiges Wasser oder Wasserdampf und in vielfältigen Anwendungsbereichen, z. B. als Kühl- oder Löschwasser, als Lösungs- und Transportmittel oder als Ausgangsstoff für Synthesen. Im alltäglichen Sprachgebrauch merken wir, dass der Begriff „Wasser" nicht eindeutig gebraucht wird. **Destilliertes Wasser** ist die chemische Verbindung Wasserstoffoxid, H_2O, also ein Reinstoff. **Trinkwasser** dagegen ist kein Reinstoff. Es enthält in unterschiedlicher Konzentration gelöste Salze und ist somit eine Lösung (Gemisch). Trink- und Mineralwasser unterscheiden sich in der Regel im Salzgehalt (B 2). Zwei Drittel des gesamten Trinkwassers in Deutschland kommen aus dem Grundwasser: Dieses muss aufbereitet werden, damit es den strengen Maßstäben gerecht wird, die an das wichtigste Lebensmittel angelegt werden. Mineralwasser wird aus tieferen Schichten gefördert, in die z. B. Düngemittel nicht so schnell vordringen können.

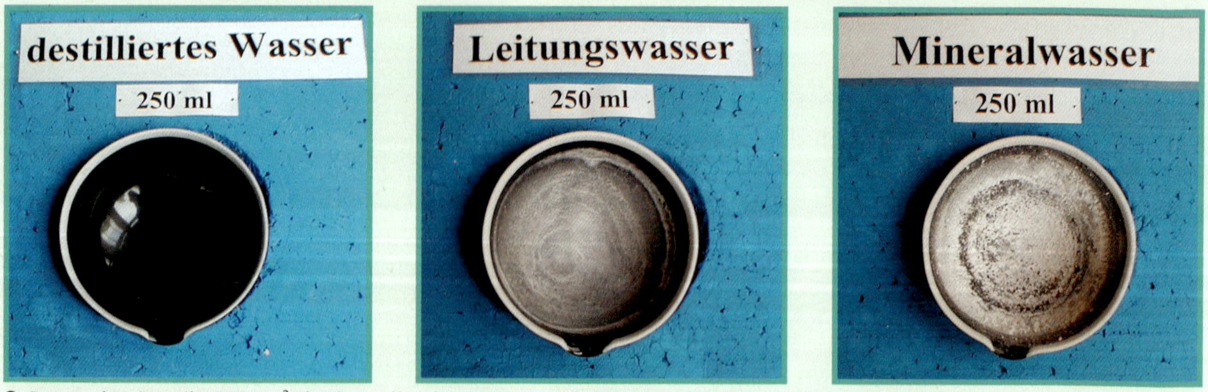

2 Es wurden jeweils 250 cm^3 des betreffenden Wassers in schwarzen Abdampfschalen eingedampft.

Destilliertes Wasser ist ein Reinstoff, Trinkwasser ist ein Gemisch.

Wasser ist ein physikalischer Außenseiter. Wasser schmilzt bei 0 °C und siedet bei 100 °C. Diese beiden Größen bilden – wie aus der Physik bekannt – die Fixpunkte der Celsiusskala. Während andere Stoffe aufgrund der regelmäßigen Anordnung ihrer Teilchen im festen Zustand die höchste Dichte haben, ist dies bei Wasser nicht der Fall. Sowohl beim Erwärmen als auch beim Abkühlen von Wasser von **4 °C** nimmt die Dichte ab, wobei die Abnahme beim Gefrieren besonders groß ist. Was passiert beim Gefrieren? Die Wassermoleküle ordnen sich in einem regelmäßigen Molekülgitter mit zahlreichen Hohlräumen an (B 3). Wasser nimmt daher im gefrorenen Zustand mehr Raum ein als im flüssigen, seine Volumenvergrößerung beträgt ca. 10%. Man spricht von der **Anomalie des Wassers.** Sie ist von großer Bedeutung in der Natur. Die starke Ausdehnung des Wassers beim Gefrieren ist für die Frostverwitterung verantwortlich und sie spielt beim Zufrieren von Seen eine Rolle.

Im festen Zustand ist die Dichte des Wassers geringer als im flüssigen Zustand.

Auch beim Erwärmen verhält sich das Wasser anormal. Um es um 1 °C zu erwärmen, wird mehr Energie benötigt als zum Erhitzen eines jeden anderen Stoffes mit der gleichen Masse. Wasser hat also die Fähigkeit, eine große Menge Wärme zu speichern. Dank dieser hohen Wärmekapazität wird das Festland im Winter vom Meer erwärmt und im Sommer abgekühlt. Besonders deutlich wird dies am Beispiel des Golfstroms, der „Warmwasserheizung" Europas (B 4).

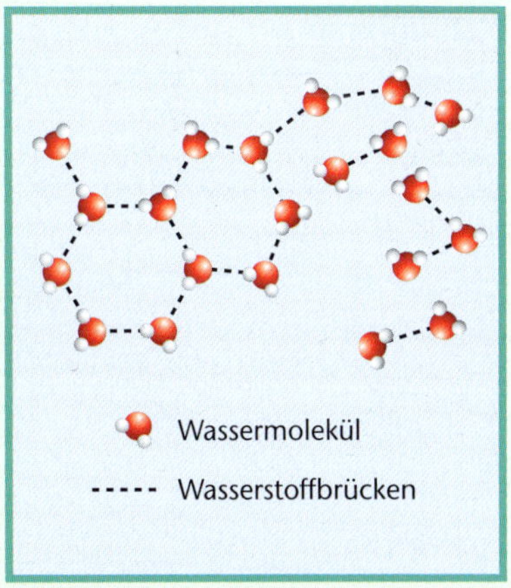

3 Molekülstrukturen:
Assoziate des Wassers zwischen 0 °C und 4 °C.
In diesem Bereich ist flüssiges Wasser nur noch teilweise geordnet. Die Hohlräume des Eisgitters sind weitgehend verschwunden. Die Wassermoleküle sind dichter zusammengelagert.

Hinweis: Die oberen drei Meter Meerwasser können genauso viel Wärmeenergie speichern wie die gesamte darüber befindliche Atmosphäre.

A5 Steigt der Meeresspiegel, wenn das Eis am Nordpol schmelzen würde? Begründe deine Antwort!

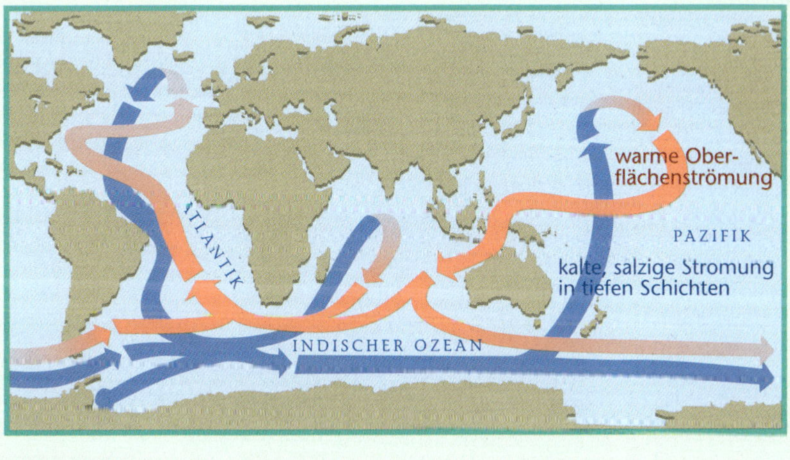

4 Der „Golfstrom" transportiert warmes Wasser an der Oberfläche der Ozeane in Richtung Europa und Amerika. Im Polarmeer kühlt das Wasser ab, wird dichter und sinkt ab. Das kalte Wasser fließt wieder zurück.

Die Besonderheiten des Wassers, z.B. hoher Schmelz- und Siedepunkt, Dichtemaximum bei 4 °C, Wärmespeicherfähigkeit, werden als Anomalien bezeichnet. Sie beruhen auf der Struktur der Wassermoleküle.

* 30 Oft die beste Lösung Wasser als Lösemittel

Nahrungsmittel	Wassergehalt
Gemüse	ca. 90%
Obst	ca. 90%
Fleisch	ca. 70%
Brot	ca. 40%

A1 Warum muss man bei einer Nulldiät wesentlich mehr trinken als sonst?

V1 Kochsalz und Kalisalpeter werden in je einem kleinen Becherglas in Wasser gelöst und es wird der Temperaturverlauf beobachtet. Nun versetzt man weiter mit Kochsalz bzw. Salpeter, bis ein Bodenkörper bleibt. Erwärme nun! Beobachtung?

Was sind Lösemittel? Die meisten chemischen Reaktionen spielen sich in Lösung ab. Lösemittel sind das „Blut" der Chemie. Es handelt sich dabei um Flüssigkeiten, die feste, flüssige und gasförmige Stoffe lösen können, wobei nicht jedes Lösemittel für jeden Stoff geeignet ist. Wasser ist das meist verbreitete und bedeutendste.

Worauf beruht der Lösungsvorgang? Die kleinsten Teilchen fester Stoffe bilden einen Gitterverband. Beim Lösen muss der Zusammenhalt der Stoffteilchen durch das Lösemittel überwunden werden. Dazu wird Energie benötigt.

Was versteht man unter Löslichkeit? Stoffe lösen sich in Wasser unterschiedlich gut. Manche festen Stoffe, wie z. B. Marmor, sind fast unlöslich, manche mäßig, wie z. B. Gips, manche gut wie Kochsalz oder Zucker. Eine Lösung, in der sich nichts mehr löst, wird als **gesättigte Lösung** bezeichnet. Gibt man noch mehr Substanz hinzu, so setzt sich diese als Feststoff am Boden des Gefäßes ab (**Bodenkörper**). Erwärmt man das Lösemittel, so löst sich der Feststoff schneller und in größeren Mengen. Dies gilt aber nicht, wenn Gase gelöst werden sollen. Je wärmer eine Flasche Cola wird, desto mehr Kohlenstoffdioxid entweicht beim Öffnen. Dies ist ein Beweis dafür, dass sich Gase bei einer höheren Temperatur in Lösemitteln schlechter lösen. Was versteht man nun unter der Löslichkeit?

Löslichkeitsangaben für verschiedene Feststoffe in Wasser

alltagssprachliche Bezeichnung	Löslichkeit (g/100 g Wasser, 20 °C)		alltagssprachliche Bezeichnung	Löslichkeit (g/100 g Wasser, 20 °C)	
Zucker	203,9	leicht	Gips	0,2	schwer
Kochsalz	35,9	lösliche Stoffe	Marmor	0,001	lösliche Stoffe

Die Löslichkeit ist eine Stoffeigenschaft. Sie gibt an, wie viel Stoff in der gesättigten Lösung enthalten ist (vgl. Tabelle).

A2 Warum gibt es in der Literatur keine Angaben über die Löslichkeit von Trinkalkohol in Wasser?

Bei den meisten Feststoffen begünstigen höhere Temperaturen die Löslichkeit, bei Gasen begünstigen niedrigere Temperaturen die Löslichkeit.

A3 Welche Menge (in Gramm) enthält eine physiologische Kochsalzlösung von 0,9%, die zum Ausgleich von Blutverlusten eingesetzt wird?

Wie wird die Zusammensetzung einer Lösung angegeben? Den Gehalt an gelösten Stoffen in einer Lösung gibt man häufig in Prozenten an. Dabei zeigt die Prozentzahl entweder den Massen- oder den Volumenanteil auf. Zur Verdeutlichung zwei Beispiele: Das tote Meer hat einen Salzgehalt von knapp 30%, folg-

lich sind in 1 Kilogramm seines Wassers 300 g Salze enthalten. Auf dem Etikett einer Melissengeistflasche steht: Alkoholgehalt 80 Vol.-%; das bedeutet, in dieser Flasche mit 100 ml Inhalt sind 80 ml reiner Alkohol. Ein sehr niedriger Gehalt an gelösten Stoffen wird in Promille ‰ angegeben. Handelt es sich schließlich nur mehr um Spuren von Substanzen, erfolgt die Angabe in ppm (part per million) oder ppb (part per billion).

A4 Bei einem Autofahrer wurde ein Blutalkoholwert von 0,5 Promille festgestellt. Welche Menge Alkohol befindet sich in seinem Blut? Ein Erwachsener hat ca. 6 Liter Blut.

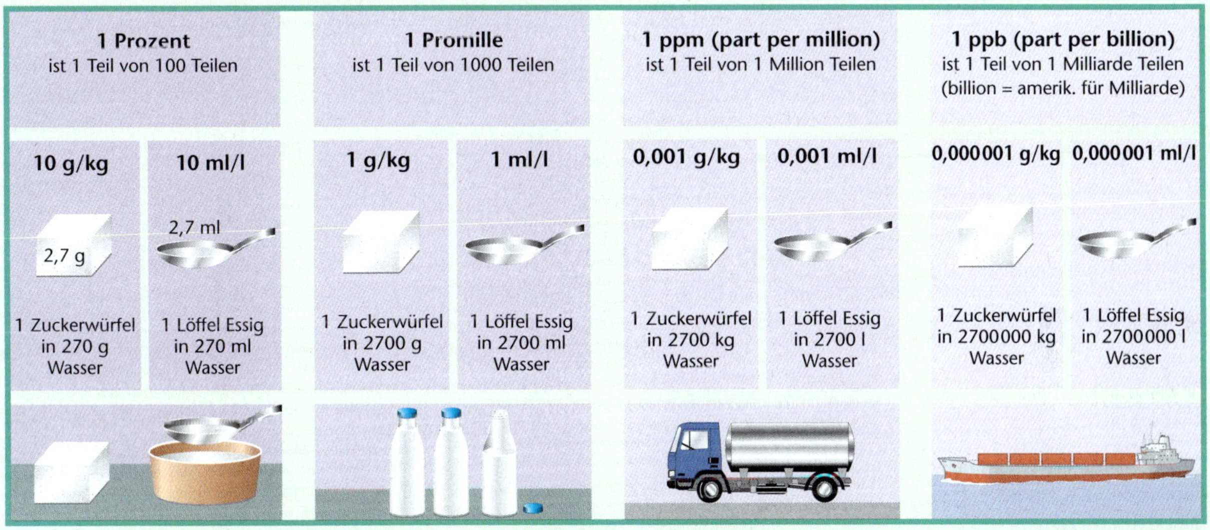

1 Konzentrationsangaben auf einen Blick. Konzentrationsangaben, die in Prozent ausgedrückt sind, können wir uns noch gut vorstellen. Je niedriger aber die Konzentration eines Stoffes ist, umso wichtiger sind anschauliche Vorstellungshilfen, wie sie die Abbildung vermittelt.

Der Gehalt an gelösten Stoffen wird in der Regel in Prozenten angegeben.

Worin liegt die Bedeutung des Lösemittels Wasser für die Lebewesen? Wasser ist die Grundlage des Lebens. Es kann Lebensraum für Pflanzen und Tiere sein, es bringt wertvolle Mineralien in die Nahrungskette, es ist im Organismus der Schlüssel zu allen Funktionen bzw. Stoffwechselvorgängen. Es löst beispielsweise Geschmacks-, Nähr- und Wirkstoffe, transportiert sie so zu den Zellen und ist ebenso für den Abtransport und die Ausscheidung der Abbauprodukte verantwortlich. Meerwasser ist der größte Kohlenstoffdioxidspeicher.

Massenanteil in %	**In einer x %igen Lösung befinden sich x Gramm des gelösten Stoffes in 100 g Lösung.**
Volumenanteil in %	**In einer x %igen Lösungen befinden sich x Milliliter der gelösten Flüssigkeit in in 100 ml Lösung.**

A5 Der Alkoholgehalt von Getränken wird in Volumen-Prozent angegeben. Warum ist diese Angabe für den Hersteller günstiger als die Angabe in Massen-Prozenten?

Löslichkeit von Sauerstoff in Wasser

Temperatur (°C)	Sauerstoff (ml/l)
0	49
10	38
15	34
20	31
25	28
50	21

A6 Warum sind Fischwasser in der Regel kalt?

A7 Informiere dich, wie lange ein Mensch ohne Wasser auskommen kann!

* 31 Das macht Wasser so teuer. Die Kläranlage

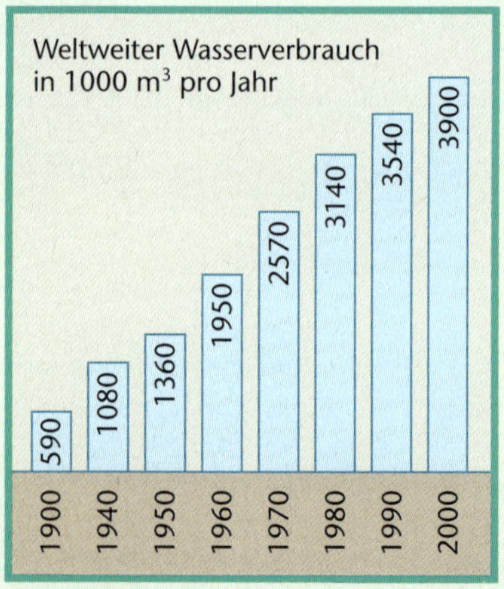

1 Säulendiagramm: Wasserverbrauch – Weltbevölkerung zwischen 1900 und 2000. Die globale Wasserentnahme hat sich versechsfacht, ist also doppelt so schnell gewachsen wie die Weltbevölkerung.

Aus der Geschichte. Beim Pro-Kopf-Verbrauch von Trinkwasser kann man feststellen, dass unterschiedliche Völker unterschiedliche Einstellungen zum Wasser haben. Im Altertum wurde ein Brunnen als „Auge Gottes" angesehen und dementsprechend behandelt. Wer dieses „Auge" verschmutzte, wurde streng bestraft. Derzeit liegt der tägliche Wasserverbrauch in Deutschland bei ca. 130 l, in Amerika bei ca. 300 l, in Indien hingegen bei etwa 25 l. Hoher Pro-Kopf-Verbrauch ist auch ein Zeichen für Wasserverschwendung.

Abwassermengen steigend. Schlagzeilen: Tankerunglück! Dammbruch! Chemieunfall! In allen Fällen belasten Erdöl, schwermetallhaltige Abwässer oder Chemikalien Binnengewässer und Meere (B 2). Dennoch sind es nicht diese spektakulären Unglücksfälle, die entscheidend zur Wasserverschmutzung beitragen, es ist vielmehr der schwer messbare Eintrag durch die vielen ständigen Verschmutzungsquellen an Land und auf See: Straßenstreusalz, Straßenabschwemmungen von Mineralölprodukten oder Abrieben, Dünge- und Schädlingsbekämpfungsmittel, Abfälle aus der Massentierhaltung, alte Deponien, Schmutzwasser aus den Haushalten, saurer Regen usw.... Hinzu kommen noch Abwässer aus Industrie und Energiewirtschaft.

Unser persönlicher täglicher Wasserverbrauch liegt bei etwa 130 l, d. h., in der Bundesrepublik Deutschland fallen täglich ca. 130 l Abwasser pro Einwohner an.

2 Folgen eines Tankerunglücks

Selbstreinigungsvermögen überfordert. Von Natur aus anfallende organische Abfallstoffe wie Ausscheidungen von Lebewesen, abgestorbene Pflanzen oder Tiere können im Wasser von Mikroorganismen unter Sauerstoffverbrauch zu Wasser, Kohlenstoffdioxid und Salzen abgebaut werden (**biologischer Abbau**). Der sinkende Sauerstoffgehalt des Wassers wird durch Photosynthesevorgänge ausgeglichen. Ist dies aufgrund hoher Abfallmengen nicht mehr der Fall, kommt es zu einer sauerstofffreien Verwertung, zu Gärungs- und Fäulnisvorgängen. Damit die Selbstreinigungskraft der Oberflächengewässer nicht überfordert wird, werden die Abwässer bevor sie in Flüsse fließen in eine Kläranlage geleitet (B 3).

Gärung und Fäulnis sind biologische Abbauvorgänge, die ohne Sauerstoff ablaufen.

A1 Könnte man Abwasser auch durch Destillation reinigen? Begründe deine Antwort!

A2 Informiere dich z. B. im Internet über das Helsinki-Übereinkommen bzgl. grenzüberschreitender Wasserläufe und internationaler Seen!

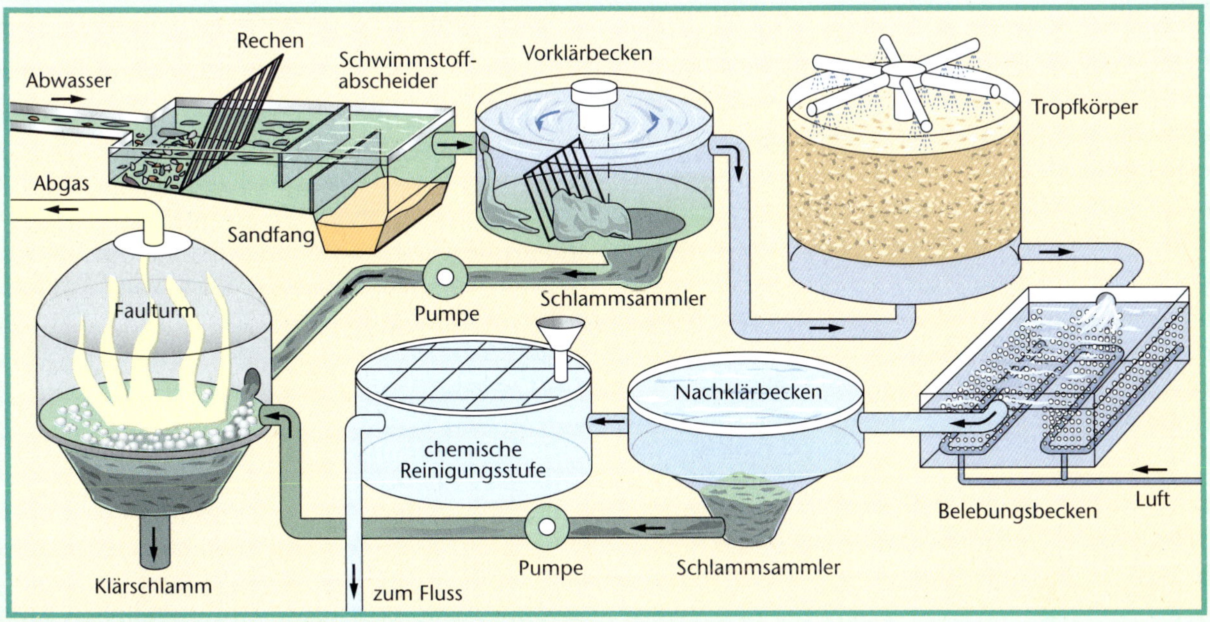

3 So funktioniert eine Kläranlage.

Kläranlage – Hilfe zur Selbsthilfe. In der Kläranlage erfolgt die Reinigung des übel riechenden Abwassers in 3 Stufen (ca. 95%ig).

Reinigungsstufe	Kläranlageteil	Reinigungsschritt
mechanisch	Grob- u. Feinrechen, Sandfang	Grobstoffe, Sand, Schotter, Kies
	Ölabscheider	Benzine, Öle, Fette
	Vorklärbecken	Schwebstoffe (sinken zu Boden)
biologisch	Belüftungsbecken (Prinzip der Selbstreinigung)	organische Schmutzstoffe (durch biologischen Abbau)
chemisch	Becken mit Fällungsmittel	Restschadstoffe wie z. B. Phosphate (durch Ausflocken)

Der anfallende Klärschlamm gelangt in den Faulturm und wird dort mithilfe von Bakterien zu Faulgas (Methan) vergoren. Das brennbare Faulgas dient zur Stromversorgung des Klärwerks. Der ausgegorene Schlamm wird getrocknet und verbrannt oder deponiert.

Eine moderne Kläranlage arbeitet in 3 Stufen: mechanische, biologische und chemische Stufe.

A3 Erkundige dich bei eurem Wasserwerk nach der Qualität eures Leistungswassers (Salze-Härte)!

A4 Informiere dich über Max Pettenkofer!

V1 Stelle aus folgenden Substanzen ein Modellabwasser her: Wasser, Öl, Sand, Gartenerde, Cellulose (z. B. zerfaserte Papiertaschentücher). Schüttle die Mischung kräftig durch und gieße einen Teil in einen gläsernen Standzylinder! Was beobachtest du nach kurzer Zeit?
Gieße den oberen Teil in einen zweiten Standzylinder! Was beobachtest du nach einiger Zeit?
Gieße einen anderen Teil in einen Scheidetrichter! Was beobachtest du nach einiger Zeit?
Was könntest du jetzt machen?

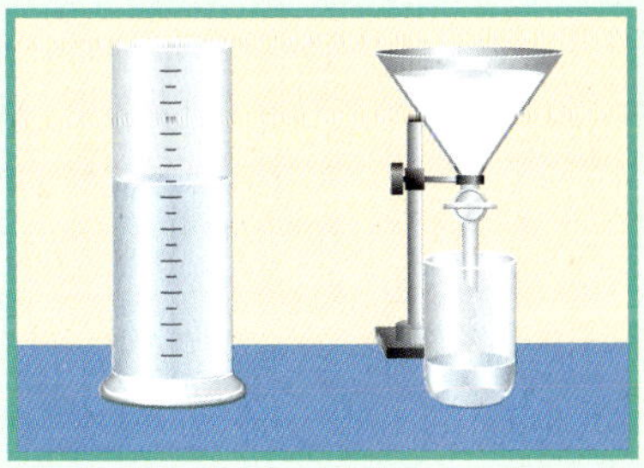

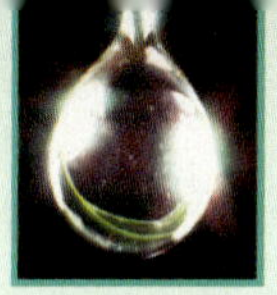

* 32 Es gilt das Reinheitsgebot. Einwandfreies Trinkwasser

A1 Erkundige dich zu Hause über euren jährlichen Wasserverbrauch und rechne ihn pro Person um!

A2 Berechne zur Kontrolle deinen täglichen Wasserverbrauch mithilfe der Übersicht in B 3!

A3 Erkundige dich nach dem Wasserpreis pro Kubikmeter!

A4 Erkundige dich über die einzelnen Aufbereitungsschritte in einem Wasserwerk! Frage, woher euer Leitungswasser stammt!

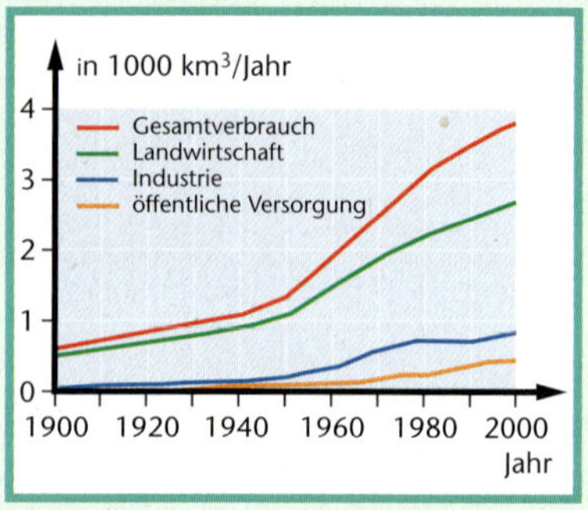

1 Globale Wasserentnahme 1900 bis 2000 (Quelle: UNCSD 1997)

Hinweis: Zwischen 1900 und 1995 hat sich die globale Wasserentnahme mehr als versechsfacht und ist damit mehr als doppelt so schnell gewachsen wie die Weltbevölkerung.

Wasser, du hast weder Geschmack noch Farbe, noch Aroma: Man kann dich nicht beschreiben. Man schmeckt dich, ohne dich zu kennen. Es ist nicht so, dass man dich zum Leben braucht: Du selber bist das Leben.
Antoine de Saint-Exupéry

Trinkwasser ist unersetzlich. Weltweit haben immer noch ca. drei von fünf Menschen keinen Zugang zu sauberem Wasser. 40 Liter gelten nach Ansicht von Experten als minimaler Tagesbedarf. In Deutschland liegt aber der Trinkwasserverbrauch bei 120–130 l/Tag. Die meisten Krankheiten und die hohe Kindersterblichkeit in den Entwicklungsländern haben ihre Ursache in verschmutztem Wasser. Auch für uns ist das hygienisch einwandfreie Wasser keine Selbstverständlichkeit.

Trinkwasser – hohe Qualitätsanforderungen! Der Gesetzgeber hat mit der Trinkwasserverordnung eindeutige Anforderungen an die Wasserqualität gestellt: Es muss farblos, klar, kühl, ohne Krankheitserreger und ohne gesundheitsschädliche Schadstoffe sein. Auch für Geruch und Geschmack gelten Grenzwerte. Es darf nicht zu viele Salze und organische Stoffe enthalten und in den Leitungen keine Korrosion hervorrufen. Dazu wird das Wasser in den Wasserwerken sorgfältig aufbereitet. Bei zunehmender Wasserverschmutzung überrascht es nicht, dass die Kosten für die Bereitstellung von einwandfreiem Trinkwasser steigen (z. B. für die Aufbereitung des Grundwassers und Ausweisung von Schutzgebieten). Dabei ist es weder ökologisch noch ökonomisch vertretbar, dass wir einen Großteil des aufwändig bereiteten Trinkwassers zweitrangig nutzen, z. B. für die Toilettenspülung.

Umdenken ist angesagt! 3-Punkte-Programm:
Wasser reinhalten – Wasser sparen – Regenwasser nutzen. Diese Forderung kann durch einen Blick in dein Badezimmer verdeutlicht werden. Die folgenden Bilder sollen dich anregen, selbst etwas für die Verwirklichung des so genannten 3-Punkte-Programms zu tun.

2 3-Punkte-Programm zum Wasser sparen

Toilette
- Kein Müllschlucker für
  feste Abfälle wie Zigarettenkippen, Wattestäbchen, Ohrsticks, Speisereste, Küchenabfälle, Medikamente …
- Spartaste bei der Toilettenspülung
- Neue Technologie
  Regenwasser nutzen

Körperpflege
- sparsamer Umgang mit
  Shampoos, Duschgels, Reinigungsmitteln
- sparsamer Verbrauch
  Duschen (45 Liter) statt baden (140 Liter)
  Zähneputzen nicht bei fließendem Wasser
- Durchflussbegrenzer
  zur Senkung der Wassermenge aus dem Duschhahn

Wäschepflege
- Waschmittel nach Vorschrift dosieren
- Sparprogramm wählen
- alte Geräte auswechseln

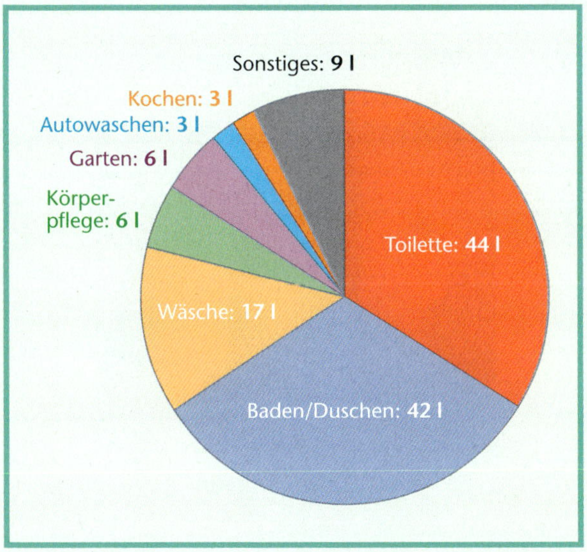

3 Durchschnittlicher Wasserverbrauch in Deutschland in Liter je Einwohner und Tag.

4 Ohne Wasser kein Leben

Wasser ist wertvoll. Durch bewusstes Handeln und die Nutzung von Regenwasser kann der Trinkwasserverbrauch gesenkt werden.

Wasser ist Zukunft. Ohne Wasser gibt es kein Leben, ohne Wasser gibt es keine Entwicklung. Wer kein Wasser hat, hat wenig Chancen der Armut zu entkommen und steht auf der Verliererseite. In vielen Weltregionen gibt es Konflikte um den Zugang zu gemeinsamen Wasserressourcen. Deren zunehmende Verknappung wird in Zukunft noch zu weiteren Auseinandersetzungen führen. Einige Beispiele belegen dies. Jordanbecken: Israel bezieht 60% seines Wassers aus Gebieten, die außerhalb seiner international anerkannten Grenzen liegen. Nilbecken: Die Wasserversorgung Ägyptens hängt zu 97% vom Nil und damit von den Ländern Sudan und Äthiopien ab. Euphrat-Tigris-Becken: Ein groß angelegtes Energie- und Bewässerungsprojekt der Türkei kann die Wasserversorgung von Syrien und des Iraks gefährden.

Einwandfreies Trinkwasser ist unser wichtigstes Lebensmittel. Es wird vorwiegend aus Grundwasser gewonnen. Deswegen müssen die Oberflächengewässer reingehalten werden. In Ländern mit Wasserknappheit muss das Wasser durch friedliche Regelungen gerecht verteilt werden.

A5 Kontrolliere zu Hause die Wasserhähne! Stelle an einem Wochenende unter jeden Hahn ein sauberes Gefäß! Gieße nach 24 Stunden die aufgefangene Menge in ein Gefäß mit Volumeneinteilung zusammen! Notiere die Menge!

A6 Was besagt das Schild?

Alles im Griff?

1. Fittig und Stutzig experimentieren!

a) Sie stellen 20 ml Sonnenblumenöl und 20 ml Wasser in ein Gefrierfach.

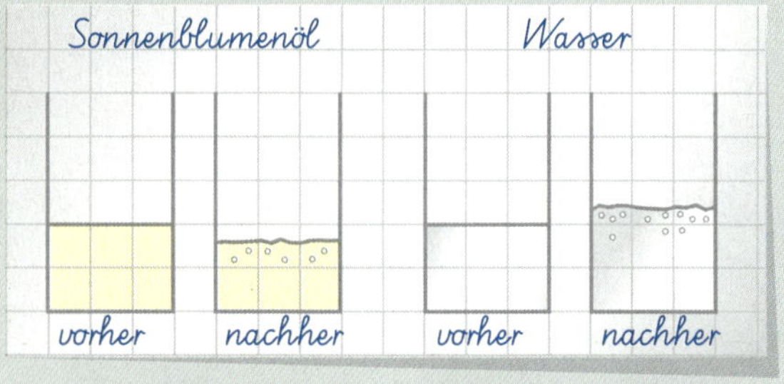

b) Sie geben gefrorenes und flüssiges Sonnenblumenöl in ein Gefäß, Wasser und Eis in ein zweites Gefäß.

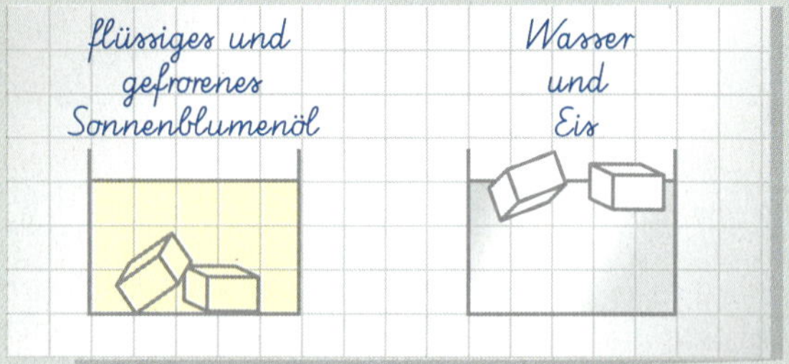

Stutzig ist von den Ergebnissen überrascht. Fittig sagt überlegen: „Das habe ich erwartet". Wie wird Fittig die Versuchsergebnisse erklären?

2. Wie entsteht eine Tropfsteinhöhle?

Bringe die Sätze in eine sinnvolle Reihenfolge!

- Das Wasser verdampft.
- Salze lösen sich im Regenwasser.
- Dadurch entstehen Stalaktiten, die von oben nach unten wachsen.
- Regenwasser rinnt durch Risse im Kalkstein.
- Es bleibt Calciumcarbonat zurück.
- Stalagmiten wachsen von unten nach oben aus herabfallenden Wassertropfen.

3. Probier's aus!

Stutzig mixt Fittig als Anerkennung für seine Ratschläge und Informationen einen Cocktail. Dabei gibt er viel Eis in das Glas und füllt es **randvoll** mit dem Getränk!

4. Trübe Aussichten!

Stutzig schreibt eine Dokumentation über eine Kläranlage. Bei einem Besuch hat er diese vier Fotos aufgenommen. Die Bilder sind ihm aber durcheinander geraten. Hilf ihm, die Bilder zu ordnen und zu erklären!

5. Wassermangel auf dem „Wasserplanet“ Erde?

Auf der Erde wird das Wasser knapp! Das kann doch wohl nicht sein, oder? Die Antwort findest du in diesen beiden Grafiken!

Grafik 1: Wasser ist nicht gleich Wasser.

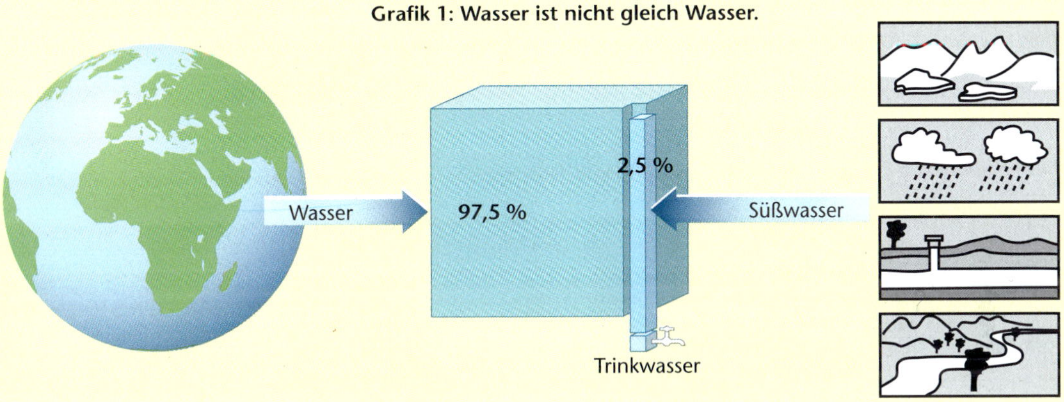

Grafik 2: Die Wasservorräte sind ungleich verteilt.

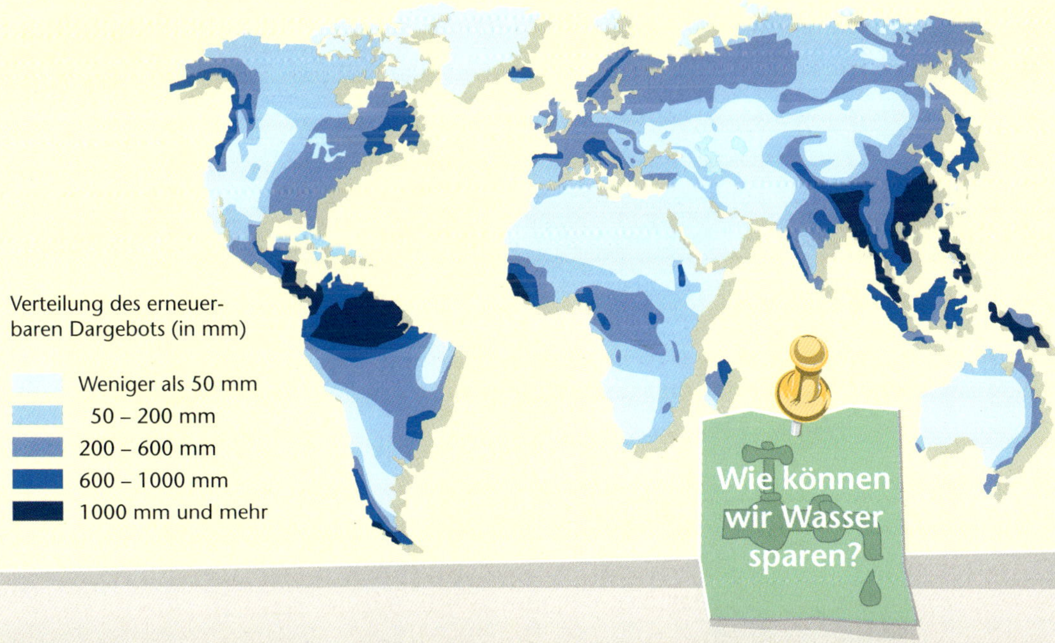

Wie können wir Wasser sparen?

Lernst du wohl, wirst du gebratener Hühner voll,
lernst du übel, musst du mit der Sau zum Kübel.

Martin Luther, Tischreden

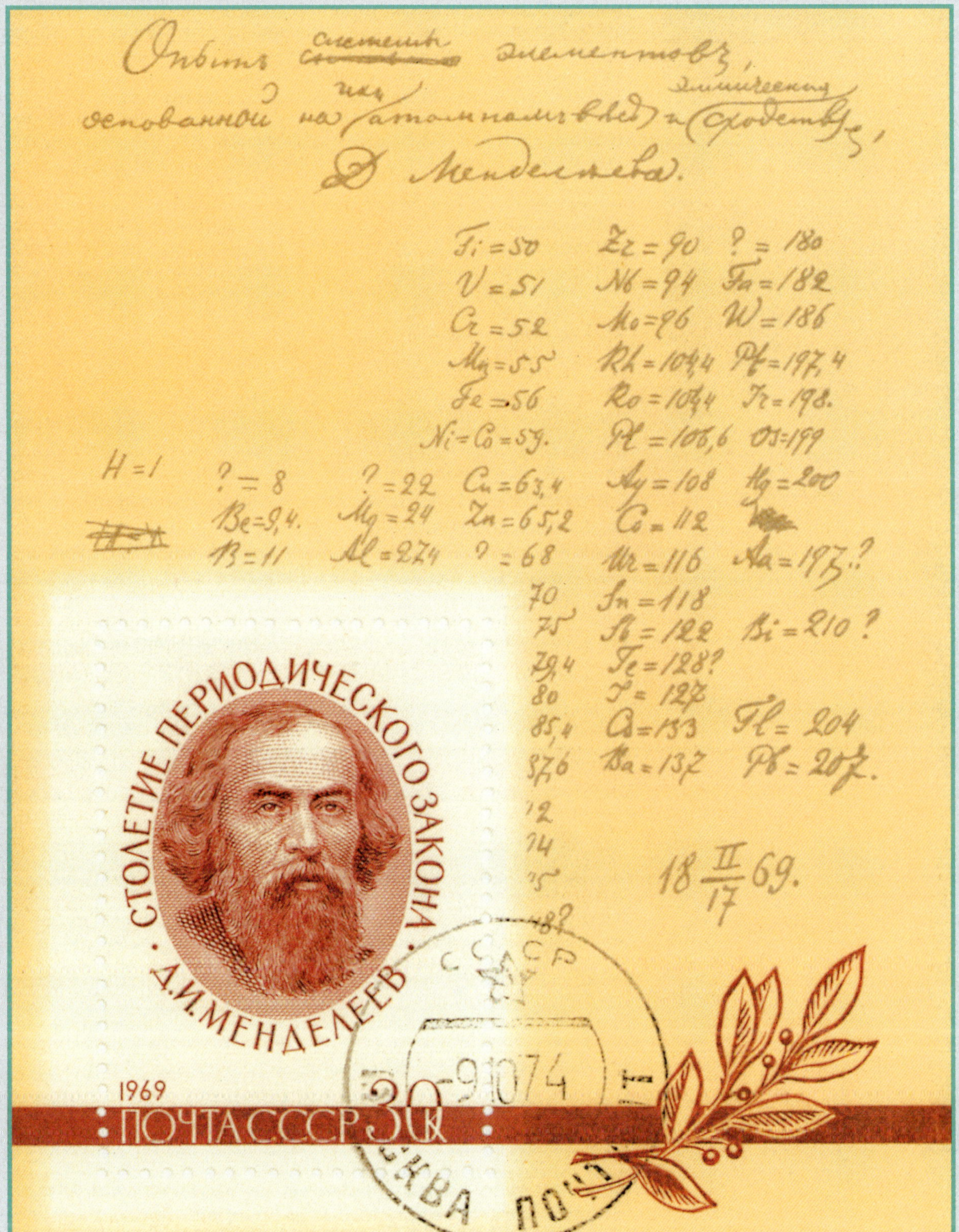
СТОЛЕТИЕ ПЕРИОДИЧЕСКОГО ЗАКОНА
Д.И. МЕНДЕЛЕЕВ
1969
ПОЧТА СССР 30 к

V = 51
Cr = 52
Mn = 55
Fe = 56

33 Vorbild Sonnensystem
Das Kern-Hülle-Modell des Atoms

1 Ernest Rutherford (1871–1937) begründete aufgrund der Ergebnisse seiner berühmten Streuversuche das Kern-Hülle-Modell des Atoms.

Aus der Geschichte. Die Atomhypothese des englischen Naturforschers **J. Dalton** gab im Jahr 1808 der wissenschaftlichen Entwicklung einen entscheidenden Anstoß. Nach dieser Hypothese bestehen alle Elemente aus winzig kleinen, unveränderlichen und unteilbaren Teilchen, den Atomen. Mitte des 19. Jahrhunderts war die Vorstellung von Atomen und Molekülen von fast allen Wissenschaftlern anerkannt. Aber immer noch wurden Zweifel laut, ob Atome wirklich existieren oder ob sie nur Denkmodelle zur Erklärung von Beobachtungen waren. Um die Wende zum 20. Jahrhundert führten dann die Entdeckung der Radioaktivität und das Auffinden von Teilchen, die noch kleiner und leichter sind als Atome, zu der Erkenntnis, dass Atome nicht die kleinsten Bausteine der Materie sein können. Der Aufgabe, den Aufbau der Atome zu erforschen, widmete sich der Neuseeländer **E. Rutherford**. Er konnte sich dabei auf Forschungsergebnisse stützen, die bewiesen, dass am Aufbau der Atome positiv geladene und negativ geladene Teilchen beteiligt sind. Im Jahre 1911 gelang ihm ein geniales Experiment.

Der Streuversuch von Rutherford. Rutherford und sein deutscher Mitarbeiter Hans Geiger („Geiger-Zähler") schossen mit winzigen Teilchen auf eine sehr dünne Goldfolie. Sie war nur 0,0005 mm dick und dennoch bestand sie aus etwa 2000 übereinander liegenden Schichten von Goldatomen. Rutherford schien es, wie er selbst sagte, als schieße er „gegen einen Geist". Er stellte fest, dass fast alle Teilchen ungehindert die Goldfolie durchdrangen, nur wenige Teilchen wurden abgelenkt oder sogar zurückgeworfen. Daraus schloss er, dass die Goldatome aus nahezu **leeren Räumen** bestehen.

A1 Was ist der „Geist", den Rutherford bei seinem Streuversuch beschrieb?

A2 Welcher Widerspruch besteht zwischen dem Dalton'schen Atommodell (Kugelmodell) und den Beobachtungen von Rutherford?

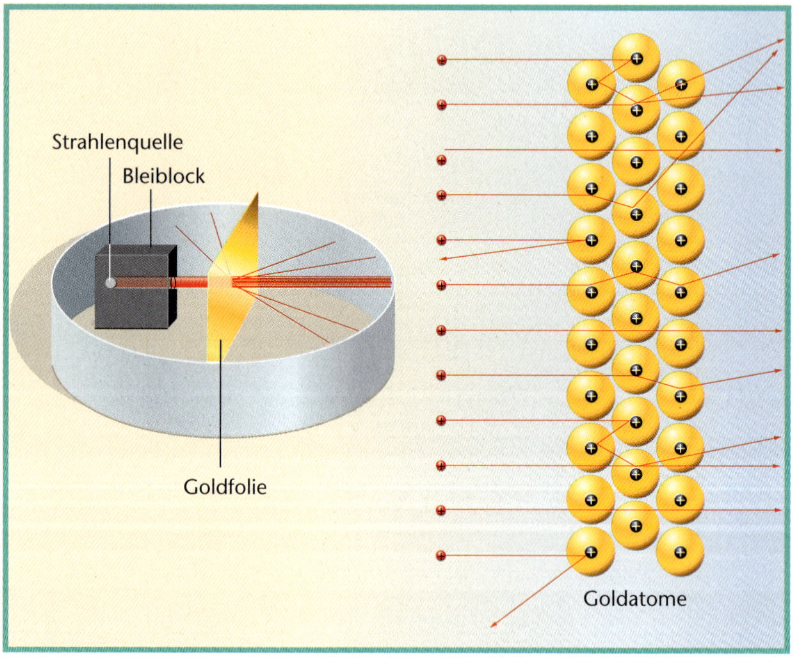

2 Aufbau (links) und Deutung (rechts) des Rutherford'schen Streuversuchs: Die meisten der positiv geladenen Geschossteilchen fliegen ungehindert durch die Goldatome hindurch. Einige Teilchen, die in die Nähe der Atomkerne kommen, werden abgelenkt. Nur die Teilchen, die direkt auf den Atomkern treffen, werden zurückgeworfen.

V = 51
Cr = 52
Mn = 55
Fe = 56

Die seltenen Ablenkungen erklärte er durch ein **Massezentrum**, welches er **Atomkern** nannte. Wären die Atome kompakte Masseteilchen, so müssten die „Geschosse" von der Goldfolie abprallen. Da dies aber nicht beobachtet werden konnte, entwickelte Rutherford die Vorstellung von einem winzig kleinen Atomkern inmitten eines praktisch „leeren" Atoms. Gelegentlich konnten Teilchen registriert werden, welche von ihrer Flugbahn durch die Goldfolie mehr oder weniger abgelenkt wurden. Rutherford wusste auch, dass die als Geschosse verwendeten winzigen Teilchen nicht neutral, sondern positiv geladen waren. Immer dann, wenn ein solches positives Teilchen sich dem Kern des Goldatoms näherte, wurde es abgestoßen. Daraus folgerte Rutherford, dass der Atomkern positiv geladen ist, da gleichnamige Ladungen sich abstoßen. Da aber Atome elektrisch neutral sind, muss die weit ausgedehnte, praktisch „leere" und masselose **Atomhülle** elektrisch negativ sein.

3 Größenverhältnis beim Wasserstoffatom. Der Atomkern hat einen Durchmesser von ca. 10^{-15} m, das ganze Atom von 10^{-10} m. Hätte der Atomkern die Größe eines Tennisballs, würde sich die Atomhülle mit einem Radius von etwa 3,2 km ausdehnen. Das entspricht etwa der 11fachen Höhe des Fernsehturms in München.

Eine Herausforderung für unser Vorstellungsvermögen. Der Versuch lieferte auch Hinweise auf die Größenverhältnisse von Atomkern und Atomhülle. Der Durchmesser eines Atomkerns beträgt nur ungefähr 1/10000 des Atomdurchmessers. Daraus ergibt sich, dass das Volumen eines Atomkerns nur etwa ein Billionstel des gesamten Atomvolumens beträgt.

Obwohl das Größenverhältnis zwischen Atomkern und Atomhülle unser Vorstellungsvermögen überfordert, lassen sich dennoch die Durchmesser von Atomen bestimmen. Will man die Atome verschiedener Elemente vergleichen, so muss bedacht werden, dass für einzelne Atome andere Durchmesser gelten als für Atome, die in Atomverbänden (z. B. Molekülen) gebunden sind. In der Wissenschaft ist es üblich, statt der Durchmesser die Radien von Atomen anzugeben (s. Tabelle).

Die Atomradien verschiedener Elemente im Vergleich
Einheit in Pikometer (pm = 10^{-12} m)

Na 186	Mg 160	Al 143	Si 117	P 110	S 104	Cl 99
K 227	Ca 197	Ga 122	Ge 122	As 121	Se 117	Br 114

Die Ergebnisse der Rutherford'schen Streuversuche führten zum Kern-Hülle-Modell des Atoms.
Das Atom besteht aus einem winzigen, positiv geladenen Atomkern, der praktisch die gesamte Atommasse beinhaltet, und aus einer weit ausgedehnten, nahezu masselosen, negativen Atomhülle.

V = 51
Cr = 52
Mn = 55
Fe = 56

34 Atome unter der Lupe
Die Bausteine der Atome

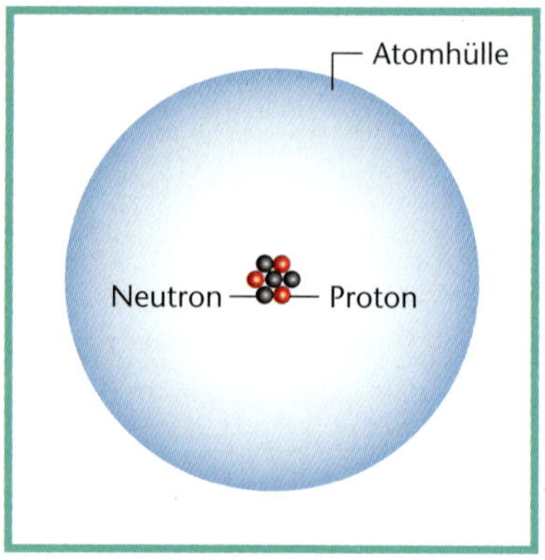

1 Das Kern-Hülle-Modell

Die Elementarteilchen. Die Vorstellung von einem positiven Atomkern und einer negativen Atomhülle wies darauf hin, dass elektrische Ladungen beim Aufbau der Atome eine Rolle spielen müssen. Im kleinsten Atom, dem Wasserstoffatom, besteht der Kern aus einem einzigen positiven Teilchen, dem **Proton**. Dieses Kernbauteilchen besitzt die relative elektrische **Ladung +1**.
Die positive Kernladung wird durch eine entsprechende negative Ladung in der weit ausgedehnten Atomhülle ausgeglichen. Der Träger dieser negativen Ladung ist das **Elektron**, es besitzt die relative elektrische **Ladung −1**.
Die elektrischen Ladungen von Protonen und Elektronen sind gleich groß, tragen aber entgegengesetzte Vorzeichen.
Dagegen unterscheiden sich Protonen und Elektronen in ihren Massen ganz beträchtlich. Das Proton hat die 1836fache Masse des Elektrons, weshalb die Elektronenmasse gegenüber der Protonenmasse vernachlässigt werden kann. Die relative Masse des Wasserstoffatoms kann mit der Masse des Protons gleichgesetzt werden.
Jedes chemische Element ist durch eine ganz bestimmte Anzahl von Protonen charakterisiert. Diese **Protonenzahl** bedingt die positive Ladung des Atomkerns und wird auch **Kernladungszahl** genannt.
Im elektrisch neutralen Atom ist die Anzahl der Protonen gleich der Anzahl der Elektronen.

Für ein Atom gilt: Anzahl der Protonen $\widehat{=}$ Kernladungszahl $\widehat{=}$ Anzahl der Elektronen

A1 Das Element Bor hat die Kernladungszahl 5. Auf welche Elementarteilchen bezieht sich diese Aussage?

A2 Was müsste geschehen, wenn sich die Elektronen in der Atomhülle nicht bewegten, sondern in Ruhe verharrten?

Warum stürzt das Elektron nicht in den Kern? Wegen der entgegengesetzten Ladungen müssten Elektronen in den Atomkern stürzen, doch dies ist offensichtlich nicht der Fall. Nach dem Kern-Hülle-Modell bewegen sich die Elektronen mit hoher Geschwindigkeit um den Atomkern. Die daraus resultierende Zentrifugalkraft wirkt als Gegenkraft, die eine Anziehung der Elektronen durch den Atomkern ausgleicht.
Aber es waren noch weitere Fragen zu beantworten. Wie kann zum Beispiel das Heliumatom, von dem man wusste, dass der Atomkern nur zwei Protonen besitzt, die relative Atommasse 4 haben, also die vierfache Masse des Wasserstoffatoms?
Deshalb nahm man noch ein weiteres Kernteilchen an, welches ein neutraler Baustein des Atomkerns ist und dessen Masse der Protonenmasse entspricht. 1932 wurde dieses Elementarteilchen entdeckt und man nannte es **Neutron**.

Übersicht über die wichtigsten Bausteine der Atome

	Elementarteilchen	Symbol	relative Ladung	relative Atommasse
Atomkern	Proton	p^+	+1	1
Atomkern	Neutron	n	0	1
Atomhülle	Elektron	e^-	−1	0

A3 Berechne die Atommasse für die nachfolgend genannten Atome aufgrund der Zahl ihrer Protonen und Neutronen: Kohlenstoffatom mit 6 Protonen und 7 Neutronen; Eisenatom mit 26 Protonen und 30 Neutronen; Uranatom mit 92 Protonen und 146 Neutronen.

Der Atomkern ist aus Protonen und Neutronen, die Atomhülle aus Elektronen aufgebaut.
Atommasse = Masse der Protonen + Masse der Neutronen

Hinweis:
Die Masse der Elektronen bleibt unberücksichtigt.

Eine eindeutige Definition des Elementbegriffs. Durch die Protonenzahl ist festgelegt, zu welchem Element ein Atom gehört. Diese entscheidende Information wird in der folgenden Schreibweise ausgedrückt.

Atommasse → $^{4}_{2}He$ — Atomsymbol
Protonenzahl →

Mit dieser Kurzschreibweise ist der Aufbau des Heliumatoms eindeutig wiedergegeben. Der Atomkern besteht aus zwei Protonen und zwei Neutronen, ist also zweifach positiv geladen. Dem stehen zwei Elektronen in der Atomhülle gegenüber.

A4 Was besagen die Symbole: $^{1}_{1}H$, $^{31}_{15}P$, $^{238}_{92}U$?

Die Isotopie. Die Atome eines bestimmten Elements haben immer die gleiche Anzahl von Protonen. Wie Untersuchungen aber zeigten, sind die meisten **Elemente aus Atomen mit verschiedener Masse** zusammengesetzt.
Da die Atome eines bestimmten Elements in der Protonenzahl stets übereinstimmen, kann diese Beobachtung nur darauf zurückgeführt werden, dass die Atome eines Elements eine unterschiedliche Anzahl von Neutronen besitzen können. Atome desselben Elements, die sich in der Neutronenzahl und damit in der Masse unterscheiden, nennt man **Isotope**.

Isotope des Kohlenstoffs

Symbol	Protonen	Neutronen	relative Atommasse
$^{12}_{6}C$	6	6	12
$^{13}_{6}C$	6	7	13
$^{14}_{6}C$	6	8	14

Die Häufigkeit von ^{12}C beträgt 98,89 %, die von ^{13}C nur 1,11 %. ^{14}C wird durch die kosmische Höhenstrahlung ständig neu gebildet und zerfällt wieder.

Die Elementarteilchen sind die Bausteine der Atome: Protonen, Neutronen und Elektronen.
Protonen und Neutronen bilden den Atomkern, Elektronen die Atomhülle.
Die Masse der Protonen und Neutronen ergibt praktisch die Atommasse.

V = 51
Cr = 52
Mn = 55
Fe = 56

35 Die magische „8“ Der Aufbau der Atomhülle

1 Niels Bohr (1885–1962), Professor für theoretische Physik in Kopenhagen, hat im Jahre 1913 das Rutherford'sche Atommodell entscheidend verbessert. Er nahm an, dass sich die Elektronen um den Atomkern nur auf ganz bestimmten Bahnen (Elektronenschalen) bewegen können.

Das Schalenmodell der Elektronenhülle. Das von Rutherford entworfene Atommodell, wonach die Elektronen den Atomkern umkreisen „wie die Planeten die Sonne“, war nicht frei von Widersprüchen. So wies der Däne **N. Bohr** darauf hin, dass ein Umlauf von Elektronen um den Atomkern nicht allein durch die elektrische Anziehungskraft und die Zentrifugalkraft erklärt werden kann. Bohrs Untersuchungen über die Struktur der Atomhülle führten zu der Erkenntnis, dass die Elektronen den Atomkern nicht ungeordnet umkreisen, sondern gesetzmäßig auf bestimmte Umlaufbahnen verteilt sind. Diese Umlaufbahnen um den Atomkern sind die Aufenthaltsbereiche der Elektronen und werden **Elektronenschalen** genannt.
Je entfernter eine Elektronenschale den Atomkern umgibt, desto höher ist das Energieniveau der Elektronen, die in dieser Bahn den Kern umkreisen. Anders ausgedrückt, je weiter Elektronen vom Atomkern entfernt sind, desto energiereicher sind sie.

Die Aufenthaltsbereiche der Elektronen nennt man Elektronenschalen.

Die Elektronenschalen (Elektronenbahnen) werden von innen nach außen mit Nummern bezeichnet. So erhält die erste Elektronenschale, die dem Atomkern am nächsten ist, die Schalennummer $n = 1$. Die zweite Elektronenschale hat dann die Schalennummer $n = 2$, die dritte $n = 3$ und so fort bis zur siebten und letzten Elektronenschale ($n = 7$). Die äußere Elektronenschale nennt man **Außenschale** und ihr kommt eine besondere Bedeutung zu.

A1 Wo befinden sich die Elektronen in einem Atom?

A2 Welche Aussagen können über den Atombau des Elements mit der Kernladungszahl 20 gemacht werden?

A3 Woraus besteht ein Atomkern?

Die Besetzung der Elektronenschalen. Bohr erkannte, dass die Zahl der Elektronen, die in einer Schale Platz finden, begrenzt ist. Jede Elektronenschale kann nur eine bestimmte Höchstzahl von Elektronen aufnehmen.
Die **maximale Elektronenzahl kann durch die Formel $2\ n^2$** (n = Schalennummer) ausgedrückt werden. Daraus folgt, dass die 1. Schale maximal mit 2 Elektronen besetzt sein kann, die 2. Schale maximal mit 8 Elektronen, die 3. Schale mit maximal 18 Elektronen, die 4. Schale mit maximal 32 Elektronen usw.
Aber **die äußere Elektronenschale (Außenschale) eines Atoms kann immer nur höchstens 8 Elektronen aufnehmen**.
Die Elektronen in der äußeren Schale werden als **Außenelektronen** bezeichnet.

Das Elektronenschalenmodell nach Bohr. Atome können bis zu sieben schalenförmige Umlaufbahnen besitzen, auf denen Elektronen den Atomkern umkreisen. Mit zunehmender Entfernung vom Atomkern nimmt die maximale Anzahl der Elektronen und ihre Energie zu. Wenn also ein Elektron von einer in-

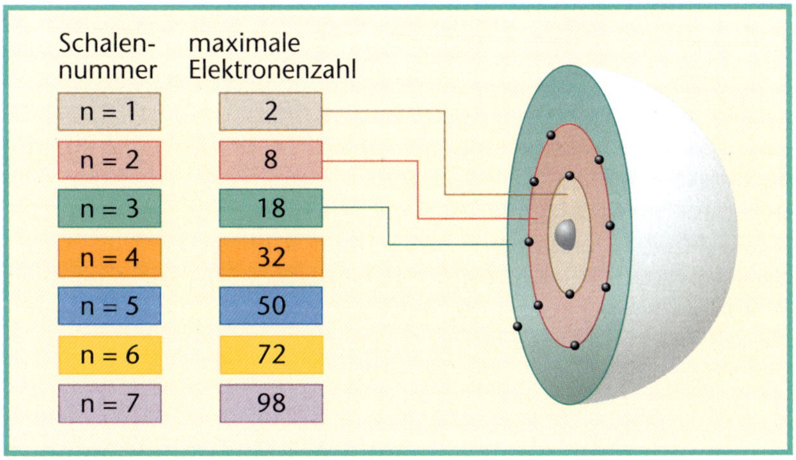

2 Elektronenschalenmodell nach Bohr

neren Schale auf eine äußere gebracht werden soll, ist dazu Energie notwendig. Fällt ein Elektron von einer äußeren Schale auf eine näher um den Kern liegende, so wird dabei Energie abgegeben, z. B. in Form von Licht.
(Hinweis: Wegen der Übersichtlichkeit werden bei der Abbildung der Elektronenschalen Kreise für die Elektronenbahnen verwendet).

Das einfachste Atom, das **Wasserstoffatom**, besteht aus einem Proton im Kern und einem Elektron in der 1. Schale. Das **Heliumatom** mit der relativen Atommasse 4 besteht aus 2 Protonen und 2 Neutronen im Kern und 2 Elektronen in der 1. Schale. Die 3 Elektronen des **Lithiumatoms** verteilen sich auf 2 Schalen:
1. Schale 2 Elektronen, 2. Schale 1 Elektron.

Beim **Natriumatom** (11 Protonen) beginnt die Besetzung der 3. Elektronenschale: 1 Außenelektron. Das **Argon** (18 Protonen) verfügt über 8 Elektronen in der 3. Schale. Dies ist ein Zustand besonderer Stabilität.
Weil die Außenschale nicht mit mehr als 8 Elektronen besetzt sein kann, benötigt das **Kaliumatom** zur Verteilung seiner 19 Elektronen eine 4. Schale.

Nach dem Bohr'schen Atommodell bewegen sich die Elektronen nicht beliebig um den Atomkern. Sie sind gesetzmäßig auf Elektronenschalen verteilt.
Die Außenschale kann maximal acht Elektronen aufnehmen.

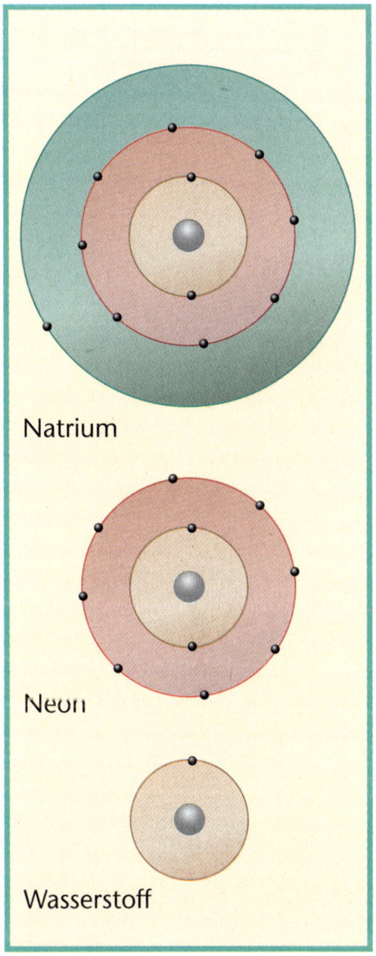

3 Bohr'sche Atommodelle in vereinfachter Darstellung. Bei den vermeintlich kreisförmigen Elektronenbahnen handelt es sich aber um räumliche Elektronenschalen und das Verhältnis Schalenradien zum Atomkern ist nicht maßstabsgerecht.

Hinweis: Die Elektronenverteilung kann man in Klammern hinter dem Elementsymbol angeben, z. B. bei Natrium Na(2, 8, 8).

A4 Skizziere das Bohr'sche Atommodell von Beryllium (Be), Silicium (Si) und Arsen (As)!

V=51 Cr=52 Mn=55 Fe=56

36 Der zeitlose Setzkasten
Das Periodensystem der Elemente

1 Lothar Meyer (1830–1895)

2 Dimitri Mendelejew (1834–1907)

A1 Was versteht man unter einer Elementfamilie?

Aufbau des Periodensystems. Schon zu Beginn des 19. Jahrhunderts fiel den Chemikern auf, dass sich trotz der Verschiedenartigkeit der Elemente auch Ähnlichkeiten und Übereinstimmungen zwischen ihnen erkennen lassen.
Der Deutsche **L. Meyer** und der Russe **D. Mendelejew** stellten 1869 fest, dass sich typische Eigenschaften von Elementen wiederholen, wenn man sie nach steigender Atommasse anordnet. Sie fassten die Elemente in Gruppen mit ähnlichen Eigenschaften zusammen und schufen das **Periodensystem der Elemente** (PSE), das immer weiter verfeinert wurde.
Es stellte sich heraus, dass die Elemente im PSE nicht streng nach ihrer Atommasse anzuordnen sind.
Entscheidend für die Anordnung der Elemente im PSE ist **die Anzahl der Protonen**, daher auch **Ordnungszahl** genannt.
Die Elemente Fluor bis Iod bilden z. B. eine **Elementfamilie.** Der Atombau dieser Elemente liefert uns eine Erklärung für die Verwandtschaft. Untersucht man die Verteilung der Elektronen bei F, Cl, Br und I, so stellt man fest, dass sie immer die gleiche Anzahl von Elektronen auf ihrer äußeren Schale besitzen: sieben **Außenelektronen**.

Im Periodensystem sind die Elemente nach ihrem Atombau geordnet.

Der Atombau schafft „Durchblick". Die periodische Anordnung der Elemente ist auf den Schalenbau der Elektronenhülle zurückzuführen. So ergeben sich acht senkrechte Gruppen von Elementen mit ähnlichen Eigenschaften, die so genannten **Hauptgruppen**.

Die Hauptgruppen des Periodensystems

Hauptgruppennummer	Bezeichnung der Gruppen	Anzahl der Außenelektronen
I	Alkalimetalle	1
II	Erdalkalimetalle	2
III	Erdmetalle, Borgruppe	3
IV	Kohlenstoffgruppe	4
V	Stickstoffgruppe	5
VI	Sauerstoffgruppe	6
VII	Halogene	7
VIII	Edelgase (Ausnahme: Helium mit 2 Elektronen)	8

V = 51
Cr = 52
Mn = 55
Fe = 56

Alle Elemente einer Hauptgruppe haben die gleiche Zahl von Außenelektronen. Sie unterscheiden sich aber in der Anzahl ihrer Elektronenschalen.

Nebeneinander stehende Elemente gehören zu einer **Periode**, die 2. Periode umfasst z. B. die Elemente Lithium bis Neon.
Die Atome von Elementen dieser Periode besitzen also die gleiche Zahl von Elektronenschalen (zwei), aber die Zahl ihrer Außenelektronen ist unterschiedlich. Die Elemente einer Periode weisen deshalb im Gegensatz zu den Elementen einer Hauptgruppe in ihren chemischen Eigenschaften starke Unterschiede auf.

A2 Welche Aussagen kannst du über die Elemente Magnesium und Brom aufgrund ihrer Stellung im Periodensystem machen?

Periodennummer = Zahl der Elektronenschalen

Die Elemente der VIII. Hauptgruppe sind die Edelgase. Die Edelgasatome besitzen acht Elektronen auf ihren Außenschalen (Ausnahme: Helium). Die chemische Besonderheit der Edelgase ist ihre ausgeprägte Reaktionsträgheit, die sich darin zeigt, dass sie praktisch keine Verbindungen eingehen. Offensichtlich bewirkt die Besetzung der Außenschale mit acht Elektronen, auch **Edelgaskonfiguration** genannt, einen besonders stabilen und damit energiearmen Zustand.
Diese bevorzugte Elektronenanordnung der Edelgasatome wird nun auch von allen anderen Atomen, die noch nicht acht Elektronen auf der Außenschale haben, angestrebt. Dies bezeichnet man als **Oktettregel**. Eine Ausnahme bildet das Heliumatom, da es nur eine Schale besitzt und diese bereits mit zwei Elektronen voll besetzt ist.

Die Nebengruppen des Periodensystems. Nebengruppenelemente wie z. B. Scandium bis Zink sind ausnahmslos Metalle. Bei ihnen erfolgt die Auffüllung innerer Elektronenschalen. Die äußere Schale wird nur mit einem oder zwei Elektronen besetzt.

Elemente einer Hauptgruppe stimmen in der Zahl der Außenelektronen überein und besitzen daher ähnliche Eigenschaften (Elementfamilie).
Elemente einer Periode haben die gleiche Anzahl von Elektronenschalen, aber unterschiedliche Eigenschaften.

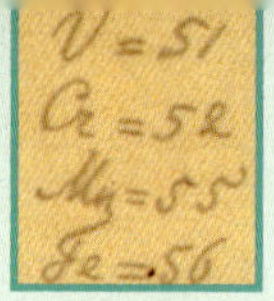

* 37 Den Ausweis vorzeigen! Metalle und Nichtmetalle im Vergleich

I	II	III	IV	V	VI	VII	VIII
H							He
Li	Be	B	C	N	O	F	Ne
Na	Mg	Al	Si	P	S	Cl	Ar
K	Ca	Ga	Ge	As	Se	Br	Kr
Rb	Sr	In	Sn	Sb	Te	I	Xe
Cs	Ba	Tl	Pb	Bi	Po	At	Rn

1 Metalle
Halbmetalle im Periodensystem
Nichtmetalle

V1 Überprüfe die elektrische Leitfähigkeit von Metallen und Nichtmetallen!

A1 Wie viele Außenelektronen besitzen ein Stickstoff- und ein Schwefelatom?

A2 Suche im PSE das „typischste" Metall bzw. Nichtmetall! Ordne ihnen folgende Begriffe zu: viele Außenelektronen/wenig Außenelektronen, viele Elektronenschalen/wenig Elektronenschalen, kleiner Atomradius/großer Atomradius!

Der Atombau bestimmt die Eigenschaften. Wenn man die Elemente der 1. Periode (Wasserstoff und Helium) außer Acht lässt, so fällt auf: Jede der folgenden Perioden beginnt mit einem Metall und endet mit einem Nichtmetall. Ebenso fällt auf, dass die Hauptgruppen IV, V und VI mit Nichtmetallen beginnen und mit Metallen enden (B 1). Offensichtlich nimmt der **metallische Charakter** der Elemente innerhalb einer Hauptgruppe von oben nach unten zu und innerhalb einer Periode von links nach rechts ab.
Daraus folgt, dass wir das „typischste" Metall links unten im Periodensystem finden und das „typischste" Nichtmetall rechts oben. Es handelt sich um die Elemente Cäsium und Fluor.
Die Stellung eines Elements im PSE hängt offensichtlich mit dessen chemischen Eigenschaften zusammen. Diese Erkenntnis machte es bereits im 19. Jahrhundert möglich, noch nicht entdeckte Elemente und deren Eigenschaften vorauszusagen. So konnte gezielt nach ihnen geforscht werden. Die Entdeckung des Elements Germanium im Jahre 1886 war für diese Überlegungen eine glänzende Bestätigung. Die Tabelle zeigt, dass von Mendelejew vorausgesagte und tatsächlich beobachtete Eigenschaften weitgehend übereinstimmen.

	Germanium	
	vorausgesagt	gefunden
Relative Atommasse	72	72,6
Dichte (g/cm³)	5,5	5,4
Oxid	EsO_2	GeO_2
Dichte des Oxids (g/cm³)	4,7	4,2
Chlorid	$EsCl_4$, flüssig, Siedepunkt 100 °C, Dichte 1,9 g/cm³	$GeCl_4$, flüssig, Siedepunkt 84 °C, Dichte 1,84 g/cm³

Metalle sind Elemente mit sehr ähnlichen Eigenschaften. Wie aus dem Periodensystem zu entnehmen ist, sind die meisten Elemente Metalle. Sie zeichnen sich durch ganz charakteristische Merkmale aus. Mit Ausnahme des flüssigen Quecksilbers sind alle Metalle bei Raumtemperatur fest. Sie weisen an glatten Oberflächen einen typischen („metallischen") Glanz auf, weil das Licht stark reflektiert wird. Außerdem leiten sie den elektrischen Strom, besitzen auch eine gute Wärmeleitfähigkeit und sind mechanisch verformbar.
Nach ihrer Dichte lassen sich Leichtmetalle (z. B. Magnesium, Aluminium) und Schwermetalle (z. B. Eisen, Blei) unterscheiden. Edelmetalle (z. B. Gold und Platin) sind chemisch besonders widerstandsfähig.

V = 51
Cr = 52
Mn = 55
Fe = 56

Was sind Nichtmetalle? Im Gegensatz zu den untereinander sehr ähnlichen Metallen ist die wesentlich kleinere Gruppe der Nichtmetalle schon äußerlich sehr uneinheitlich. Es gibt verschiedene Feststoffe wie den Kohlenstoff (Diamant, Graphit, Ruß), Phosphor (roter und weißer Phosphor) oder den gelben Schwefel. Wir finden farbige (z. B. Chlor) und farblose Gase (z. B. Sauerstoff) und es gibt auch ein flüssiges Nichtmetall, das Brom.
Im Gegensatz zu den Metallen zeigen die meisten Nichtmetalle keine elektrische Leitfähigkeit. Halbmetalle wie das Silicium spielen in der Elektronik und Solartechnik eine wichtige Rolle.

A3 Nenne die typischen Metalleigenschaften!

	Na	Mg	Al	Si	P (weiß)	S	Cl	Ar
Eigenschaften	← Metalle →			Halbmetall	← Nichtmetalle →			
Schmp. (°C)	98	649	660	1419	44,1	120	−101	−189
Sdp. (°C)	883	1107	2467	2355	280	445	− 35	−186

2 Elemente der 3. Periode

Aufgrund der Stellung im PSE lassen sich **Eigenschaften** von Elementen voraussagen und erklären.
Beispiel: Elemente der 3. Periode. Natrium ist ein weiches, sehr reaktionsfähiges Metall. Das silberglänzende Metall Magnesium ist nicht mehr so reaktiv wie Natrium. Dann folgt das Leichtmetall Aluminium und danach das Halbmetall Silicium. Dem Silicium folgen die typischen Nichtmetalle Phosphor, Schwefel und das gasförmige Chlor. Das Edelgas Argon schließt die 3. Periode ab.

Metalle weisen typische Eigenschaften auf: metallischer Glanz, Verformbarkeit, elektrische Leitfähigkeit und Wärmeleitfähigkeit.
Nichtmetalle sind in ihren Eigenschaften nicht einheitlich.

Alles im Griff ?

1. Den Atomen auf der Spur!

In einer Zeitschrift soll ein Artikel über den Aufbau der Materie verfasst werden. Der Autor will zunächst einen geschichtlichen Rückblick geben. Nun sind ihm allerdings die Bilder, die Beschreibungen und die Namen der Wissenschaftler völlig durcheinander geraten. Bringe alles in die richtige Ordnung!

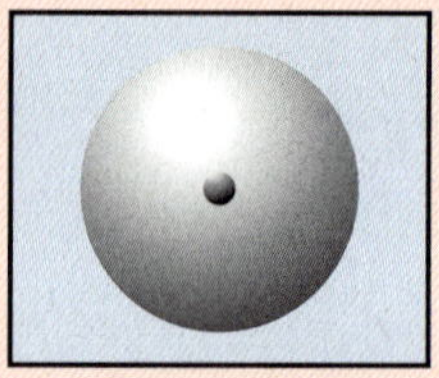

Bohr	Demokrit	Rutherford	Aristoteles	Dalton
Atome sind massive Kugeln, die unterschiedlich groß und unterschiedlich schwer sind.	Die ganze sichtbare Welt ist aus den Teilchen der vier Grundstoffe Erde, Feuer, Wasser und Luft entstanden.	Im Zentrum des Atoms befindet sich der Kern. In der Atomhülle kreisen die Elektronen auf bestimmten Bahnen.	Atome unterscheiden sich in Gestalt und Größe.	Ein Atom besteht aus dem Atomkern und der Atomhülle.

2. Wanted!

Hilf mit, die Steckbriefe der gesuchten Elemente zu erstellen!

WANTED!

Name:	**Brom**
Symbol:	???
Aggregatzustand:	???
Atommasse:	???
Ordnungszahl:	???
Atombausteine:	???
Elektronenverteilung:	???

WANTED!

Name:	???
Symbol:	???
Aggregatzustand:	???
Atommasse:	???
Ordnungszahl:	???
Atombausteine:	???
Elektronenverteilung:	**(2, 8, 8)**

WANTED!

Name:	???
Symbol:	???
Aggregatzustand:	???
Atommasse:	???
Ordnungszahl:	**12**
Atombausteine:	???
Elektronenverteilung:	???

3. „Edelgase – noch nie gesehen!“

Oder doch? Dieses Bild zeigt das **Vorkommen** und **fünf Verwendungsmöglichkeiten** der Edelgase!

4. Irrtum nicht ausgeschlossen!

In jedem Kistchen befinden sich fünf Stoffe, die alle eine Gemeinsamkeit aufweisen. Allerdings hat sich überall auch ein *Außenseiter* eingeschlichen. Finde die Gemeinsamkeit und den Außenseiter!

Gemeinsamkeit: **?**

1. Natrium
2. Zinn
3. Magnesium
4. Aluminium
5. Phosphor
6. Calcium

Gemeinsamkeit: **?**

1. Wasserstoff
2. Chlor
3. Stickstoff
4. Brom
5. Sauerstoff
6. Argon

Gemeinsamkeit: **?**

1. Neon
2. Krypton
3. Antimon
4. Xenon
5. Helium
6. Argon

Gemeinsamkeit: **?**

1. Sauerstoff
2. Bor
3. Fluor
4. Schwefel
5. Kohlenstoff
6. Magnesium

5. Namen gesucht!

a) Um welche Elemente handelt es sich?
b) Wie viele Neutronen befinden sich im Atomkern?

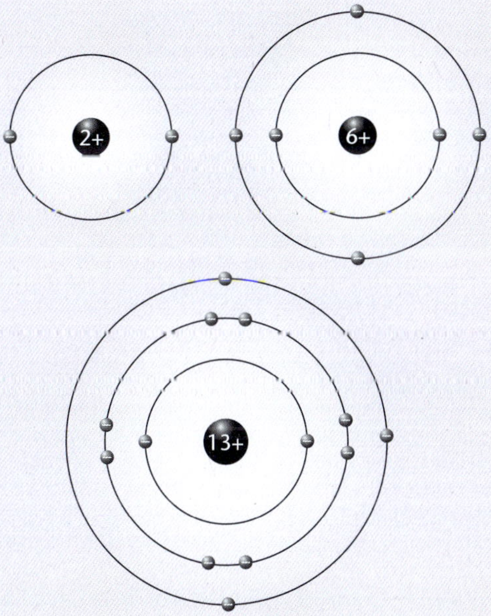

6. Das gilt im PSE!

Innerhalb

einer Periode | *einer Gruppe*

nimmt

die Zahl der Protonen

der Atomradius

die Zahl der Elektronen

die Zahl der Außenelektronen

der Metallcharakter

die Zahl der Elektronenschalen

zu | *ab*

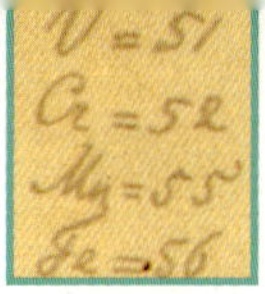

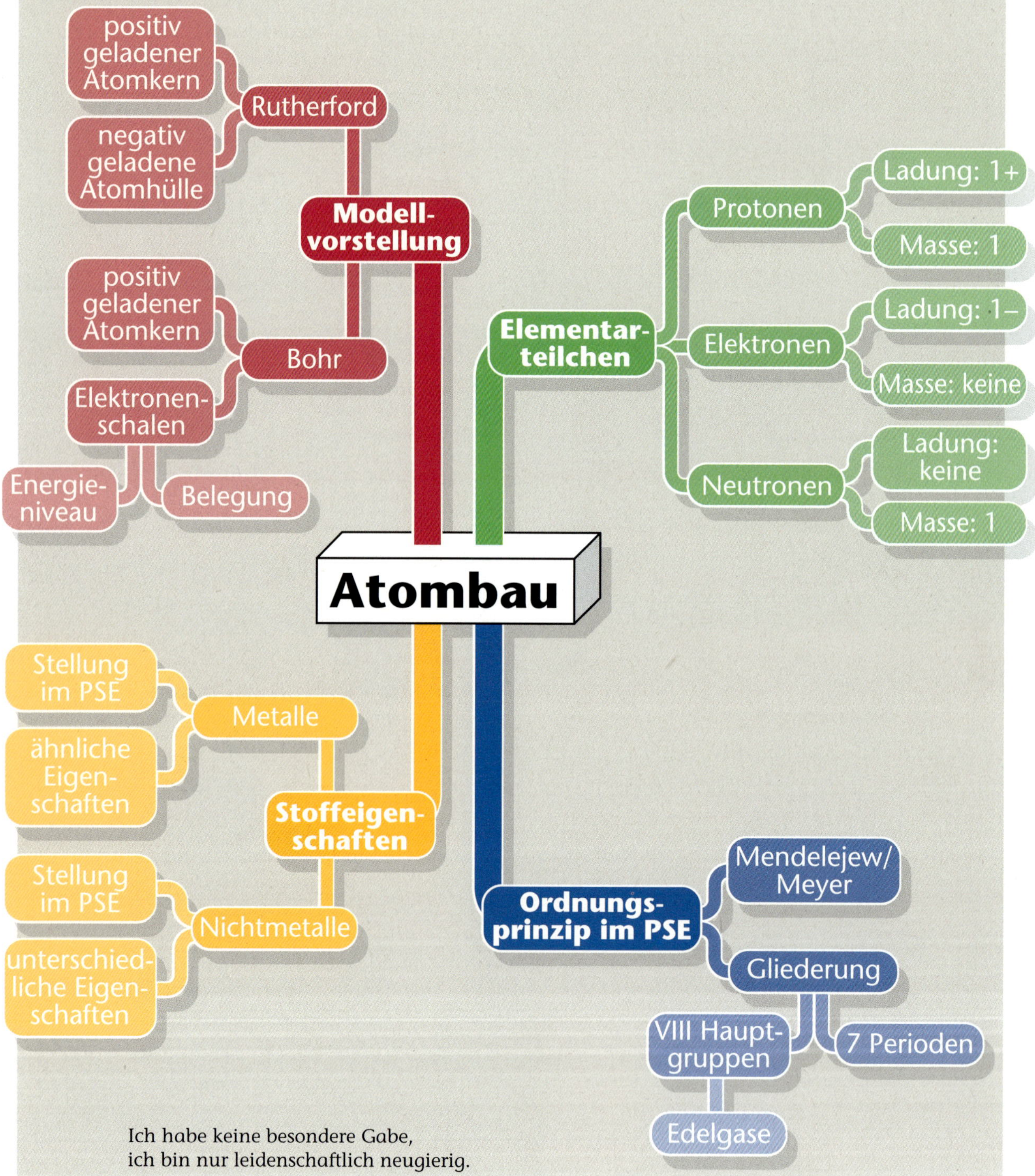

Ich habe keine besondere Gabe,
ich bin nur leidenschaftlich neugierig.

Albert Einstein

VII. Chemische Bindung

38 Zusammenhalt macht stark. Die Atombindung – eine Elektronenpaarbindung

Vorkenntnisse zum Thema. Überall in der Natur treffen wir auf Wasser – in Form von Eis, flüssigem Wasser oder Wasserdampf. Dies wäre nicht der Fall, wenn Wasser chemisch leicht zu verändern wäre. Wasser ist eine sehr reaktionsträge chemische Verbindung. Ganz anders verhält es sich mit seinen Bestandteilen, den Elementen Wasserstoff und Sauerstoff. Ein Gemisch beider Elemente ist sehr reaktionsfähig und bildet Wasser unter erheblicher Energiefreisetzung. Die bei dieser Reaktion frei werdende Energie steckte in dem Wasserstoff-Sauerstoff-Gemisch. Im gebildeten Wasser ist sie nicht mehr enthalten. Die energiereichen und damit reaktionsfähigen Ausgangsstoffe sind daher in der Natur als Gemisch nicht anzutreffen. Folgende Schlussfolgerung gilt nicht nur für unser Beispiel, sondern ganz allgemein: Stoffe mit **hohem Energieinhalt** sind **reaktionsfähig**. Sie verändern sich zu Stoffen mit **geringerem Energieinhalt** und erreichen so einen **reaktionsträgen Zustand** (s. S. 28ff.).

A1 Stelle mithilfe des Periodensystems Übereinstimmungen und Unterschiede im Bau der Edelgasatome fest!

A2 Welche Edelgasschale wird im Wasserstoffmolekül (H_2) erreicht?

Edelgase – Elemente mit Sonderstellung. Wir wissen bereits (s. S. 96), dass zwischen dem chemischen Verhalten eines Elements und seinem Atombau ein Zusammenhang besteht. Das wird am Beispiel der Edelgase deutlich. Die Edelgasatome (Ausnahme: Helium) besitzen in ihrer Außenschale jeweils acht Elektronen. Dies ist ein besonders stabiler Zustand und der Grund dafür, dass die Edelgase ausschließlich atomar (als einzelne Atome) vorkommen. Bei allen anderen Elementen ist das nicht der Fall. Deren Atome verbinden sich untereinander, z. B. zu Molekülen.

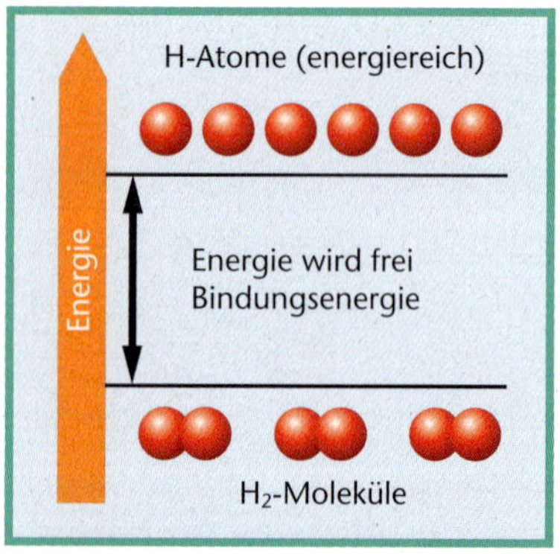

1 Energieverhältnisse bei der Bildung von Wasserstoffmolekülen

Das einfachste Molekül ist das Wasserstoffmolekül. Es besteht aus zwei Wasserstoffatomen. Verglichen mit den einzelnen Atomen ist das Wasserstoffmolekül energieärmer. Wie ist dies zu erklären? Jedes Wasserstoffatom besitzt ein Elektron. Zwei Atome stellen sich diese gegenseitig zur Verfügung und bilden so ein „gemeinsames" Elektronenpaar. Elektronenpaar und Kerne ziehen sich an; so kommt die chemische Bindung zustande. Man spricht von einer **Elektronenpaarbindung** oder **Atombindung.**

Schematische Darstellung mit **Elektronenformeln**:

$$\mathrm{H}\cdot + \cdot\mathrm{H} \longrightarrow \mathrm{H:H} + E$$

Zwei Elektronen oder ein Elektronenpaar können auch als Strich dargestellt werden (Strichformeln):

$$\mathrm{H}\cdot + \cdot\mathrm{H} \longrightarrow \mathrm{H{-}H} + E$$

Dadurch erreichen die beiden Wasserstoffatome im Molekül den energiearmen Zustand, den die Heliumatome von vorneherein haben.

Atombindung (Elektronenpaarbindung): Bindung von Atomen, die auf gemeinsamen Elektronenpaaren beruht.

Das Chlormolekül. Wie beim Wasserstoffmolekül entsteht auch hier durch ein gemeinsames Elektronenpaar ein Chlormolekül aus zwei Chloratomen. Die beiden Chloratome stellen sich gegenseitig jeweils ein Außenelektron zur Verfügung. So erreichen beide die angestrebten acht Außenelektronen.
Elektronenformeln (nur Außenelektronen berücksichtigt):

$$:\ddot{\underset{\cdot\cdot}{Cl}}\cdot \quad + \quad \cdot\ddot{\underset{\cdot\cdot}{Cl}}: \quad \longrightarrow \quad :\ddot{\underset{\cdot\cdot}{Cl}}:\ddot{\underset{\cdot\cdot}{Cl}}: \quad + \quad E$$

$$|\overline{\underline{Cl}}\cdot \quad + \quad \cdot\overline{\underline{Cl}}| \quad \longrightarrow \quad |\overline{\underline{Cl}}-\overline{\underline{Cl}}| \quad + \quad E$$

Jedes Chloratom im Chlormolekül weist also die gleiche Elektronenbesetzung der äußeren Schale auf wie die Edelgasatome außer Helium. Diese Elektronenanordnung ist sehr stabil. Sie wird bei der Bildung von Molekülen aus Atomen angestrebt: **Oktettregel.**

Weitere Moleküle – eine Modellvorstellung bewährt sich. Wasserstoffatome vereinigen sich mit Chloratomen zu Chlorwasserstoffmolekülen:

$$H\cdot \quad + \quad \cdot\overline{\underline{Cl}}| \quad \longrightarrow \quad H-\overline{\underline{Cl}}| \quad + \quad E$$

Bei der Bildung des Wassermoleküls verbinden sich drei Atome: zwei Wasserstoffatome mit einem Sauerstoffatom. Die Elektronenformeln verdeutlichen die Bindungsverhältnisse:

$$H\cdot \quad + \quad |\overline{\underset{\cdot}{O}}\cdot \quad + \quad \cdot H \quad \longrightarrow \quad |\overline{O}-H \ (\text{mit } -H \text{ unten an } O) \quad + \quad E$$

Der Wertigkeitsbegriff (s. S. 46) findet jetzt eine einfache Erklärung: Ein Sauerstoffatom (zweiwertig) bindet zwei Wasserstoffatome (je einwertig) mittels zweier Elektronenpaare. In der **Summenformel** H_2O kommt dieses Atomzahlenverhältnis zum Ausdruck.

Mehrfachbindungen. Die Bindung zwischen Atomen kann auch durch mehrere gemeinsame Elektronen zustande kommen. Dann spricht man von einer **Doppelbindung** (zwei gemeinsame Elektronenpaare) bzw. von einer **Dreifachbindung** (drei gemeinsame Elektronenpaare).

$$:\dot{\underset{\cdot}{N}}\cdot \quad + \quad \cdot\dot{\underset{\cdot}{N}}: \quad \longrightarrow \quad |N\equiv N|$$

Die Elektronenpaarbindung oder Atombindung beruht auf gemeinsamen Elektronenpaaren. Dadurch erreichen die beteiligten Atome eine stabile Edelgasschale. In den meisten Fällen sind die entstandenen Moleküle energieärmer als die einzelnen Atome.

A3 Wende dein Wissen an! Stelle mithilfe des Periodensystems die Elektronenformeln für folgende Moleküle auf: F_2, Br_2, I_2.

A4 Stelle die Reaktionsgleichungen für die Vereinigung von Phosphor mit Chlor und Kohlenstoff mit Wasserstoff auf! Verwende Elektronenformeln!

A5 Wende dein Wissen an! Stelle jedes der folgenden Moleküle in Elektronenformeln dar: H_2S, NH_3, SiF_4, Cl_2O, CCl_4.

Von wegen gemeinsam
Die polare Atombindung

Gemeinsam heißt nicht mit gleichem Anteil. In einer Atombindung steht das bindende Elektronenpaar immer unter dem Einfluss der positiv geladenen Kerne der beiden verbundenen Atome. Bei Molekülen, die aus gleichen Atomen bestehen, sind die Anziehungskräfte zwischen bindendem Elektronenpaar und den Atomkernen gleich. Anders ist dies bei Molekülen aus verschiedenen Atomen.
Die Atome verschiedener Elemente unterscheiden sich in ihrer Protonenzahl und in ihrem Atomradius. Je größer die Protonenzahl und je kleiner der Atomradius ist, desto stärker kann die positive Kernladung des Atoms das Elektronenpaar einer Atombindung anziehen.
Im HCl-Molekül wird das gemeinsame Elektronenpaar stärker vom Chloratom angezogen als vom Wasserstoffatom. Das Chloratom erhält dadurch einen Überschuss an negativer Ladung und das Wasserstoffatom eine positive Teilladung. Die **Atombindung ist polarisiert.** Das Molekül hat einen positiv geladenen und einen negativ geladenen Pol; es hat also zwei Pole.

Ein Molekül mit einem positiven und einem negativen Pol ist ein Dipol.

Symbolisierung am Beispiel HCl:

$$\overset{\delta_+}{\mathrm{H}}\!-\!\overset{\delta_-}{\overline{\mathrm{Cl}}|} \qquad \text{oder} \qquad \mathrm{H} \blacktriangleleft \overline{\mathrm{Cl}}|$$

Die Symbole δ_+ und δ_- geben die Teilladungen an; das Symbol ◀ deutet die Elektronenverschiebung zu einem Atom an. Verbindungen, die aus Dipolmolekülen aufgebaut sind, nennt man **polare Verbindungen**.

V1 Aus je einer Bürette lässt man Hexan (Formel: C_6H_{14}) und Wasser in einem feinen Strahl in eine Schale laufen. Nach Annäherung eines durch Reiben elektrisch aufgeladenen PVC-Stabs (Glasstab, Hartgummi, Kamm) zeigt sich in einem Fall eine Ablenkung des Strahls (B1). Überlege die Ursache der Ablenkung!

Wasser, die wichtigste polare Verbindung. Es ist für uns keine Frage, dass Wasser bei Normalbedingungen flüssig ist. Ist das wirklich eine Selbstverständlichkeit? Folgender Versuch hilft uns weiter. Ein durch Reibung elektrisch aufgeladener Stab zieht einen Wasserstrahl an, während z. B. ein Hexanstrahl nicht abgelenkt wird. Wir schließen daraus, dass Wasser eine polare, Hexan eine unpolare Verbindung ist. Zur Erklärung müssen wir annehmen, dass das Wassermolekül gewinkelt gebaut ist (B 2). Das Sauerstoffatom zieht die gemeinsamen Elektronenpaare stärker an als die Wasserstoffatome. Das Wassermolekül besitzt somit am Sauerstoffatom den negativen Pol, an den Wasserstoffatomen den positiven Pol. Es ist ein **Dipol**.

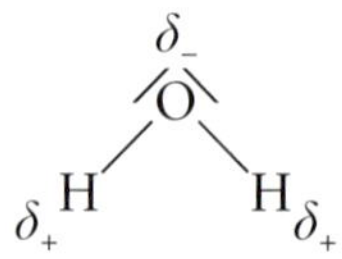

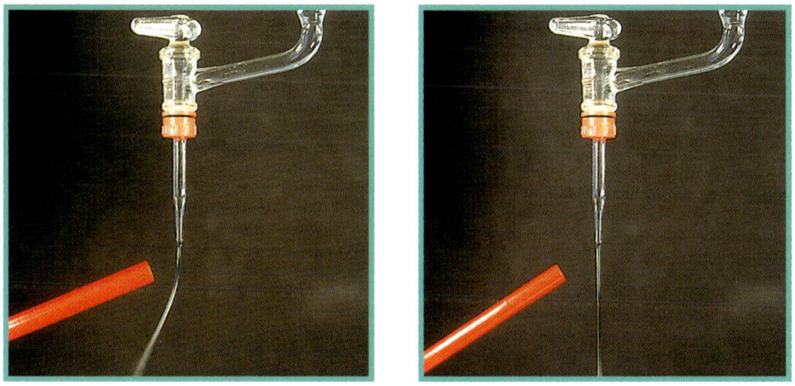

1 Ein aufgeladener PVC-Stab bringt den Wasserstrahl zur Ablenkung, nicht aber den Strahl von Hexan.

Die Dipoleigenschaft der Wassermoleküle ist die Ursache für die Ablenkung des Wasserstrahls bei V1.

Die Teilladungen im Wassermolekül wirken sich auf die benachbarten Moleküle aus. Sie ziehen sich gegenseitig an und bilden größere Molekülverbände. Diese Anziehungskräfte werden als **Wasserstoffbrückenbindung** bezeichnet. Das erklärt, warum Wasser bei Raumtemperatur eine Flüssigkeit und kein Gas ist, wie es z. B. bei H_2S (Schwefelwasserstoff) der Fall ist.

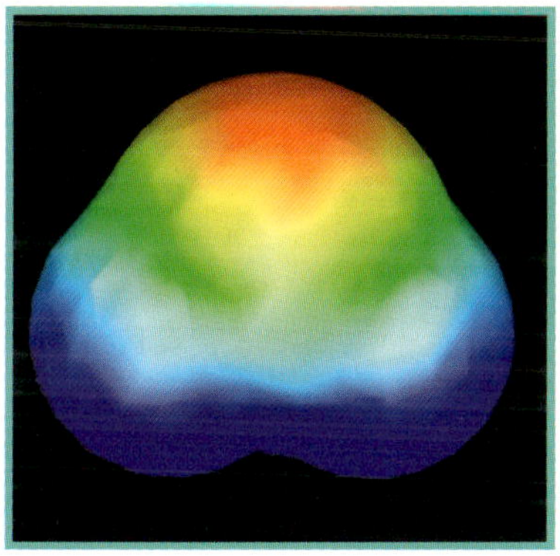

2 Räumlicher Bau eines Wassermoleküls

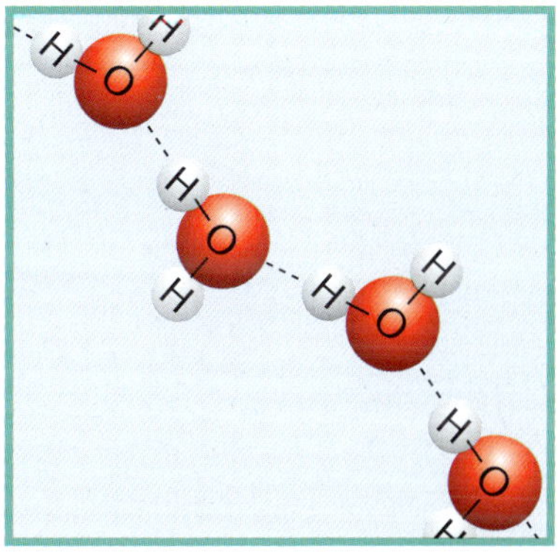

3 Wasserstoffbrückenbindungen bei Wassermolekülen

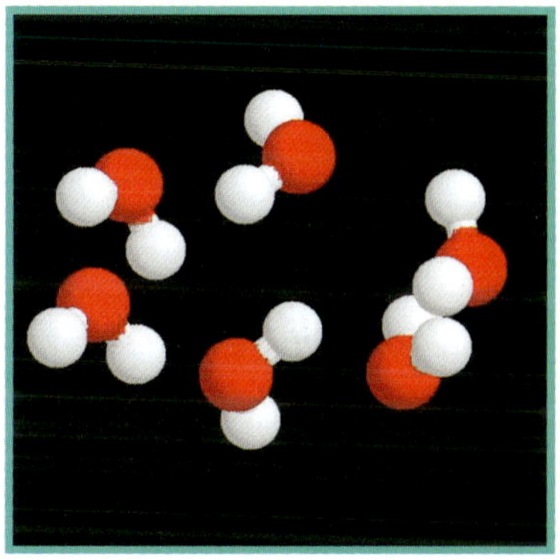

4 Computerdarstellung eines Gebildes aus mehreren Wassermolekülen. Die Momentaufnahme zeigt modellhaft, wie sich die Moleküle zueinander orientieren.

Polare Verbindungen bestehen aus Dipolmolekülen. Diese bestimmen wichtige Eigenschaften dieser Stoffe wie z. B. die Siedetemperatur.

* 40 Der Stärkste steht fest. Die Elektronegativität

A1 Wie heißen die Träger positiver und negativer Ladung in einem Atom?

A2 Warum ist ein Atom elektrisch neutral?

Atomradien unterliegen Gesetzmäßigkeiten. Im Periodensystem nimmt innerhalb der Hauptgruppen der Atomradius von oben nach unten zu. Der Grund dafür ist die zunehmende Anzahl der Elektronenschalen. Innerhalb einer Periode dagegen nimmt der Atomradius von links nach rechts ab. Die von links nach rechts steigende Protonenzahl bedeutet eine Zunahme der Ladungen der Atomkerne. Damit erhöht sich die Anziehungskraft auf die Elektronen, die Hülle wird stärker zusammengezogen.

H 2,1	Atomradien und Elektronegativitäten der Hauptgruppenelemente						He
Li 1,0	Be 1,5	B 2,0	C 2,5	N 3,0	O 3,5	F 4,0	Ne
Na 0,9	Mg 1,2	Al 1,5	Si 1,8	P 2,1	S 2,5	Cl 3,0	Ar
K 0,8	Ca 1,0	Ga 1,6	Ge 1,8	As 2,0	Se 2,4	Br 2,8	Kr
Rb 0,8	Sr 1,0	In 1,7	Sn 1,8	Sb 1,9	Te 2,1	I 2,5	Xe

1 Vergleich der Atomradien von Hauptgruppenelementen

Mit der Zunahme der Elektronenschalen wird der Atomradius größer. Mit der Zunahme der Kernladung wird in einer Periode der Atomradius von links nach rechts kleiner.

A3 Erkläre, warum innerhalb der Hauptgruppen des PSE der Atomradius von oben nach unten zunimmt!

A4 Erkläre, warum innerhalb einer Periode des PSE der Atomradius von links nach rechts abnimmt!

A5 Warum gibt man für die Edelgase keine Elektronegativitäten an?

A6 Wie unterscheiden sich Schwefel und Sauerstoff in ihrer Elektronegativität? Begründe!

A7 Begründe, warum Wasser unter Normalbedingungen flüssig, Schwefelwasserstoff dagegen gasförmig ist!

Unterschiedliche Anziehungskraft auf Elektronen und ihre Folgen. Um das Vermögen der Atome, Elektronen anzuziehen, vergleichen zu können, wurde der Begriff **Elektronegativität (EN)** eingeführt. Das Fluoratom z. B. besitzt eine relativ hohe Kernladung und einen kleinen Atomradius. Deshalb zieht es gemessen an den Atomen aller anderen Elemente Elektronen, auch gemeinsame Bindungselektronen, am stärksten an. Dem Fluor wurde die Elektronegativität 4,0 zugeteilt. Die Elektronegativitäten der anderen Elemente werden damit verglichen.
Wenn die EN-Werte von Bindungspartnern bekannt sind, lassen sich die Bindungsverhältnisse im Molekül beurteilen. Dann werden wichtige physikalische und chemische Eigenschaften verständlich, z. B. die Siedepunkte.

Die Elektronegativität ist eine Verhältniszahl und deshalb ohne Benennung. Sie ermöglicht den Vergleich, wie stark einzelne Atome ein Elektronenpaar in einer Atombindung anziehen. Das Bezugsatom ist das Fluoratom.

Welten liegen zwischen Ausgangsstoffen und Reaktionsprodukt. Die Reaktion von Natrium mit Chlor zeigt, wie extrem reaktionsfähig und aggressiv sich beide Elemente verhalten (B 1). Höchst erstaunlich ist deshalb, dass beide miteinander zu Natriumchlorid verbunden als Konservierungs- und Nahrungsmittel, als Gewürz, als ,,Salz" in jeder Küche stehen. Was ist geschehen, als sich aus Natrium und Chlor ein Stoff bildete, dessen Eigenschaften keine Verwandtschaft mehr zu den Ausgangsstoffen erkennen lassen?

Der ,,kleine Unterschied" – ein Elektron zu viel oder zu wenig. Um die heftige Reaktion zwischen den Elementen Natrium und Chlor verstehen zu können, muss man sich mit dem Bau ihrer Atome beschäftigen. Das Natriumatom besitzt auf der Außenschale ein Elektron, das Chloratom sieben Elektronen. Dadurch werden sie zu idealen Reaktionspartnern. Das Natriumatom gibt das eine Außenelektron ab und erreicht die Elektronenanordnung des Edelgases Neon, das Chloratom nimmt dieses abgegebene Elektron auf und erhält die Elektronenanordnung des Edelgases Argon. Dieser Elektronenübergang hat Auswirkungen: Aus den elektrisch neutralen Atomen entstehen geladene Teilchen, die wir **Ionen** nennen. Aus dem Natriumatom entsteht ein positiv geladenes **Natrium-Ion**, weil den 11 Protonen des Kerns nur noch 10 Elektronen in der Hülle gegenüber stehen. Umgekehrt wird das Chloratom zu einem negativ geladenen **Chlorid-Ion**, weil nun eine negative Ladung überwiegt (18 Elektronen gegenüber 17 Protonen).

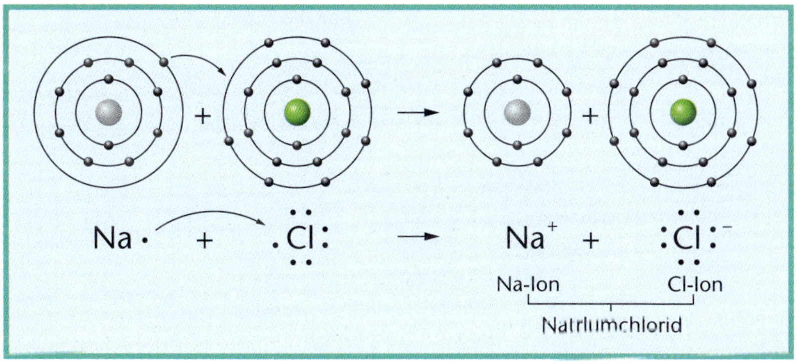

Natrium-Ion und Chlorid-Ion ziehen sich wegen ihrer entgegengesetzten Ladungen an. Diese Art der Bindung nennen wir **Ionenbindung**. In einer stark exothermen Reaktion bildet sich aus den energiereichen Ausgangsstoffen ein energieärmeres und somit stabiles Reaktionsprodukt, das Natriumchlorid (Kochsalz).

Ionen entstehen aus Atomen durch Aufnahme oder Abgabe von Elektronen. Entgegengesetzt geladene Ionen ziehen sich an: Ionenbindung.

V1 In ein Reagenzglas, das etwa 2 cm über dem Boden ein Loch hat, bringt man ein halberbsengroßes Stück Natrium und erhitzt es bis zum Aufglühen. **Vorsicht! Abzug!** Dann bringt man das Reagenzglas mit dem erhitzten Natrium in einen Standzylinder mit Chlor. Es erfolgt eine von Feuererscheinungen begleitete Reaktion. Nach dem Abklingen der Reaktion ist an der Reagenzglaswand eine weiße Salzschicht sichtbar.

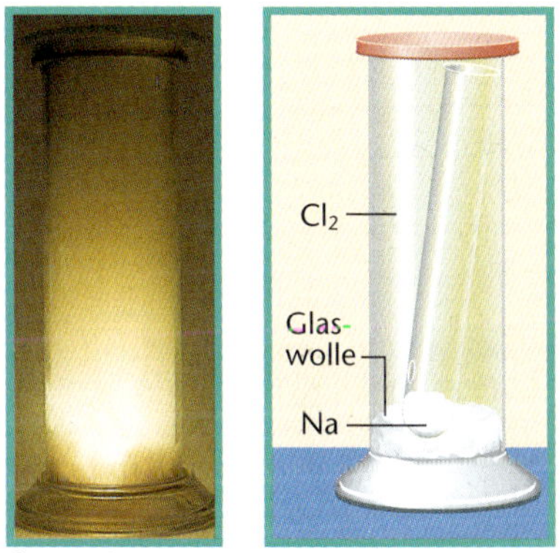

1 Synthese von Natriumchlorid nach V1. Links: Der Ablauf der stark exothermen Reaktion, rechts: Schema der Versuchsanordnung.

2 Natriumchlorid-Kristalle, die beim Eindampfen des gelösten Reaktionsproduktes von V1 entstanden sind (mikroskopisches Bild).

Die Ionenbindung

3 Dieser Natriumchlorid-Kristall zeigt deutlich die Würfelform.

A1 Nenne einige Unterschiede von Natriumatomen und Natrium-Ionen, Chloratomen und Chlorid-Ionen!

A2 Wende dein Wissen an! Formuliere mithilfe des PSE die Synthese der folgenden Salze: KI, CaO, Na_2S, Al_2O_3, Mg_3N_2.

Ionenbildung und Oktettregel. Bei der Bildung von Ionen wird die Oktettregel bestätigt. Sind in der Außenschale der Atome wie bei den Metallatomen nur wenige Elektronen, wird durch **Abgabe** der Außenelektronen die entsprechende Edelgasschale erreicht. Sind wie bei den Nichtmetallen 5, 6 oder 7 Elektronen in der Außenschale der Atome, führt die **Aufnahme** von Elektronen zur Achterschale.
Die Zahl der Ladungen eines Ions (**Ladungszahl**) hängt ab von der Anzahl der Elektronen, welche abgegeben oder aufgenommen wurden:

$$Na \longrightarrow Na^+ + e^- \qquad Cl + e^- \longrightarrow Cl^-$$
$$Mg \longrightarrow Mg^{2+} + 2\,e^- \qquad S + 2\,e^- \longrightarrow S^{2-}$$

Die **Ladungszahl** ist gleich der **Wertigkeit** der Ionen. Beide können aus der Gruppennummer im PSE abgeleitet werden.

Die Ionenbindung ist die typische Bindungsart zwischen **Metallen** und **Nichtmetallen.** Die Reaktionsprodukte sind Ionenverbindungen, sie werden auch **Salze** genannt. Musterbeispiel für ein Salz ist das Natriumchlorid („Kochsalz").

Bei der Reaktion eines Metalls mit einem Nichtmetall entsteht ein Salz. Salze sind chemische Verbindungen mit Ionenbindung.

Elektronenübergänge – kurz und bündig formuliert. Man kann bei der Beschreibung der Elektronenübergänge auch mit Teilgleichungen arbeiten: Die Elektronenabgabe wird getrennt von der Elektronenaufnahme formuliert. Beispiel: Calcium (Metall) und Chlor (Nichtmetall) reagieren zu Calciumchlorid (Salz).

Elektronenabgabe:	$Ca \longrightarrow Ca^{2+} + 2\,e^-$
Elektronenaufnahme:	$2\,Cl + 2\,e^- \longrightarrow 2\,Cl^-$
	$Ca + 2\,Cl \longrightarrow Ca^{2+} + 2\,Cl^-$

Wie in der Mathematik lassen sich die Teilgleichungen zu einer Gesamtgleichung zusammenfassen. Die Zahl der abgegebenen und aufgenommenen Elektronen muss jeweils gleich sein. In der Formel für das Salz ist die Zahl der negativen Ladungen gleich der Zahl der positiven Ladungen.

Positiv geladene Ionen entstehen aus Atomen durch Abgabe von Elektronen.
Negativ geladene Ionen entstehen aus Atomen durch Aufnahme von Elektronen.

Vom Ion zum Kristall. Natriumchlorid besteht aus positiv geladenen Natrium-Ionen (Na^+) und negativ geladenen Chlorid-Ionen (Cl^-). Zwischen den engegengesetzt geladenen Ionen bestehen elektrische Anziehungskräfte. Diese Anziehungskraft eines Natrium-Ions ist aber nicht nur auf ein einzelnes Chlorid-Ion gerichtet, sondern wirkt gleichmäßig nach allen Richtungen hin. Genauso ist es im umgekehrten Sinn beim Chlorid-Ion. Deshalb schließen sich Ionen nicht zu einzelnen Molekülen zusammen, sondern bilden größere Verbände in streng gesetzmäßiger Ordnung. Es entsteht dadurch ein so genanntes **Ionengitter**, in dem jedes Ion von einer bestimmten Zahl entgegengesetzt geladener Ionen umgeben ist. Die regelmäßige Anordnung der Ionen führt zu typisch geformten Körpern, zu **Kristallen.** Kochsalz kristallisiert in Würfeln (s. 110, B 3).

A1 Betrachte Kochsalzkristalle mit einer Lupe!

A2 Überlege, warum Salze, die aus anderen Ionen als das Kochsalz aufgebaut sind, andere Kristallformen ausbilden!

A3 Lege Kochsalzkristalle auf eine geeignete Unterlage und versuche sie mit einem harten Gegenstand (z. B. Messerklinge) zu verformen!

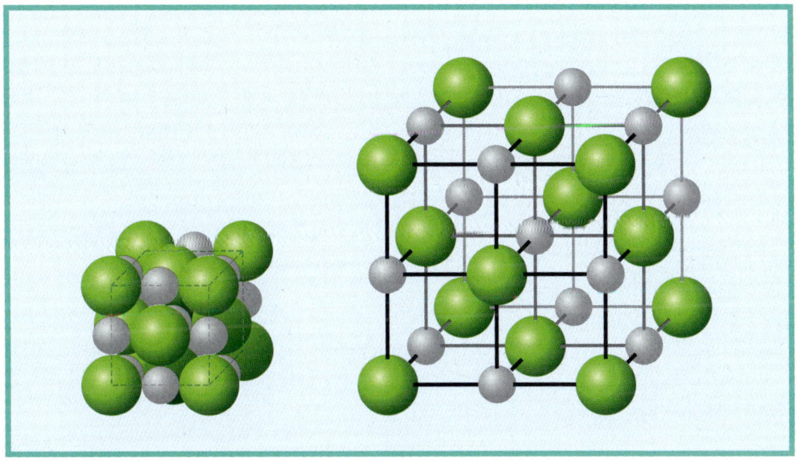

1 Im Kochsalzgitter sind Na^+- und Cl^--Ionen regelmäßig angeordnet. Das linke Bild zeigt, dass die Ionen dicht aneinander liegen. Beide Darstellungen sind Modelle.

Gitterenergie (kJ/mol)			
NaCl	788	MgO	3791
KCl	715	CaO	3414
$CaCl_2$	2258	Al_2O_3	15916

Die Gitterenergie. Zwischen den positiv und negativ geladenen Ionen einer Ionenverbindung wirken starke elektrostatische Anziehungskräfte. Man muss viel Energie aufwenden um ein Ionengitter zu zerstören; Salze besitzen daher im Allgemeinen hohe Schmelzpunkte. Umgekehrt wird beim Zusammenlagern der entgegengesetzt geladenen Ionen Energie frei. Diese bei der Ausbildung des Ionengitters abgegebene Energie wird **Gitterenergie** genannt. Mindestens diese Gitterenergie muss aufgebracht werden um ein Ionengitter wieder in freie Ionen aufzuspalten.

Gitterenergie: Die bei der Bildung eines Kristalls aus einzelnen Ionen frei werdende Energie.

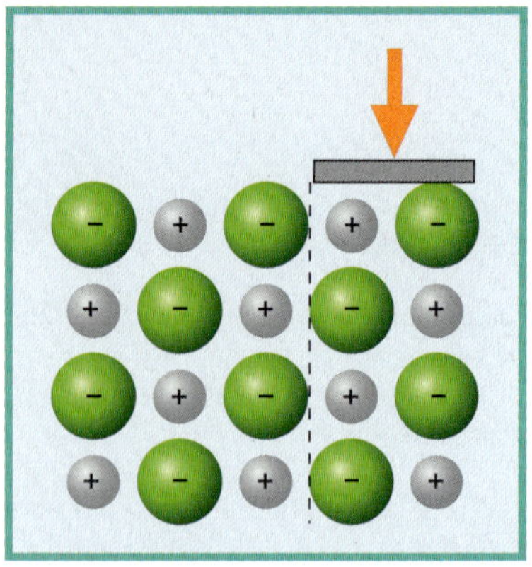

2 Was geschieht, wenn durch Krafteinwirkung Ionenschichten verschoben werden?

Allgemeine Eigenschaften von Salzen. Salze sind hart, spröde, bei stärkerer Krafteinwirkung zersplittern sie. Das lässt sich aus ihrem Aufbau leicht verstehen: Ihre Bausteine, die Ionen, werden auf den Gitterplätzen durch starke Anziehungskräfte festgehalten. Wird in einem Ionenkristall gewaltsam eine Schicht von Ionen gegenüber einer anderen verschoben, so würden sich Ionen mit gleichsinniger Ladung gegenüberstehen. Die Folge ist Abstoßung und Zerbrechen des Kristalls (B 2).

Auch die hohen Schmelz- und Siedepunkte der Salze ergeben sich aus dem starken Zusammenhalt der an die Gitterplätze gebundenen Ionen. Eine Prüfung der elektrischen Leitfähigkeit zeigt, dass keine frei beweglichen Ladungsträger (Voraussetzung für das Fließen des elektrischen Stromes!) vorhanden sind. Beim Schmelzen einer Ionenverbindung wird die Gitterenergie des Salzes überwunden, die Ionen können sich in der Schmelze frei bewegen und stehen für den Stromtransport zur Verfügung: Die geschmolzene Ionenverbindung leitet den elektrischen Strom. Auch Salzlösungen sind Strom leitend (s. nächstes Kapitel!). Im Gegensatz dazu tritt bei geschmolzenen oder gelösten Verbindungen, die aus Molekülen aufgebaut sind, wie z. B. Zucker und Naphthalin, keine Leitfähigkeit auf.

V1 In eine Porzellanschale wird gepulvertes Kaliumnitrat etwa 2 cm hoch gebracht. Zwei Kohleelektroden, die mit einer Stromquelle und einem Leitfähigkeitsmessgerät verbunden sind, tauchen in das Kaliumnitrat ein. Nun wird die elektrische Leitfähigkeit der Verbindung geprüft.

V2 Achtung! Das Kaliumnitrat wird geschmolzen und die Leitfähigkeit wieder durch **kurzes** Eintauchen der Kohleelektroden in die Schmelze geprüft.

V3 In ein Reagenzglas wird etwa 2 cm hoch Naphthalin gegeben und geschmolzen. Dann wird wie im vorigen Versuch die elektrische Leitfähigkeit geprüft.

Salze sind hart und spröde. Sie besitzen meist hohe Schmelz- und Siedepunkte. Ihre Schmelzen und wässrigen Lösungen leiten den elektrischen Strom. Verbindungen mit Atombindungen gehören zu den Nichtleitern.

Die Formeln von Ionenverbindungen. Wenn wir NaCl schreiben, so wird damit **nicht** „ein Molekül NaCl" symbolisiert. Die Formel drückt vielmehr aus, dass sich im Natriumchloridgitter Na^+-Ionen und Cl^--Ionen im **Zahlen**verhältnis 1 : 1 verbunden haben. Entsprechend wird durch die Formel $CaCl_2$ symbolisiert, dass im Gitter des Calciumchlorids Ca^{2+}-Ionen und Cl^--Ionen im Zahlenverhältnis 1 : 2 vorhanden sind.
Im Unterschied dazu liegen bei Verbindungen mit Atombindung wie CH_4, CO_2, H_2O („Molekülverbindungen") tatsächlich Moleküle vor.
Beim Aufstellen der Formel einer Ionenverbindung ist zu beachten, dass ein Ionenkristall insgesamt elektrisch neutral ist, also **die Summe der positiven Ladungen gleich der Summe der negativen Ladungen sein muss.**

In einem Salzkristall werden Ionen durch starke elektrostatische Anziehungskräfte zusammengehalten. Die Formel eines Salzes gibt das Zahlenverhältnis der im Gitter vorhandenen Ionen an.

Frei bewegliche Ionen als Voraussetzung für Leitfähigkeit bei Salzen. Erinnern wir uns an die Experimente zur Untersuchung der Leitfähigkeit verschiedener Lösungen. Lösungen von Stoffen mit Atombindung sind nicht leitend, wässrige Lösungen von Salzen leiten den elektrischen Strom. Aus der Untersuchung fester, geschmolzener und gelöster Ionenverbindungen ergibt sich die Bedingung für elektrische Leitfähigkeit: Es müssen **frei bewegliche Ionen** vorhanden sein (V 1).

Wie Ionen ein „Gitter" verlassen können. Man kann sich gut vorstellen, was beim Erhitzen eines Salzes (Ionenverbindung) im Bereich des Ionengitters vor sich geht. Die Wärmebewegung der Ionen steigert sich zunehmend. Am Schmelzpunkt bricht die geordnete Struktur des Ionengitters zusammen. Die Ionen verlassen ihre Gitterplätze und sind in der Schmelze frei beweglich. Um ein Ionengitter zu zerstören, ist in der Regel ein hoher Energieaufwand nötig. Umso erstaunlicher ist es, dass sich viele Salze im Wasser problemlos lösen. Zur Erinnerung: Ein Ionengitter setzt sich aus positiven und negativen Ionen zusammen. Aber auch die Wassermoleküle tragen Ladungen, denn sie sind Dipole. Die Wasserdipole drängeln sich zwischen die Ionen des Salzes und schwächen die Anziehungskräfte der Ionen im Gitter (B 1).

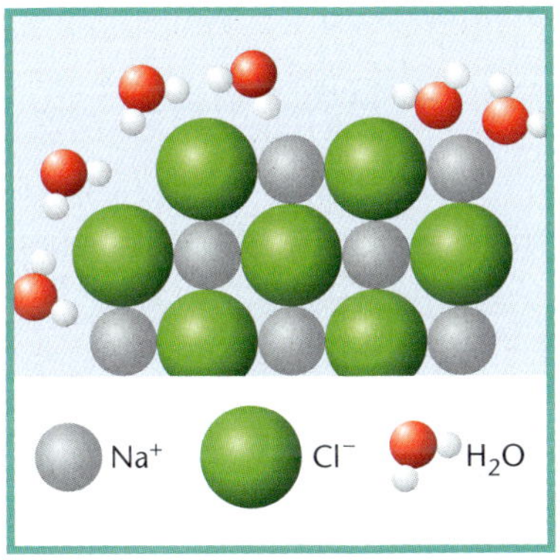

1 Modell für das Wirken der Anziehungskräfte von Wasserdipolen auf Na^+- bzw. Cl^--Ionen

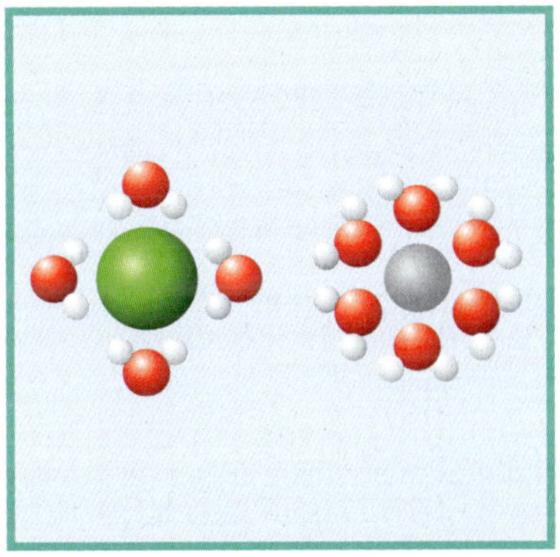

2 Modell von hydratisierten Ionen: Die Zahl der umgebenden Wassermoleküle ist abhängig von Ladung und Größe der Ionen.

Hydratisierungsenergie – treibende Kraft für den Lösungsvorgang. Die aus dem Gitterverband herausgelösten Ionen werden sofort mit einer Hülle von Wassermolekülen umgeben (B 2), einer so genannten **Hydrathülle**. Diese verhindert, dass sich die Ionen wieder zum Gitter zusammenlagern. Das Umhüllen der Ionen mit Wassermolekülen wird **Hydratisierung** genannt. Durch diesen Vorgang wird nicht nur die Beschaffenheit der Ionen verändert, sondern er ist zugleich der entscheidende Energie liefernde Prozess. Auf diese Weise kann der Energiebetrag aufgebracht werden, der zur Zerstörung des Gitters erforderlich ist.

V1 Destilliertes Wasser wird auf seine elektrische Leitfähigkeit geprüft. Nun wird Natriumchlorid dazugegeben und die Änderung der elektrischen Leitfähigkeit verfolgt.

V2 Mit der gleichen Versuchsanordnung wie im vorigen Versuch wird die elektrische Leitfähigkeit von Zuckerwasser geprüft.

Hydratisierungsenergie: Energie, die beim Umhüllen der Ionen mit Wasser frei wird.

Gitterenergie kontra Hydratisierungsenergie. Um ein Ionengitter aufzulösen, muss die Gitterenergie überwunden werden. Beim Schmelzen eines Salzes geschieht dies durch Erhitzen. Beim Lösungsvorgang spielt die Hydratisierungsenergie die entscheidende Rolle. Ist die Hydratisierungsenergie größer als die Gitterenergie, verbleibt ein Energieüberschuss. Die Lösung erwärmt sich, wie beim Lösen von Ätznatron (V3) festzustellen war. Ist dagegen die Gitterenergie höher als die Hydratisierungsenergie, wird ein Teil der notwendigen Energie der Umgebung entzogen. Die Lösung kühlt sich ab. Dieses Verhalten zeigt z. B. das Salz Ammoniumchlorid (V3).

V3 In kleinen Bechergläsern werden wässrige Lösungen von Ammoniumchlorid und Natriumhydroxid (Ätznatron) hergestellt und dabei die Temperatur während des Lösungsvorgangs gemessen.

Die Formulierung des Lösungsvorgangs. Der Zerfall des Ionengitters im Wasser lässt sich in vereinfachter Form folgendermaßen formulieren:

$$NaCl \xrightarrow{H_2O} Na^+ + Cl^-$$

$$MgCl_2 \xrightarrow{H_2O} Mg^{2+} + 2\,Cl^-$$

Dabei bedeutet der Reaktionspfeil mit der Formel H_2O das Auflösen des Salzes in Wasser.

Zu beachten ist, dass die Ionen nicht etwa beim Schmelzen oder Auflösen des Salzes in Wasser entstehen. Sie sind als Gitterbaustein im Salz vorhanden, können sich allerdings erst nach dem Zerfall des Gitters einzeln und frei bewegen.

Leitfähigkeitsmessungen im Dienste des Umweltschutzes. Messungen der elektrischen Leitfähigkeit zeigen uns nicht nur die Anwesenheit von Ionen an, sondern es kann auch auf deren Konzentration, z. B. in Flüssen und Seen, geschlossen werden. Dies ist eine **Methode für die Gewässerüberwachung**, die jederzeit ein Bild über den tatsächlichen Stand der **Salzbelastung** liefert. Neben dem Rhein sind insbesondere die Weser und die Elbe stark durch Abwässer aus Salzbergwerken belastet.

Durch Schmelzen oder Lösen eines Salzes in Wasser werden die im Ionengitter gebundenen Ionen frei beweglich.
Hydratisierung: Umhüllung eines Ions durch Wassermoleküle.
Hydratisierungsenergie und Gitterenergie wirken gegeneinander.

A1 Wie kann das Auflösen eines Salzes in Wasser beschleunigt werden? Begründe!

A2 Wende dein Wissen an! Formuliere den Lösungsvorgang in Wasser für die folgenden Salze: $CuCl_2$, $FeBr_3$, ZnI_2, KF, LiCl, $NiCl_2$.

A3 Bei Sportverletzungen wird häufig ein „Eisbeutel" aufgelegt. Ein Typ dieser Beutel muss kräftig geknetet werden. Er enthält Wasser und ein bestimmtes Salz in einem dünnen Kunststoffpäckchen. Wie könntest du das Abkühlen erklären?

44 * Ordnung ist das halbe Leben. Kristallzüchtung

Gegensätze ziehen sich an. Bei V1 erhalten wir zwar verschieden große Kristalle, aber immer sind sie würfel- oder quaderförmig gebaut. Warum wachsen die Salzkristalle immer von selbst in dieser Form, ohne dass man sie beeinflusst? Der Modellversuch V2 zeigt uns: Sie können gar nicht anders, denn durch die wirkenden Anziehungs- bzw. Abstoßungskräfte können sich die Ionen nur an bestimmten Plätzen anordnen.

Kristallzüchtung – im Prinzip ganz einfach. Wir haben in Kap. 43 gelernt, dass die Ionen in einer Lösung von einer Hülle aus Wassermolekülen umgeben sind. Diese **Hydrathülle** schirmt die gegenseitigen Anziehungskräfte stark ab und verhindert ein Zusammenlagern der Ionen zu einem Gitter. Sorgt man dafür, dass ein Teil der Wassermoleküle laufend verdunstet, so wird die „schützende" Hülle um die Ionen verringert, die Anziehungskräfte werden wieder wirksam und die Ionen lagern sich zu einem regelmäßigen Gitter zusammen. Je nach Größe und Ladung der Ionen entstehen verschiedene Kristallformen, z. B. Würfel, Oktaeder, ... Je langsamer dieses Eindampfen der Lösung geschieht, desto mehr Zeit haben die Ionen, ihre Gitterplätze einzunehmen und desto regelmäßiger und schöner wird der Kristall.

Kristalle in Natur und Technik. Auf die beschriebene Weise sind viele natürliche Mineralien entstanden. Da in der Schmuckindustrie, aber auch in der Technik ein großer Bedarf an Kristallen besteht, werden heute viele Kristalle (auch Edelsteine!) gezüchtet. Wir finden sie z. B. in Piezo-Feuerzeugen, als Bestandteil von Lasern, aber auch in Quarzuhren.

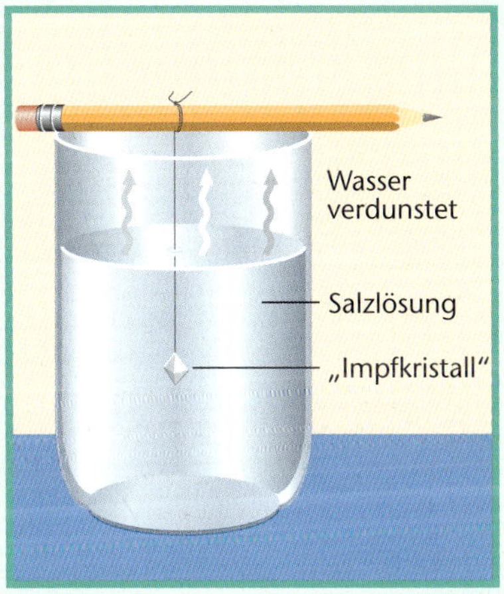

1 Kristallzüchtung (V3)

2 „Ausbeute" von Schülerübungen.

V1 Man löst etwas Kochsalz in dest. Wasser auf. Die Salzlösung lässt man in einer Glasschale an einem Ort mit möglichst gleichmäßiger Temperatur stehen.

V2 **Modellversuch.** Positive und negative Ionen lassen sich durch kleine Scheiben- und Ringmagnete symbolisieren. Die unterschiedlichen „Ladungen" erhält man dadurch, dass man eine Magnetsorte so hinlegt, dass der gleiche Pol oben ist und die anderen Magnete umgekehrt.
Untersuche, in welche Richtungen die Anziehungs- und Abstoßungskräfte wirken!

A1 Warum bildet sich beim Modellversuch V2 beim Zusammenlagern mehrerer „Ionen" immer eine regelmäßige Anordnung?

Beispiel:

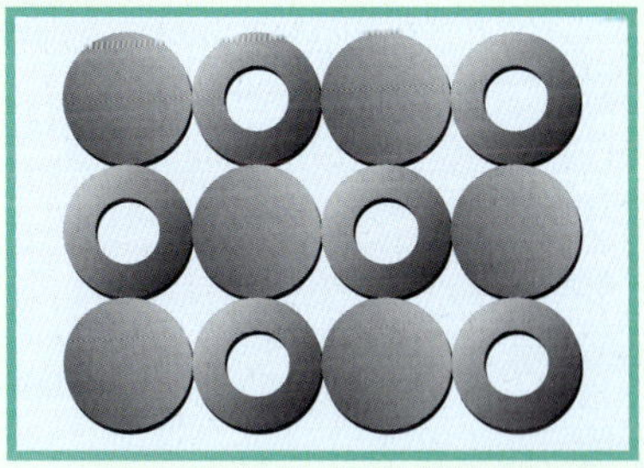

V3 Zunächst werden „Impfkristalle" aus Alaunlösung hergestellt (entsprechend V1). Einen besonders schönen Kristall befestigt man an einem dünnen Faden (z. B. Nylongarn) und hängt ihn in eine gesättigte Alaunlösung (s. B1). Gefäß einige Tage an einem gleichmäßig temperierten Ort stehen lassen und beobachten!
(Hinweis: Weitere gut geeignete Salze sind Seignettesalz, Kupfersulfat und Chromalaun.)

Viele Kristalle sind aus Ionen aufgebaut.
Die regelmäßige Form der Kristalle entsteht durch geordnetes Zusammenlagern ihrer Bausteine.

45 Alles auf einen Blick
Bindungstyp und Eigenschaft der Stoffe

Bindungstyp	Ionenbindung	Atombindung	** Metallbindung
Beispiele	Kochsalz  Kupfersulfat 	Brom  Rohrzucker 	Zinn  Kupfer 
Teilchenart	Ionen	Moleküle	Positiv geladene Ionen
Bindung	Elektrische Anziehungskräfte zwischen entgegengesetzt geladenen Ionen	Gemeinsame Elektronenpaare	Positiv geladene Ionen (Atomrümpfe) im Elektronengas
Schmelzpunkt Siedepunkt	Meist hoch. Vor dem Verdampfen tritt leicht Zersetzung ein.	Meist niedrig; viele flüchtige Verbindungen	Meist hoch
Löslichkeit	Häufig gut in Wasser; meist unlöslich in organischen Lösemitteln	Meist unlöslich in Wasser; gut löslich in organischen Lösemitteln	Mit wenigen Ausnahmen unlöslich in Wasser
Elektrische Leitfähigkeit	Gut in Lösungen und Schmelzen; Zersetzung durch den elektrischen Gleichstrom	Nichtleiter	Gute elektrische Leitfähigkeit bleibt bei Stromleitung unverändert
Verformbarkeit	Spröd und hart	Uneinheitliches Verhalten	Sehr gut verformbar

Viele Eigenschaften von Stoffen können auf die chemische Bindung zurückgeführt werden.

Die Richtung ist vorgegeben. Ionen im elektrischen Feld 46 *

Was ist ein elektrisches Feld? In der Umgebung eines elektrisch geladenen Körpers wird auf eine elektrische Ladung eine Kraft ausgeübt. Diese Kraft nennt man elektrisches Feld. Die Umgebung des Pols einer Spannungsquelle (geladener Körper, z. B. Trafo, Batterie) ist ein solches elektrisches Feld. Es wirkt z. B. auf die Ionen einer Salzlösung, denn bei Ionen handelt es sich um elektrisch geladene Teilchen. Nach einem Gesetz der Physik über die Kräfte zwischen elektrisch geladenen Körpern gilt: Gleichnamige Ladungen stoßen sich ab, ungleichnamige ziehen einander an. Dies wollen wir bei der Beobachtung und Erklärung von V1 beachten.

V1 Ein mit Kaliumnitratlösung getränktes Filterpapier (besser: Dünnschichtplatte mit Aluminiumoxid auf Plastik) wird an den Enden mit je einem gefalteten Silberblech über Krokodilklemmen an eine Spannungsquelle von ca. 25 Volt angeschlossen (Gleichspannung). Über die Mitte des Papiers legt man einen Wollfaden, der mit einer Lösung von Kaliumpermanganat und einer Lösung von Kupfersulfat in Ammoniakwasser getränkt ist. Sofort nach Auflegen des Fadens wird der Strom eingeschaltet (B1).

1 Beobachtung der Ionenwanderung. Links zu Beginn des Versuches, rechts nach etwa fünfminütiger Einwirkung des elektrischen Stroms. Die Bilder zeigen den Ablauf von V1.

Die Ionenwanderung. In der Lösung, mit der der Wollfaden in V1 getränkt wurde, befinden sich verschiedene Ionen. Für unseren Versuch sind nur die farbigen Ionen von Interesse:

Kupfer-Ionen	Cu^{2+}	blau
Permanganat-Ionen	MnO_4^-	rotviolett

Wird Gleichstrom eingeschaltet, so entsteht um die Elektroden ein elektrisches Feld, welches auf die Ionen wirkt. So erkennen wir an der Färbung, dass die blauen Kupfer-Ionen (positiv geladen) zum **negativen Pol (Kathode)** und die rotvioletten Permanganat-Ionen (negativ geladen) zum **positiven Pol (Anode) wandern**. Auf dieser Beobachtung beruht der Name **Ion**: Das Wort kommt vom Griechischen und bedeutet so viel wie „Wanderer".

**Ionen, die zur Kathode wandern, heißen Kationen; sie sind positiv geladen.
Ionen, die zur Anode wandern, heißen Anionen; sie sind negativ geladen.
Anode und Kathode sind Elektroden.**

Ionen im elektrischen Feld

V2 In ein U-Rohr schiebt man Glaswolle, wie es B 2 zeigt. Dann wird eine Lösung von Zinkiodid eingefüllt und mit einer Gleichstromquelle (ca. 10 Volt) verbunden. Beobachte, was beim Einschalten des Stroms geschieht!
Anmerkung: Eine Zinkiodidlösung erhält man durch Einbringen von Zinkpulver (Überschuss) und Iodpulver in Wasser. Nach Abklingen der Reaktion wird filtriert.

V3 Gib zu einer Zinkiodidlösung in einem Reagenzglas ein Kriställchen Iod! Beobachte!

Die chemischen Vorgänge an den Elektroden. Was mit den Ionen geschieht, wenn sie die Elektroden erreicht haben, soll uns V 2 zeigen: Kohleelektroden tauchen in eine wässrige Lösung von Zinkiodid (ZnI_2). Nach Einschalten des Gleichstroms scheiden sich an der Kathode graue Nadeln ab. An der Anode entstehen braune Schwaden, die allmählich herabsinken.

Wie lassen sich diese Vorgänge deuten? Wir beginnen mit dem Auflösen des Zinkiodids in Wasser:

$$\underset{\text{Zinkiodid}}{ZnI_2} \xrightarrow{H_2O} \underset{\text{Zink-Ion}}{Zn^{2+}} + \underset{\text{Iodid-Ionen}}{2\,I^-}$$

Die Ionen des Salzes Zinkiodid werden in Wasser frei beweglich. Im elektrischen Feld wandern nun die positiv geladenen Zink-Ionen an die Kathode. Sie nehmen dort Elektronen auf und werden zu ungeladenen Zinkatomen. Diese lagern sich zusammen und überziehen die Kathode als eine graue Masse.

Kathode: $$\underset{\text{Zink-Ion}}{Zn^{2+}} + 2\,e^- \longrightarrow \underset{\text{Zinkatom}}{Zn}$$

Die negativen Iodid-Ionen wandern an die Anode. Sie geben dort Elektronen ab und werden zu ungeladenen Iodatomen. Je zwei Iodatome verbinden sich sofort zu Iodmolekülen. An der Anode entsteht Iod, welches in der Lösung braune Schwaden bildet.

Anode: $$\underset{\text{Iodid-Ionen}}{2\,I^-} \longrightarrow \underset{\text{Iodatome}}{2\,I} + 2\,e^-$$

$$2\,I \longrightarrow \underset{\text{Iodmoleküle}}{I_2}$$

Unter der Wirkung des Gleichstroms ist die Verbindung Zinkiodid in die Elemente Zink und Iod zersetzt worden, die Ionen wurden entladen. Es hat eine **Elektrolyse** stattgefunden.

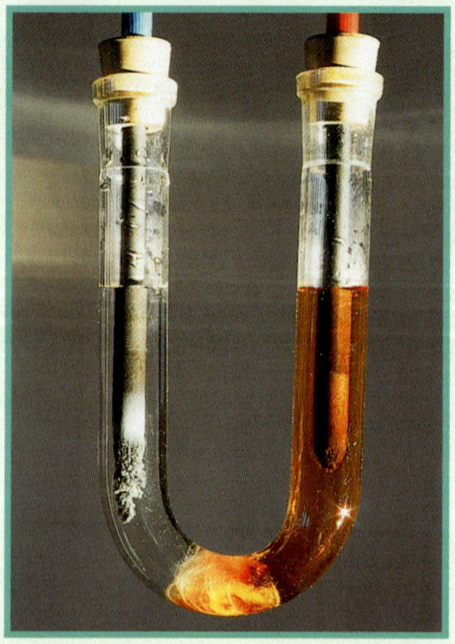

2 Nach Einschalten des Stroms entstehen an der einen Elektrode braune Schwaden von Iod, an der anderen wird Zink gebildet. Das Bild zeigt die Elektrolyse einer Lösung von Zinkiodid nach V 2. Überlege die Bedeutung der Glaswolle im U-Rohr.

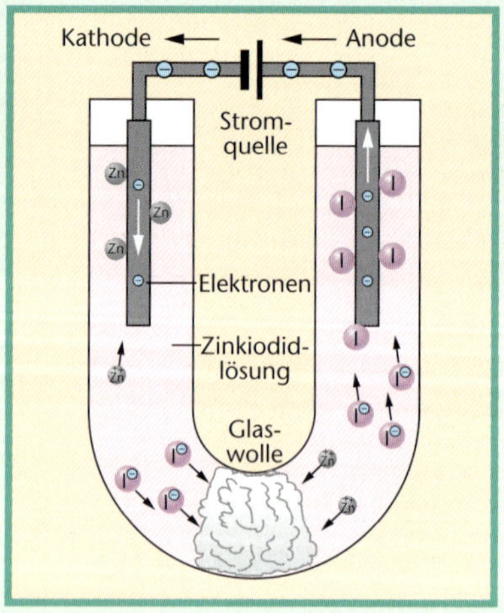

3 Schema der Ionenwanderung und Entladung der Ionen einer Zinkiodidlösung.

Die Zersetzung einer Verbindung durch den elektrischen Strom nennt man Elektrolyse.
Flüssigkeiten, welche den elektrischen Strom leiten, bezeichnet man als Elektrolyte.
Der Gesamtvorgang der Elektrolyse von Zinkiodid ist damit so zu formulieren:

$$\underbrace{\underset{\text{Zink-Ion}}{Zn^{2+}} + \underset{\text{Iodid-Ionen}}{2\,I^-}}_{\text{Zinkiodid}} \xrightarrow{\text{Gleichstrom}} \underset{\text{Zink}}{Zn} + \underset{\text{Iod}}{I_2}$$

Auch andere Elektrolyte können durch den elektrischen Strom zersetzt werden. Voraussetzung ist, dass diese Verbindungen gelöst oder geschmolzen sind. Die frei beweglichen Ionen können zu den Elektroden wandern und werden dort entladen, wie das Beispiel zeigt:

Schmelzen von Bleichlorid:

$$PbCl_2 \xrightarrow{\text{Energie}} Pb^{2+} + 2\,Cl^-$$

Vorgänge an den Elektroden:

Kathode: $Pb^{2+} + 2\,e^- \longrightarrow Pb$

Anode: $2\,Cl^- \longrightarrow Cl_2 + 2\,e^-$

Gesamtvorgang:

$$Pb^{2+} + 2\,Cl^- \longrightarrow Pb + Cl_2$$

A1 Definiere die Begriffe Kathode, Kation, Anode, Anion, Elektrode, Elektrolyt, Elektrolyse, Ion!

A2 Wende dein Wissen an! Formuliere die Vorgänge an Kathode und Anode bei der Elektrolyse von geschmolzenem Aluminiumoxid (Al_2O_3)! Denke dir Aluminiumoxid aus Ionen aufgebaut!

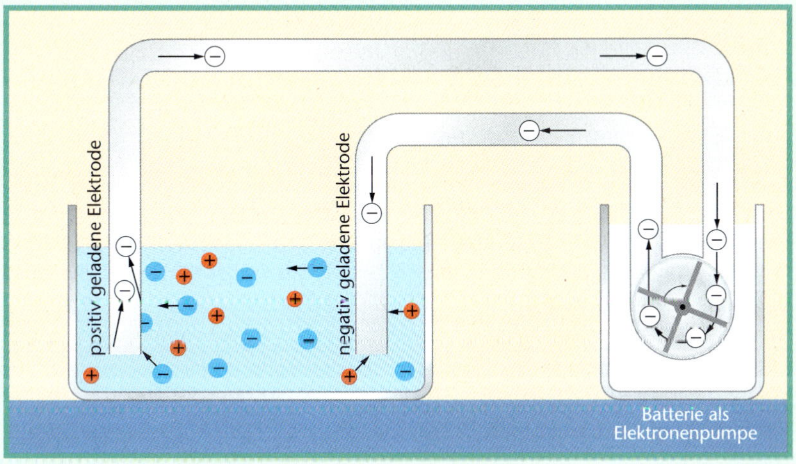

4 Modellvorstellung: Bei geschlossenem Stromkreis fließen die Elektronen wie durch eine Röhre. Die negativ geladenen Ionen geben ihre zusätzlichen Elektronen an die positive Elektrode ab; die positiv geladenen Ionen erhalten Elektronen von der negativ geladenen Elektrode. Die Spannungsquelle kann man sich als Elektronenpumpe vorstellen (nach Pauling).

**Bei der Elektrolyse werden Ionen durch den elektrischen Strom entladen.
An der Kathode nehmen die positiv geladenen Ionen Elektronen auf, an der Anode geben die negativ geladenen Ionen Elektronen ab.**

* 47 Eine glänzende Idee
Elektrolysevorgänge in der Technik

A1 Formuliere die Vorgänge, die sich bei der Elektrolyse einer Natriumchlorid-Schmelze an den Elektroden abspielen!

A2 Überlege, warum Wasserstoff als besonders umweltfreundlicher Energieträger gilt!

A3 In den Wintermonaten, wenn bei uns die meiste Energie benötigt wird, steht uns die Sonnenenergie am wenigsten zur Verfügung. Inwiefern bietet uns hier die Gewinnung von „Solar-Wasserstoff" einen Ausweg?

Elektrolytische Zerlegung von Verbindungen. In V2, S. 118 haben wir Zinkiodid in die Elemente Zink und Iod zerlegt. In der Technik wendet man das gleiche Prinzip an um wichtige Stoffe aus geeigneten Elektrolyten zu gewinnen. So liefert die Zerlegung von Kochsalz durch den elektrischen Strom Natrium oder Natronlauge (je nach Verfahren) und Chlor. Vor allem das Chlor hat sich in den vergangenen Jahren zu einer Schlüsselsubstanz in der chemischen Industrie entwickelt. Mehrere Millionen Tonnen dieses aggressiven grünen Gases werden jährlich allein in Deutschland gewonnen und zu verschiedenen Produkten weiterverarbeitet. Die Abscheidung des Chlors erfolgt an der Anode:

$$2\,Cl^- \longrightarrow Cl_2 + 2\,e^-$$

Auch eines der wichtigsten Werkmetalle, unentbehrlich vor allem bei Gewicht sparenden Konstruktionen im Fahrzeugbau, wird durch Elektrolyse hergestellt – das **Aluminium**. Wegen des sehr hohen Energieaufwands ist ein preisgünstiges Stromangebot ein entscheidender Standortfaktor der Aluminium erzeugenden Industrie.

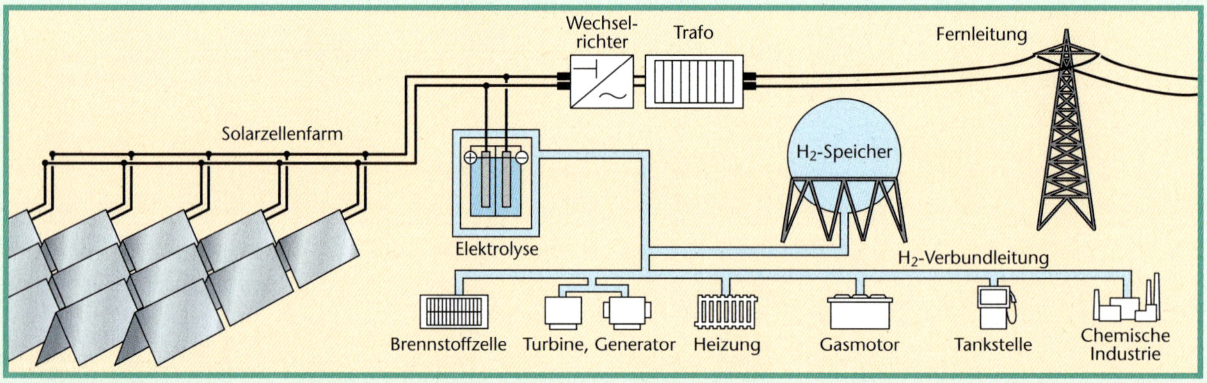

1 Energieerzeugung aus Solarwasserstoff

Altbekannt und doch eine Zukunftstechnologie? Die Rede ist von der Elektrolyse des Wassers. Wie wir schon gesehen haben (V1, S. 28), gelingt die Zerlegung des Wassers in Wasserstoff und Sauerstoff problemlos:

$$2\,H_2O + \textbf{Energie} \longrightarrow 2\,H_2 + O_2$$

Auf diese Weise kann man aus dem unbegrenzt zur Verfügung stehenden Wasser den begehrten und umweltfreundlichen Energieträger Wasserstoff gewinnen. Das Verfahren hat jedoch einen großen Nachteil: Die elektrolytische Zersetzung des Wassers erfordert einen hohen Aufwand an elektrischer Energie und diese ist teuer. Eine Wende zeichnet sich ab, seitdem immer bessere und billigere **Solarzellen** entwickelt werden, die die (kostenlose!) Sonnenenergie in Gleichstrom umwandeln.

Noch ist man von einer Rentabilität weit entfernt, aber die Aussichten sind so vielversprechend, dass auf der ganzen Welt mit beträchtlichem Aufwand auf diesem Gebiet geforscht und entwickelt wird. Man könnte sich allmählich aus der Abhängigkeit vom unweigerlich zu Ende gehenden Erdöl und seiner Produkte (z. B. Benzin) lösen. Gleichzeitig würde die Umwelt entscheidend entlastet, denn als Verbrennungsprodukt des Wasserstoffs kommt reines Wasser aus dem Auspuff! Schon fahren die ersten Versuchsautos verschiedener Firmen und bewähren sich im Alltagsbetrieb. Ein bisher nicht befriedigend gelöstes Problem stellt dabei die Speicherung des Wasserstoffs dar.

Verschönern und Schützen durch Galvanisieren. Bei der Elektrolyse werden Metalle aus ihren Salzlösungen abgeschieden. Wenn man nun z. B. Gegenstände aus unedlen Metallen als Kathode in die Salzlösungen hängt, werden die in der Lösung enthaltenen Metall-Ionen (z. B. Gold-Ionen) an der Kathode entladen. Sie setzen sich als Metallatome ab und bilden einen dünnen Überzug. Auf diese Weise kann man Gegenstände vergolden, verkupfern, verchromen, vernickeln usw. Beispiel:

Kathode: $Au^{3+} + 3\,e^- \longrightarrow Au$

Dadurch kann man Gegenstände nicht nur verschönern (z. B. Vergolden von Schmuckstücken), sondern sie auch mit einer schützenden Schicht versehen, wie es z. B. beim Verchromen oder Vernickeln von Eisengegenständen geschieht.
Auch nicht leitende Stücke, z. B. Gipsformen oder Pflanzenteile, kann man elektrolytisch mit einem Metallüberzug versehen, wenn man sie vor dem **Galvanisieren** elektrisch leitend macht, z. B. mit Grafit.

V1 Als „Galvanisierbad" dient folgende Lösung: 100 cm³ dest. Wasser, 15–30 g Nickelsulfat, ca. 2 g Borsäure, 2 g Ammoniumchlorid, 2 g Natriumsulfat. In diese Lösung wird als Kathode ein blankes Kupferblech gehängt und einige Minuten eine Gleichspannung von ca. 2–3 Volt angelegt.

A4 Du möchtest einen kupfernen Ring versilbern. Was benötigst du als Elektolyten? An welche Elektrode wird der Ring angeschlossen? Fertige eine Versuchsskizze!

2 Links: Galvanisch vergoldetes Blatt

3 Rechts: Motorrad mit verchromten Teilen („chromblitzendes" Motorrad).

Durch Zersetzung von Verbindungen mittels des elektrischen Stroms (Elektrolyse) lassen sich wichtige Elemente und Verbindungen herstellen.
Beim Galvanisieren werden Gegenstände auf elektrolytischem Wege mit einer Metallschicht überzogen.

Alles im Griff ?

1. Prüfe, wer sich bindet!

Ordne den Stoffen die Bindungstypen ***Atombindung*** und ***Ionenbindung*** zu!

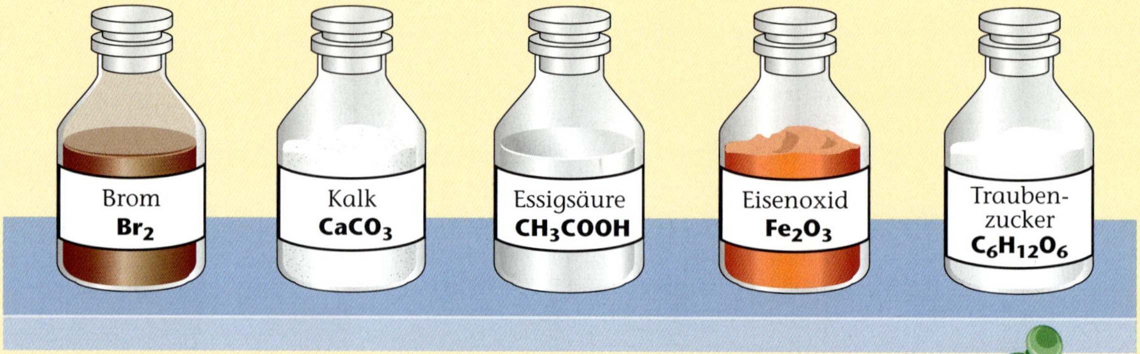

2. Ähnlich und doch nicht ähnlich?

In dieser Tabelle werden drei Gase verglichen. Es liegt in jedem Fall eine Atombindung vor. Und doch weisen die Moleküle einen großen Unterschied in ihren Bindungen auf! Finde diesen heraus, indem du die Lücken ergänzt.

Molekül mit	Summenformel	Strichformel	Name
einem gemeinsamen Elektronenpaar **Einfach**bindung	?	?	?
??? gemeinsamen Elektronenpaaren **Doppel**bindung	O_2	?	?
drei gemeinsamen Elektronenpaaren **???** bindung	?	?	?

3. Übung macht den Meister!

Formuliere die Reaktionsgleichungen zur Synthese folgender Verbindungen. Achte darauf, ob es sich um eine Atombindung oder um eine Ionenbindung handelt.

Cl_2O Mg_3N_2

Na_2S NH_3

CaO HI

CCl_4 KI

Al_2O_3

4. So entsteht eine Ionenverbindung.

Formuliere die richtige Aussage!

Protonen

Nichtmetallatome | geben | Außenelektronen | auf.

Metallatome | nehmen | alle Elektronen | ab.

Neutronen

Dadurch entstehen | positive / negative / neutrale | Ionen. / Atome. / Moleküle.

5. Aus Fehlern lernt man!

Der Schüler Fittig erklärt seinem Freund Stutzig. Er hat fünf Fehler in die Zeichnung eingebaut, die Stutzig finden soll.

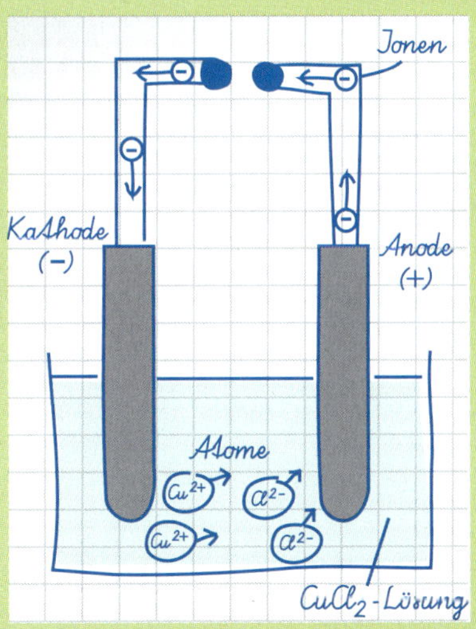

6. Nicht jedes Salz ist Kochsalz.

In folgendem Foto findest du eine kleine Auswahl aus der Vielfalt der Salze.

Häufig vorkommende Ionen, die du noch nicht kennst:

Nitrat-Ionen **NO_3^-**

Carbonat-Ionen **CO_3^{2-}**

Ammonium-Ionen **NH_4^+**

Sulfat-Ionen **SO_4^{2-}**

a) Fülle die sechs Salze jeweils in die richtige Flasche zurück!

b) Auf den Flaschen der vier Salze soll die Summenformel angegeben werden! Kannst du helfen?

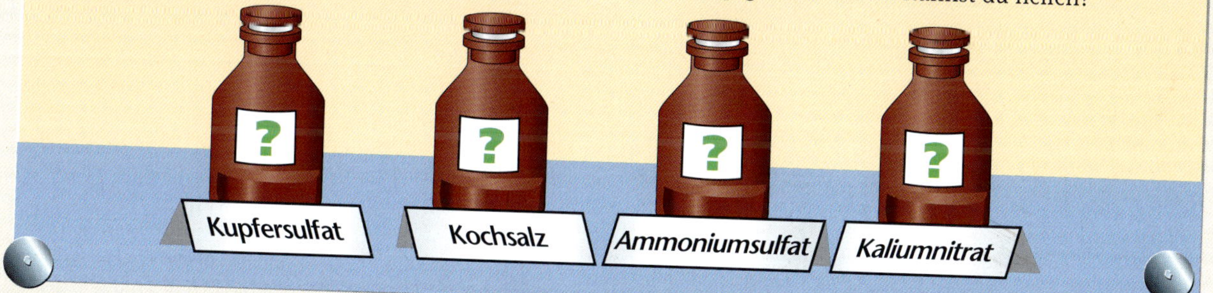

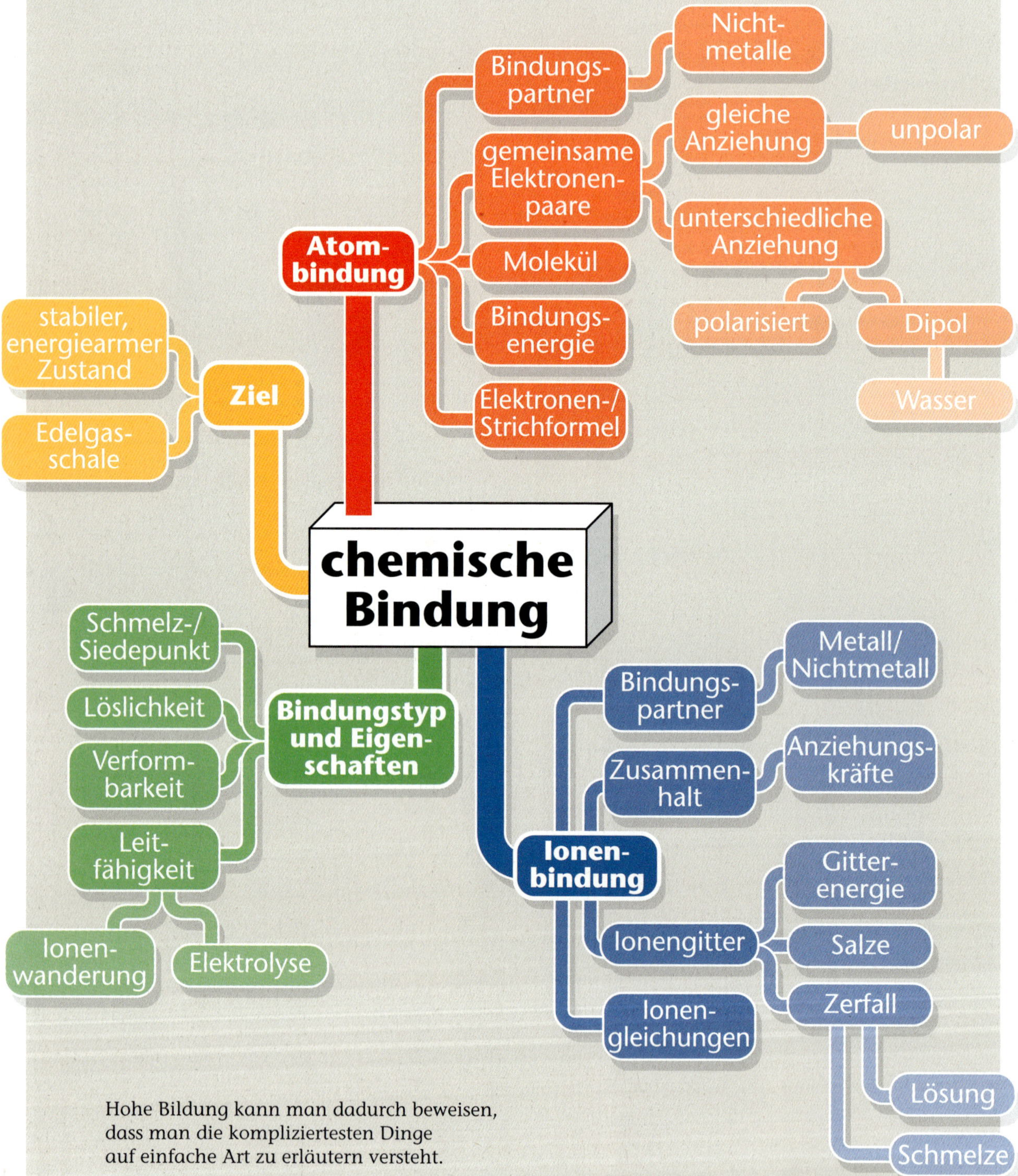

Hohe Bildung kann man dadurch beweisen,
dass man die kompliziertesten Dinge
auf einfache Art zu erläutern versteht.

George Bernhard Shaw

VIII. Redoxreaktionen

*48 Elektronen unterwegs Oxidationsvorgänge

1 Aluminium reagiert mit Brom unter Feuererscheinung.

Interessante Experimentalbefunde. Wasserstoff verbrennt nicht nur an der Luft, also in Anwesenheit von Sauerstoff (s. S. 68), sondern auch in einer Chloratmosphäre. Ähnliches können wir auch bei den Metallen feststellen. Wie mit Natrium (s. S. 109) reagiert das **Chlor** auch mit anderen **Metallen**.

Die Reaktionen zwischen Chlor und Metallen verlaufen stark exotherm – z. T. unter Flammenerscheinung bzw. unter Aufglühen. Als Reaktionsprodukte entstehen die entsprechenden **Chloride**, im Allgemeinen Salze.

$$\underset{\text{Eisen}}{2\,Fe} + \underset{\text{Chlor}}{3\,Cl_2} \longrightarrow \underset{\text{Eisenchlorid}}{2\,FeCl_3} + \mathit{400\,kJ}$$

$$\underset{\text{Kupfer}}{Cu} + \underset{\text{Chlor}}{Cl_2} \longrightarrow \underset{\text{Kupferchlorid}}{CuCl_2} + \mathit{206\,kJ}$$

Auch mit den Elementen Brom und Schwefel reagieren Metalle unter Feuererscheinung. Als Reaktionsprodukte entstehen salzartige Verbindungen.
Das Beispiel des Magnesiums zeigt uns, dass übereinstimmende Experimentalbefunde auf eine gemeinsame Grundlage zurückgeführt werden können. Magnesium kann sowohl in Sauerstoff als auch in Chlor „verbrannt" werden.

Experimentalbefund:

Mg

verbrennt in Sauerstoff → MgO

verbrennt in Chlorgas → $MgCl_2$

Oxidationsvorgang:

$$\underset{\text{Magnesium-atom}}{\mathbf{Mg}} \longrightarrow \underset{\text{Magnesium-Ion}}{\mathbf{Mg^{2+}}} + \mathbf{2\,e^-}$$

Elektronenübergänge bei chemischen Reaktionen. In Kap. 41 haben wir erkannt, dass es bei der Reaktion zwischen dem Metall Natrium und dem Nichtmetall Chlor zu Elektronenübergängen kommt. Gilt dies auch für die Bildung von Magnesiumchlorid bzw. Magnesiumoxid? Auch hier handelt es sich um Reaktionen zwischen einem Metall und einem Nichtmetall (Chlor, Sauerstoff). Zur Veranschaulichung sind die Vorgänge im atomaren Bereich in B 2 modellhaft dargestellt.

Sowohl bei der Reaktion von Magnesium mit Sauerstoff als auch bei der Reaktion mit Chlor entstehen zweifach positiv geladene Mg^{2+}-Ionen. Diese Übereinstimmung im atomaren Bereich wurde zur Grundlage für einen neuen **Oxidationsbegriff**, der weit über die auf Seite 56 eingeführte Definition hinausgeht (Oxidation = Vereinigung mit Sauerstoff).

Unter Oxidation versteht man eine Elektronenabgabe. Oxidationsmittel nehmen Elektronen auf.

Übereinstimmendes lässt sich aber auch an den entstandenen **Chlorid- und Oxid-Ionen** erkennen: Sie **entstehen** aus den entsprechenden Atomen **durch Aufnahme von Elektronen**.

Das Oxid-Ion ist zweifach negativ, das Chlorid-Ion hingegen ist nur einfach negativ geladen. Während Mg-Atome bei der Reak-

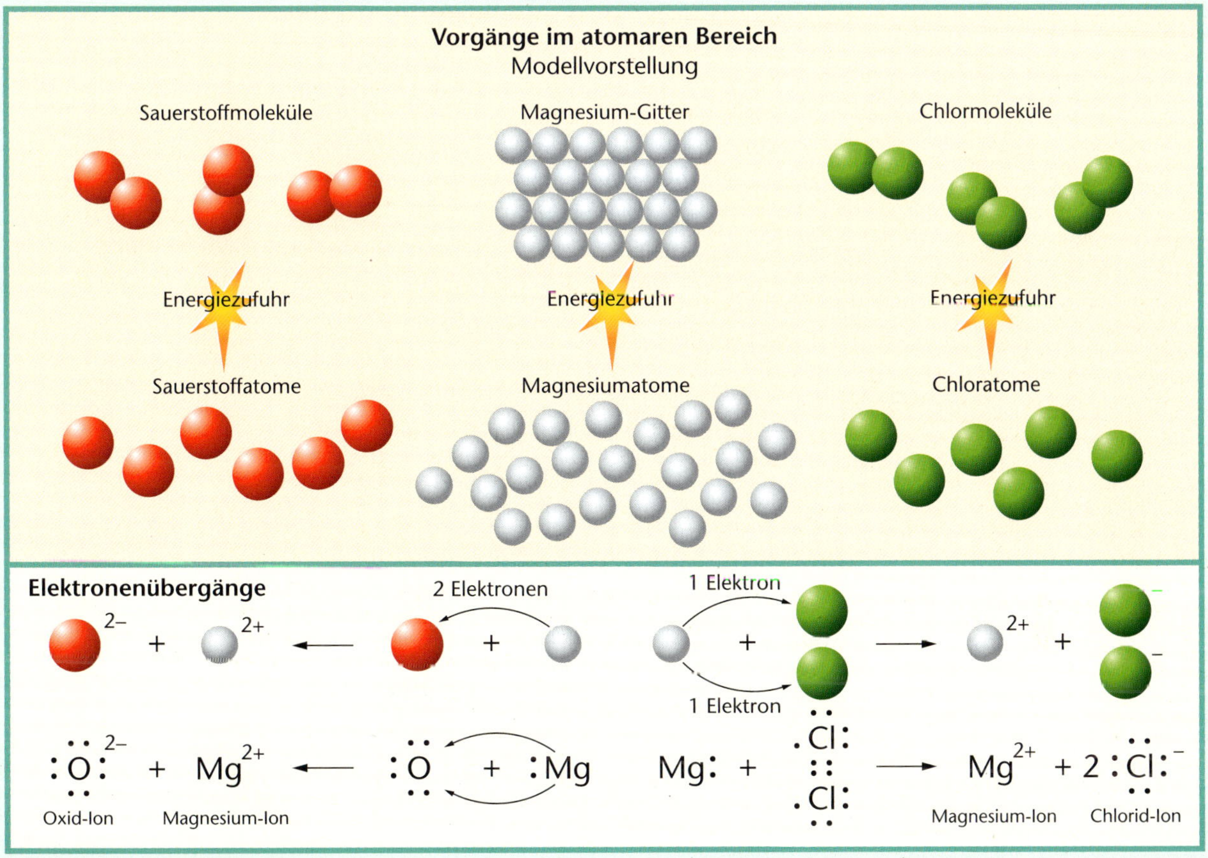

2 Experimentalbefunde und ihre Deutung – Elektronenübergänge zwischen Metall und Nichtmetall

tion Elektronen abgeben, nehmen die Sauerstoff- und Chloratome Elektronen auf. Damit kann auch der **Reduktionsbegriff** als Gegensatz zum Oxidationsbegriff neu gefasst werden.

Unter Reduktion versteht man die Aufnahme von Elektronen. Reduktionsmittel geben Elektronen ab.

Diese Neufassung der Begriffe Oxidation und Reduktion macht deutlich, dass es keine Oxidation ohne Reduktion geben kann (s. S. 71). Oxidation und Reduktion sind Teilreaktionen eines grundlegenden chemischen Reaktionstyps, der **Redoxreaktion**.

Reduktionsvorgänge:

$Cl + e^- \longrightarrow Cl^-$

Chloratom → Chlorid-Ion

$O + 2e^- \longrightarrow O^{2-}$

Sauerstoffatom → Sauerstoff-Ion

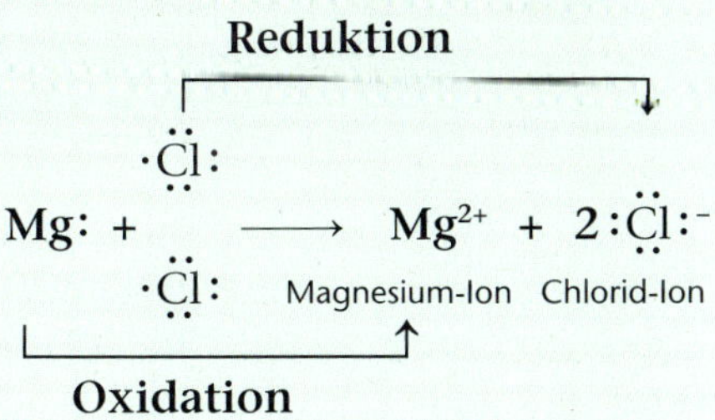

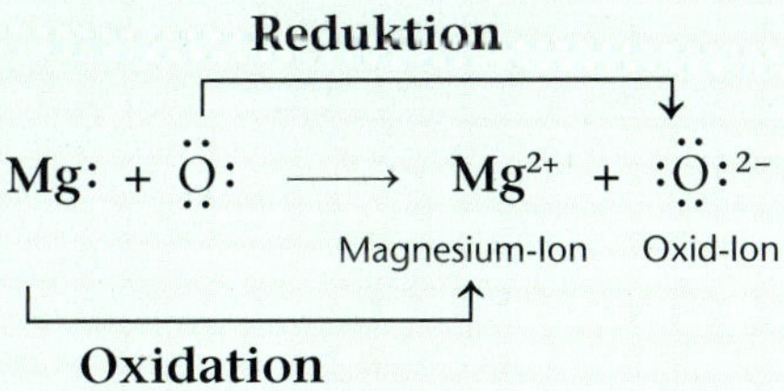

*49 Eine wichtige Anwendung Redoxreaktionen im Alltag

V1 Abscheidung von Kupfer aus einer Salzlösung. Taucht man Zinkblech in eine Kupfersulfatlösung, so scheidet sich metallisches Kupfer ab. Nach einiger Zeit ist die blaue Lösung entfärbt. Dampft man diese Lösung ein, so erhält man ein farbloses Salz (Zinksulfat).

V2 Tauche einen abgeschmirgelten Eisennagel in eine Kupfersulfatlösung! Beobachtung?

Metallkorrosion und Batterie. Techniker wissen vom Umgang mit Metallen, dass in feuchter Umgebung niemals verschiedene Metalle Kontakt haben dürfen. So würden Eisennägel in Kontakt mit Kupferblech rasch verrosten, das Kupfer hingegen bliebe unbeschädigt. Auch Nieten aus Zink würden auf diese Weise zerstört. Man spricht von **Korrosion**. Wie sind diese Vorgänge zu erklären? Hierzu geben uns die Versuche wichtige Hinweise.
Zwischen Zink und Kupfersulfat-Lösung kommt es zu einer chemischen Reaktion. Es entstehen Kupfer und eine Zinksulfat-Lösung.

Zink + Kupfersulfat-Lösung ⟶ **Kupfer + Zinksulfat-Lösung**
(Kupfersulfat-Lösung: blaue Lösung; Zinksulfat-Lösung: farblose Lösung)

In Ionenschreibweise lautet die chemische Gleichung wie folgt:

$$Zn + Cu^{2+} + SO_4^{2-} \longrightarrow Cu + Zn^{2+} + SO_4^{2-}$$

Da die Sulfat-Ionen an dieser Reaktion nicht beteiligt sind, ergibt sich folgende Vereinfachung:

$$Zn + Cu^{2+} \longrightarrow Cu + Zn^{2+}$$

Oxidation: $Zn \longrightarrow Zn^{2+} + 2e^-$

Reduktion: $Cu^{2+} + 2e^- \longrightarrow Cu$

Diese Schreibweise macht deutlich, dass es **zwischen Zink und Kupfer-Ionen** zu einem Elektronenübergang kommt: Es handelt sich um eine **Redoxreaktion**.

1 Zink überzieht sich in einer Kupfersulfatlösung mit Kupfer. Kupfer überzieht sich in einer Silbernitratlösung mit Silber.

Diese Redoxreaktion zeigt auch, dass ein metallischer Werkstoff mit einer Schutzschicht aus einem anderen Metall überzogen werden kann (B 1): **Galvanisieren** (s. S. 121).

Eine weitere wichtige Redoxreaktion mit Zink ist das Prinzip der **Taschenlampenbatterie** (1,5 Volt-Zelle). Wenn die Batterie Strom liefert, wird der Zinkmantel (B 2) oxidiert, d. h., Elektronen werden abgegeben. Dabei löst sich das Zink auf. Die Elektronen werden im Stromkreis geführt, d. h., es fließt ein Gleichstrom, den man nutzen kann. Bei dieser Redoxreaktion steht nicht der Stoffumsatz, sondern die Energie im Vordergrund: Gespeicherte **chemische** Energie wird in **elektrische** Energie umgewandelt.

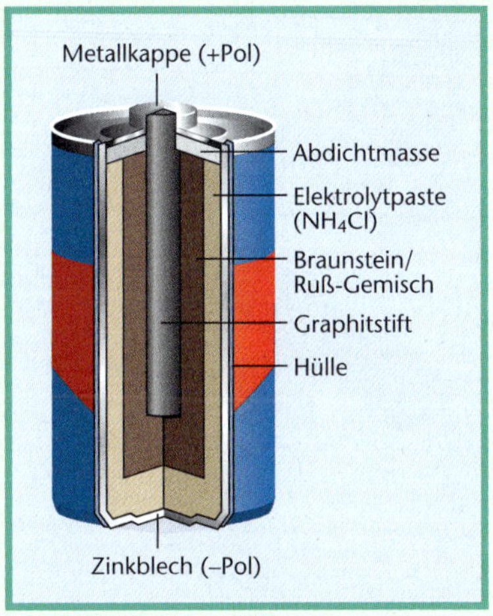

2 Schema einer Batterie: Zink gibt Elektronen ab, die vom Braunstein (MnO_2) aufgenommen werden.

Vom Streichholz zum Feuerwerk. Nicht immer lassen sich die Elektronenvorgänge bei Redoxreaktionen so klar erkennen wie es bei den elektrochemischen Reaktionen der Fall ist. Manchmal lässt sich auch die Vorstellung von der Sauerstoffübertragung anwenden. Das Entzünden eines Streichholzes beruht auf einer solchen Redoxreaktion.

Auf der Reibfläche der Streichholzschachtel befindet sich ein Gemisch aus einer oxidierend wirkenden Substanz (Oxidationsmittel) und rotem Phosphor (B 3). Durch die Reibungswärme wird die exotherme Reaktion eingeleitet und der sich entzündende Phosphor überträgt die Flamme auf das Streichholzköpfchen.

Das Farbenspiel eines **Feuerwerkes** bringt uns immer wieder zum Staunen (B 4). Aus chemischer Sicht sind auch hier Redoxvorgänge beteiligt, sowohl beim Treibsatz der Rakete als auch beim Zustandekommen der Licht- und Farbeffekte.

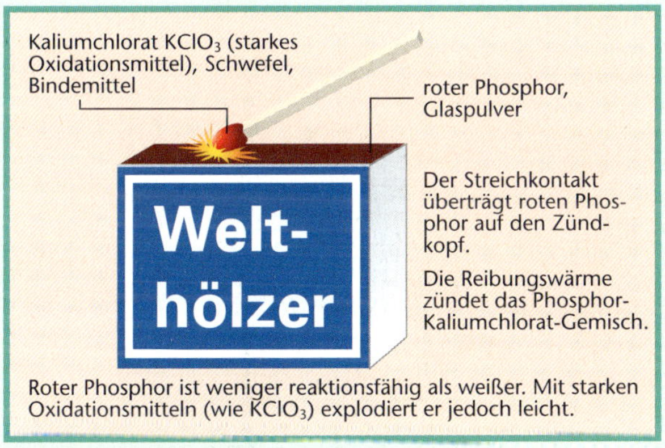

3 Streichholz-Zündung

4 Feuerwerk

Bleichen, ebenfalls ein Redoxvorgang. Sicher kennst du die werbewirksamen Aufschriften auf Papierprodukten „chlorfrei gebleicht". Feuchtes Chlor war lange Zeit das wichtigste **Bleichmittel**. Es wirkt stark **oxidierend**. Heute werden umweltfreundlichere Bleichverfahren benutzt. Sie beruhen meist auf der Wirkung von **Wasserstoffperoxid** (H_2O_2) oder ähnlicher chemischer Verbindungen (z. B. Perborate in Waschmitteln). Mit der Bleichwirkung ist vielfach eine desinfizierende Wirkung gekoppelt. Das kennen wir von bestimmten Haushaltsreinigern. Vorsicht, sie wirken nicht nur oxidierend, sondern meist auch stark alkalisch!

* 50 Vorsicht – reaktiv! Alkalimetalle

1 Die drei wichtigsten Alkalimetalle

V1 Ausgeglühte Magnesiastäbchen (oder Platindraht) werden in verschiedene Natriumsalze gebracht und in die nicht leuchtende Gasflamme gehalten: Flammenprobe. Mit Lithium-, Kalium-, Rubidium- und Caesiumsalzen wiederholen! (B 2)

V2 **Schutzbrille! Mit kleinen Mengen arbeiten!** In eine mit Wasser halb gefüllte runde Glaswanne gibt man zur Herabsetzung der Oberflächenspannung einige Tropfen Spülmittel und ein entrindetes und trockenes erbsengroßes Stück Natrium. Die Wanne wird mit einer Glasplatte abgedeckt. Nach Beendigung der Reaktion einige Tropfen Phenolphthaleinlösung zugeben. Beobachtung?

V3 **Schutzbrille! Mit kleinen Mengen arbeiten!** V 2 wird mit der gleichen Menge Lithium wiederholt. Vorsicht!

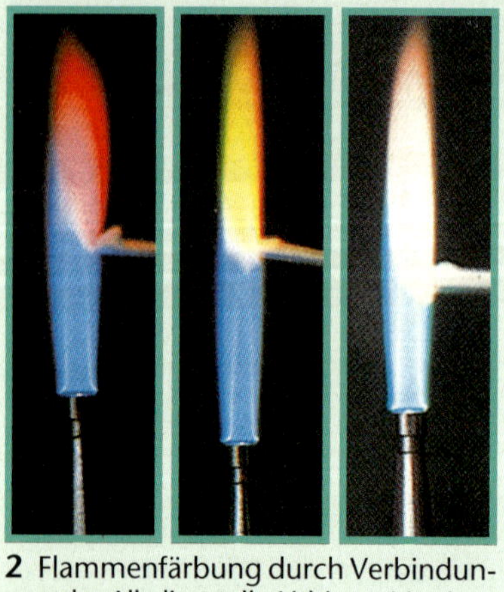

2 Flammenfärbung durch Verbindungen der Alkalimetalle Lithium, Natrium und Kalium (von links nach rechts)

Metalle geben bevorzugt Elektronen ab. Etwa drei Viertel aller Elemente gehören zu den Metallen. Sie zeichnen sich durch gemeinsame Eigenschaften aus, wie hohe elektrische und thermische Leitfähigkeit, metallischer Glanz und leichte Verformbarkeit. In chemischen Reaktionen sind sie bestrebt, ihre Außenelektronen abzugeben. Damit sind Metalle wirksame Reduktionsmittel. Doch die Fähigkeit zur Elektronenabgabe ist recht unterschiedlich ausgeprägt.

Alkalimetalle sind sehr reaktionsfreudig. Die Elemente der ersten Hauptgruppe im PSE heißen Alkalimetalle. Die Atome dieser Elemente besitzen jeweils nur ein Außenelektron. In chemischen Reaktionen sind sie bestrebt, dieses Elektron an einen Reaktionspartner abzugeben. Dadurch werden sie zu einfach positiv geladenen Ionen mit Edelgas-Konfiguration (s. S. 109). Die reduzierende Wirkung von Natrium wird z. B. bei der Herstellung des „High-Tech"-Werkstoffs Titan (Raumfahrt!) aus Titanchlorid ($TiCl_4$) genutzt.
Diese hohe Reaktionsfähigkeit der Alkalimetalle erklärt auch, warum sie in der Natur nicht elementar, sondern in Salzverbindungen (arabisch „alqali") vorkommen. Im Labor müssen die reinen Alkalimetalle luft- und wassergeschützt unter Petroleum oder Paraffinöl aufbewahrt werden, denn an der Luft überziehen sie sich mit weißgrauen Belägen. Bei diesen Veränderungen laufen eine Reihe von Redoxvorgängen ab, z. B.:

$$4\,Na + O_2 \longrightarrow 2\,Na_2O + \textit{Energie}$$

Oxidation: $2\,Na\cdot \longrightarrow 2\,Na^+ + 2\,e^-$

Reduktion: $:\ddot{\underset{..}{O}} + 2\,e^- \longrightarrow O^{2-}$

Mit Wasser bilden die Alkalimetalle über Redoxvorgänge die entsprechenden Hydroxidlösungen (= Laugen), z. B.

$$2\,Na + 2\,H_2O \longrightarrow \underbrace{2\,Na^+ + 2\,OH^-}_{\text{Natriumhydroxid-Lösung = „Natronlauge"}} + H_2\uparrow + \textit{Energie}$$

Die Alkalimetalle – eine Elementfamilie. Die Übereinstimmung im Atombau erklärt auch das übereinstimmende physikalische und chemische Verhalten der Alkalimetalle. Sie gehören alle zur Gruppe der Leichtmetalle, sind wachsweich und sehr reaktionsfreudig. Alkalimetalle und ihre Salze verleihen der nicht leuchtenden Flamme des Gasbrenners charakteristische Farben. Diese Eigenschaft erlaubt den Nachweis dieser Metalle bei chemischen Untersuchungen.

Vergleich der Eigenschaften von Alkalimetallen							
Alkalimetall	rel. Atommasse	Atomradius (pm)	Dichte (g/cm^3)	Schmp. (°C)	Sdp. (°C)	Flammenfarbe	Reaktionsfähigkeit
Li	7	122	0,5	179	1336	karminrot	↓
Na	23	157	0,9	97	883	gelb	
K	39	202	0,8	63	757	violett	nimmt zu
Rb	85	216	1,5	39	700	dunkelrot	
Cs	133	235	1,8	28	670	blau	↓

Francium (Fr) ist ein radioaktives, in der Natur selten vorkommendes, unbedeutendes Alkalimetall.

Abgestufte Eigenschaften innerhalb der Elementfamilie. Die Tabelle zeigt, dass eine Reihe physikalischer Eigenschaften und auch das chemische Verhalten der Alkalimetalle abgestuft sind. So nehmen die Dichten der Alkalimetalle von Lithium nach Cäsium zu, die Schmelz- und Siedepunkte dagegen ab. Dies lässt sich mit den zunehmenden Atommassen und -radien begründen. Die Reaktivität gegenüber Luft (Sauerstoff) und Wasser nimmt von oben nach unten in dieser Hauptgruppe zu. Mit größerem Abstand des Atomkerns zur Außenschale wird es immer leichter, das eine Außenelektron in chemischen Reaktionen abzugeben.

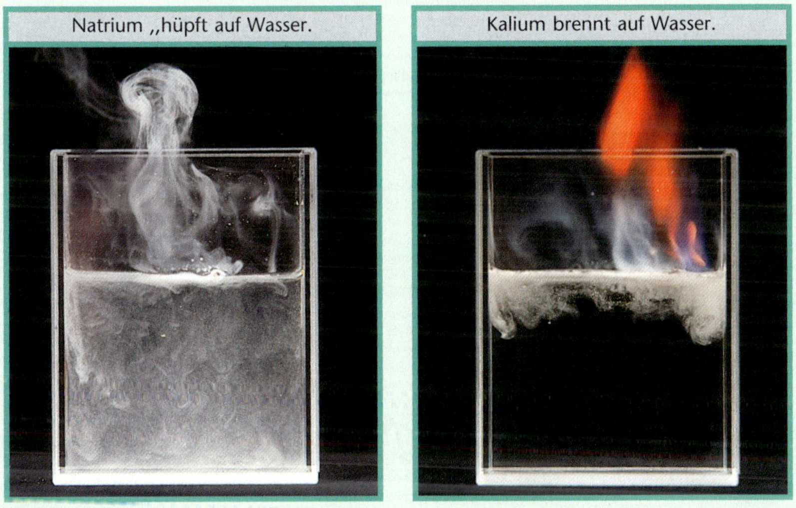

3 Verhalten von Natrium (links) und Kalium (rechts) gegenüber Wasser. Die frei werdende Reaktionswärme ist beim Kalium so groß, dass sich der entstehende Wasserstoff sofort entzündet!

Die erste Hauptgruppe nennt man Alkalimetalle. Innerhalb dieser Elementfamilie gibt es ähnliche, aber auch abgestufte Eigenschaften. So nimmt die Reaktionsfreudigkeit der Alkalimetalle von Lithium bis Cäsium hin zu. Alkalimetalle sind wirksame Reduktionsmittel.

A1 Erläutere, weshalb die Elemente der 1. Hauptgruppe in der Natur nicht elementar vorkommen!

A2 Erkläre am Beispiel des Natriums, warum Alkalimetalle unter Petroleum aufbewahrt werden!

A3 Titantetrachlorid ($TiCl_4$) reagiert mit Natrium zu Titan und Natriumchlorid. Wie lautet die Reaktionsgleichung?

A4 Warum besteht in Lagerräumen für Alkalimetalle im Brandfall Löschverbot mit Wasser?

V4 **Schutzbrille! Mit kleinen Mengen arbeiten!** Wasser mit Phenolphthaleinindikator wird mit Benzin überschichtet. Ein kleines Stück Natrium wird eingebracht. Wie lässt sich die beobachtete Farbänderung erklären (B 4)?

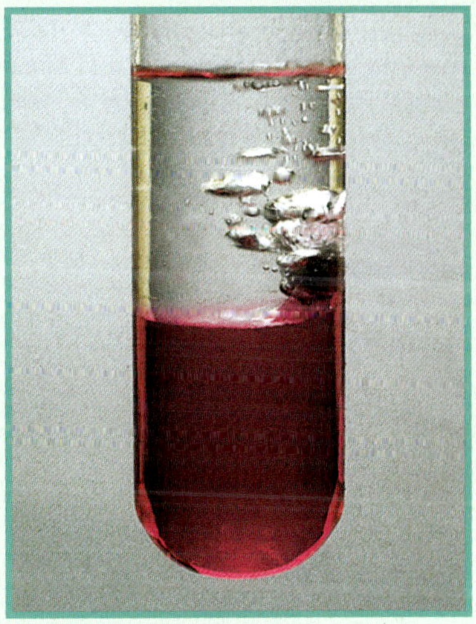

4 Reaktion zu V4

* 51 Eine aggressive Truppe
Halogene sind wirksame Oxidationsmittel.

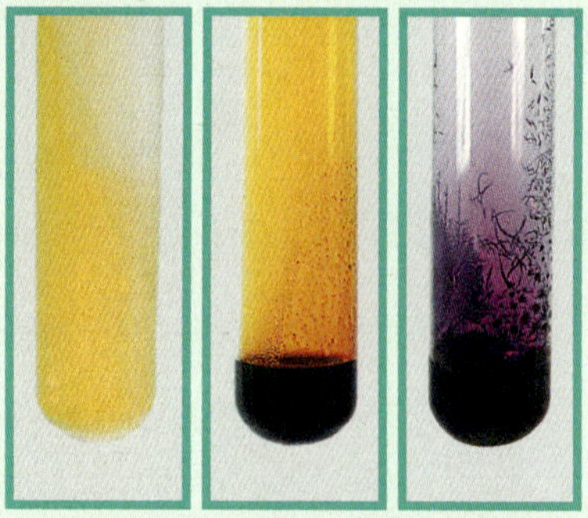

1 Die wichtigsten Halogene sind Chlor, Brom und Iod. Dabei ist Brom neben Quecksilber das einzige bei Normalbedingungen flüssige Element.

Halogene sind Nichtmetalle. Die Elemente Fluor, Chlor, Brom und Iod bilden die VII. Hauptgruppe im PSE, man nennt sie **Halogene**. Innerhalb einer Periode folgt auf das Halogen jeweils ein Edelgas, z. B. Neon auf Fluor. Wie bei den Alkalimetallen handelt es sich um sehr reaktionsfreudige Elemente. Im Gegensatz zu den Alkalimetallen (I. Hauptgruppe) besitzen die Halogenatome sieben Außenelektronen. Sie können daher durch Aufnahme eines Elektrons den stabileren Edelgaszustand erreichen. Dies ist z. B. der Fall, wenn zwei Chloratome ein Chlormolekül bilden (s. S. 105):

$$|\overline{\underline{Cl}}\cdot \;+\; \cdot\overline{\underline{Cl}}| \longrightarrow |\overline{\underline{Cl}}-\overline{\underline{Cl}}| \;+\; \textit{Energie}$$

Chloratome — Chlormolekül

Die Halogene Fluor und Chlor sind unter Normalbedingungen gasförmig, Brom (Flüssigkeit) und Iod (Feststoff) verdampfen leicht. Ihre Bausteine sind zweiatomige Moleküle (F_2, Cl_2, Br_2, I_2).

Vergleich der Eigenschaften von Halogenen

Halogen	rel. Atommasse	Atomradius (pm)	Schmp. (°C)	Sdp. (°C)	Zustand Aussehen	Farbe des Gases	Reaktionsfähigkeit
F	19	71	−219	−188	gasförmig	fast farblos	↑
Cl	35	99	−101	−35	gasförmig	gelbgrün	nimmt zu
Br	80	114	−7	59	flüssig dunkelbraun	rotbraun	
I	127	133	113	184	fest grauschwarz	violett	

Astat (At) ist ein radioaktives Halogen.

V1 **Versuch im Abzug durchführen!** Magnesium und Iod (Massenverhältnis ca. 1 : 10) werden vermischt, zu einem Kegel in einem weiten Becherglas angehäuft und mit einigen Tropfen Wasser zur Reaktion gebracht.

A1 Formuliere die Teilgleichungen der Natriumchloridbildung als Oxidations- bzw. Reduktionsgleichung!

V2 Ein Reagenzglas wird mit ca. 5 cm^3 Bromwasser gefüllt und mit einer Spatelspitze Magnesiumpulver vermischt. Nach dem Durchschütteln wird die Lösung filtriert und eingedampft.

Mit Metallen bilden Halogene Salze. Halogene sind sehr reaktionsfreudige Nichtmetalle, da ihnen zu den sieben Außenelektronen nur noch eines zu einer stabilen Außenschale fehlt. So kann man sich gut vorstellen, dass z. B. für das Chlor metallisches Natrium ein idealer Reaktionspartner ist: Natriumatome geben ihre Außenelektronen an die Chloratome ab, es entstehen stabile Ionen, die sich zu Ionengittern in Salzen ordnen. Daher tragen die Elemente der 7. Gruppe zu Recht den Namen Halogene (griechisch: Salzbildner). Die Salze der Halogene heißen Halogenide, z. B. Fluoride, Chloride usw. Halogenid-Ionen sind einfach negativ geladen, z. B. Br^-.

Beispiel: $Na\cdot \;+\; \cdot\overline{\underline{Cl}}| \longrightarrow Na^+Cl^- \;+\; \textit{Energie}$

Natriumchlorid

Bei diesem Reaktionstyp handelt sich um einen Redoxvorgang: Natriumatome geben Elektronen ab, sie werden oxidiert, Chloratome nehmen Elektronen auf, sie werden reduziert (s. Kap. 48).

I	II	III	IV	V	VI	VII	VIII
H							$_{2}$He
$_{3}$**Li**	Be	B	C	N	O	$_{9}$**F**	$_{10}$Ne
$_{11}$**Na**	Mg	Al	Si	P	S	$_{17}$**Cl**	$_{18}$Ar
$_{19}$**K**	Ca	Ga	Ge	As	Se	$_{35}$**Br**	$_{36}$Kr
$_{37}$**Rb**	Sr	In	Sn	Sb	Te	$_{53}$**I**	$_{54}$Xe
$_{55}$**Cs***	Ba	Tl	Pb	Bi	Po	$_{85}$**At***	$_{86}$Rn*
$_{87}$**Fr***							

* radioaktive Elemente

Alkalimetalle (I) folgen auf ein Edelgas, eine neue Periode beginnt. Nach den Halogenen (VII) folgt ein Edelgas, die Periode endet.

Die chemischen Eigenschaften der Halogene sind abgestuft. Innerhalb der Elementfamilie der Halogene nimmt die Bereitschaft, ein Elektron aufzunehmen, mit der Abnahme der Elektronenschalen zu. Somit ist Fluor das reaktionsfreudigste Halogen. Es reagiert sogar mit Wasser heftig. Die oxidierende Wirkung des Chlorgases wird in Schwimmbädern ausgenutzt, um das Wasser weitgehend keimfrei zu halten. Alle Halogene sind giftig. Die Giftigkeit nimmt vom Fluor zum Iod ab. Im Labor und in der chemischen Industrie sind sie wegen ihrer großen Reaktionsbereitschaft unverzichtbare Reaktionspartner.

A2 Formuliere den Redoxvorgang von V1!

A3 Welches Salz entsteht bei V 2? Gib auch die Summenformel und Ionenformel an!

2 Die Heftigkeit der Reaktion von Chlor, Brom und Iod mit Kupfer nimmt deutlich ab.

3 Halogenlampen enthalten wie normale Glühlampen Wolframdrähte mit hohem Schmelzpunkt, als Gasfüllung Krypton oder Neon, aber zusätzlich noch etwas Brom oder Iod.

Die Elemente der 7. Hauptgruppe (Halogene) sind typische Nichtmetalle. In der Natur kommen sie nur in Form ihrer Verbindungen (z. B. Salze) vor. Die Reaktionsfähigkeit nimmt von Fluor zu Iod hin deutlich ab.

* Alles im Griff ?

1. Alkalimetalle!

Alkalimetalle werden nicht an der Luft aufbewahrt. Begründe und formuliere die Reaktionsgleichung!

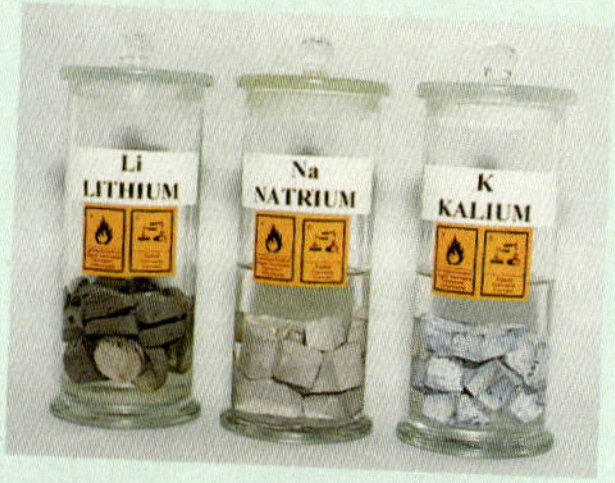

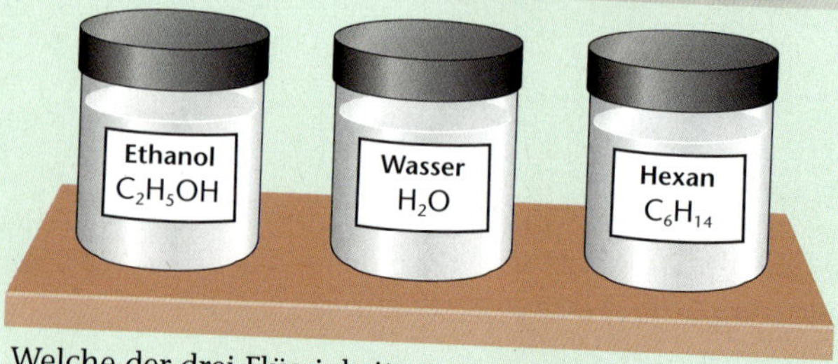

Welche der drei Flüssigkeiten würdest du zur Aufbewahrung vorschlagen? Begründe!

2. Probier's aus!

Bastle nach folgender Abbildung eine „Zitronenbatterie"! Welche Metalle könnte man an Stelle von Zink verwenden?

3. Beim Fotografen!

Die Schüler Stutzig und Fittig informieren sich über die Grundlagen der Schwarz-Weiß-Fotografie.

Filmmaterial:
Die lichtempfindliche Schicht enthält winzige Silberbromidkristalle Ag^+Br^-.

Belichten:
Der blaue Anteil des Sonnenlichts zerstört stellenweise den Silberbromidkristall. Dort entstehen winzige Silberkeime (Ag).

$$2\,Br^- \longrightarrow Br_2 + 2\,e^-$$
$$2\,Ag^+ + 2e^- \longrightarrow 2\,Ag$$

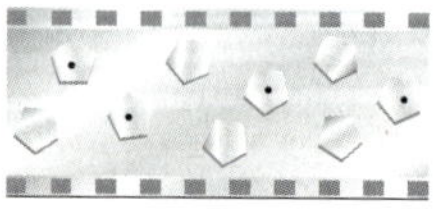

Entwickeln:
Eine Entwicklerlösung wandelt in allen Kristallen mit Silberkeimen die Silber-Ionen in elementares Silber um.

Fixieren:
Die restlichen Silberbromidkristalle werden im Fixierbad entfernt.

a) Beim Belichten finden Redoxvorgänge statt. Wer wird oxidiert, wer reduziert?
b) Silberrückgewinnung: Aus gebrauchten Fixierbädern können die Silber-Ionen (Ag^+) zum Beispiel durch Eisenwolle oder Zink wieder als Silberatome zurückgewonnen werden. Formuliere die Reaktionsgleichung.

4. Irrtum nicht ausgeschlossen!

In jedem Kistchen befinden sich fünf Begriffe, die alle eine Gemeinsamkeit aufweisen. Allerdings hat sich überall auch ein *Außenseiter* eingeschlichen.

Gemeinsamkeit: ?

1. Kalium
2. Cäsium
3. Rubidium
4. Lithium
5. Indium
6. Natrium

Gemeinsamkeit: ?

1. metallischer Glanz
2. färben die Flamme gelb
3. gute elektrische Leiter
4. gut verformbar
5. sehr reaktionsfreudig
6. bei Raumtemperatur fest

Gemeinsamkeit: ?

1. bilden farbige Dämpfe
2. sind reaktionsfreudig
3. gesundheitsschädlich/giftig
4. bilden mit Metallen Salze
5. bei Raumtemperatur gasförmig

5. Fluor – das aggressivste Element!

Stutzig ist entsetzt: „Und das ist in der Zahnpasta?" Fittig kann ihn beruhigen. Was wird er seinem Freund erklären?

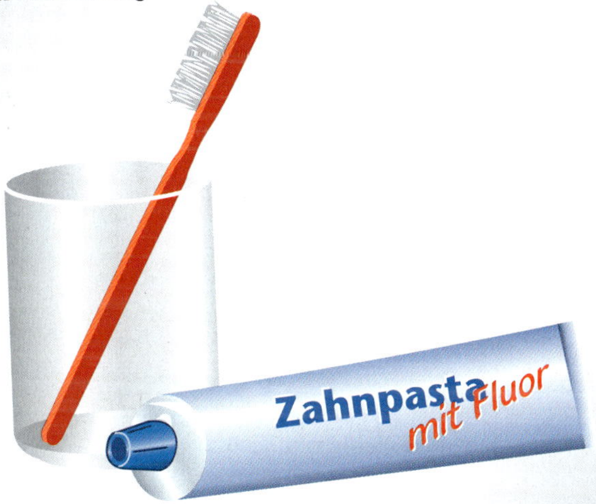

6. Elektronenschiebung!

Fittig bezeichnet folgende drei Vorgänge als Redoxreaktionen. Hat er Recht? Begründe unter Verwendung der Fachausdrücke!

1. Die Synthese von Kochsalz:

$2\,Na + Cl_2 \longrightarrow 2\,Na^+ + 2\,Cl^-$

2. Die Elektrolyse von Kupferchlorid:

$Cu^{2+} + 2\,Cl^- \longrightarrow Cu + Cl_2$

3. Die Verbrennung von Magnesium:

$2\,Mg + O_2 \longrightarrow 2\,Mg^{2+} + 2\,O^{2-}$

7. Glühbirne oder Halogenlampe?

Erkläre anhand der Zeichnung, warum Halogenlampen eine wesentlich höhere Betriebsdauer aufweisen als Glühlampen!

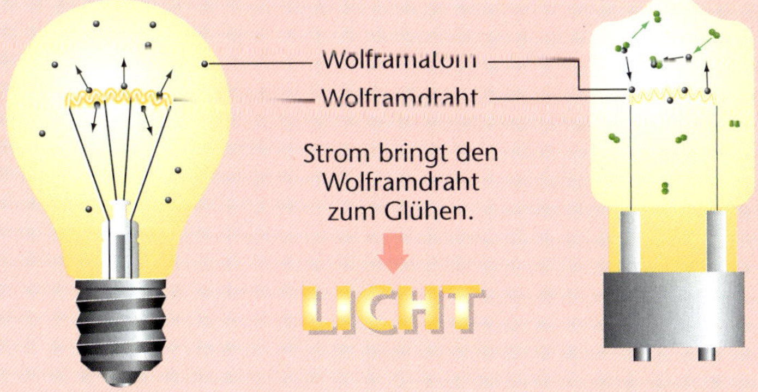

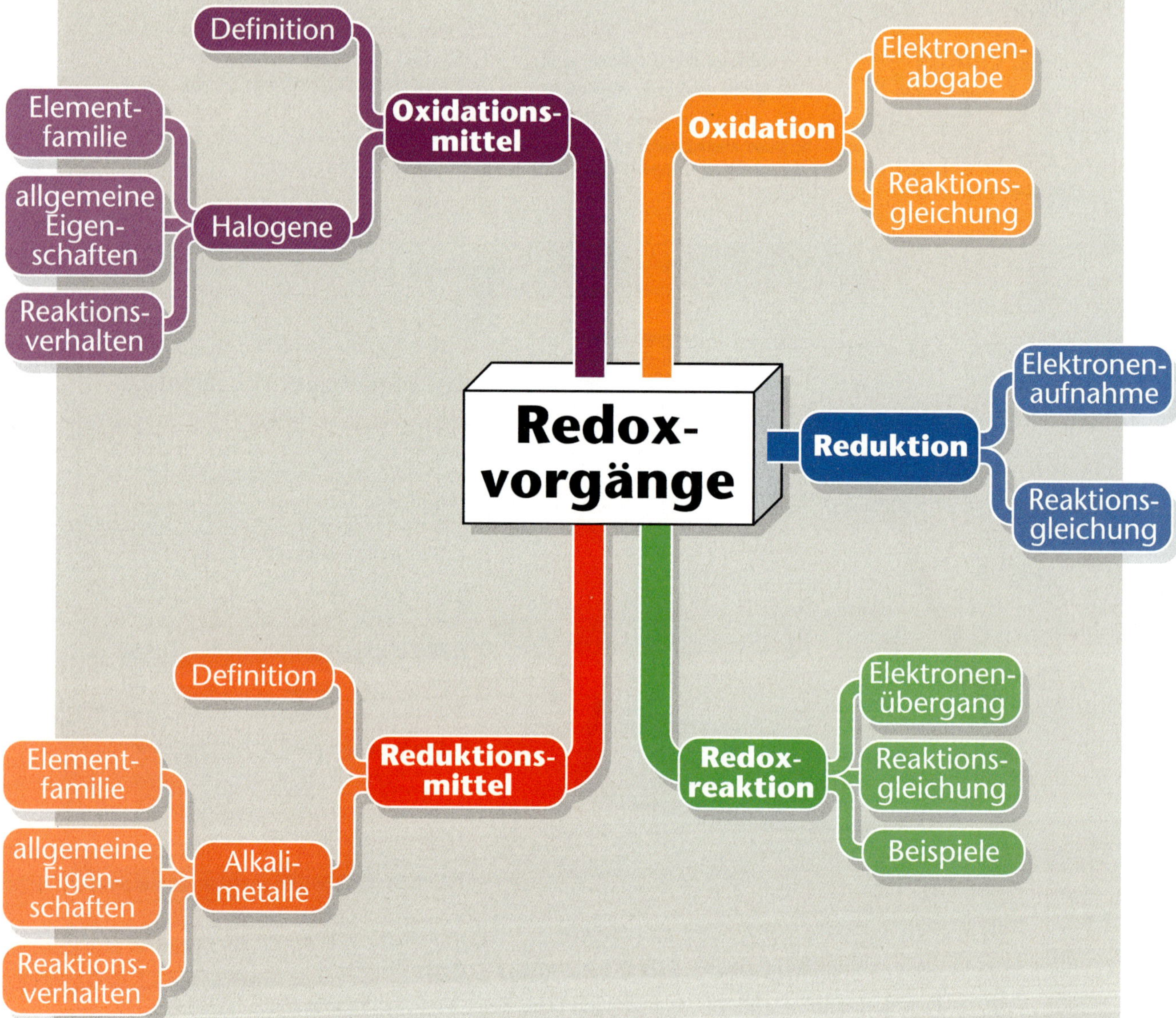

Lernen ohne zu denken, ist eitel,
denken ohne zu lernen, ist gefährlich.

Konfuzius

IX. Säuren und Basen

sauer — neutral — alkalisch (laugig)

0 ← 7 → 14

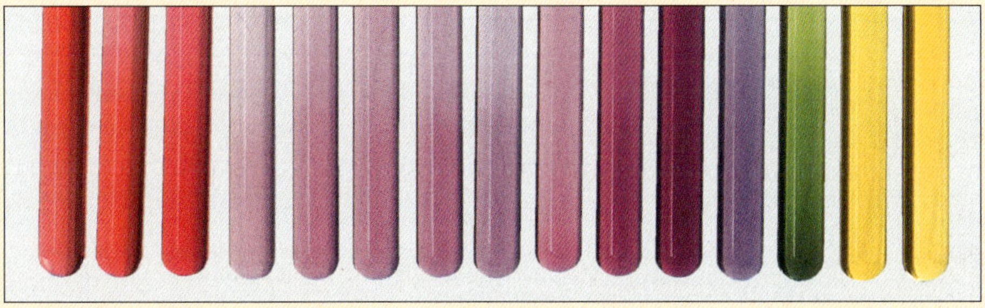

Färbung von Blaukrautwasser in saurer, neutraler und alkalischer Lösung

sauer — neutral — alkalisch (laugig)

0 ← 7 → 14

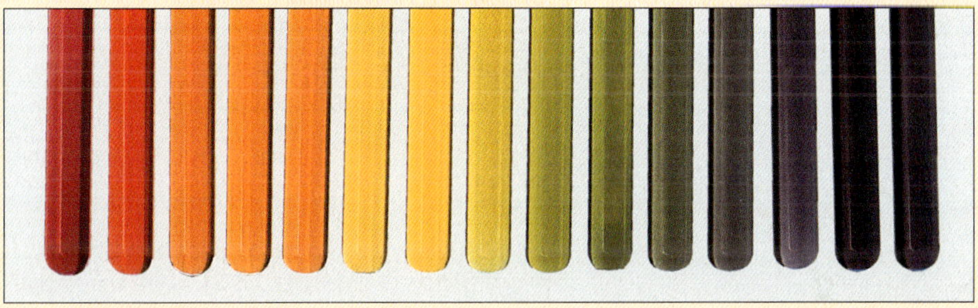

Färbung eines Universalindikators in saurer, neutraler und alkalischer Lösung

sauer — neutral — alkalisch (laugig)

0 ← 7 → 14

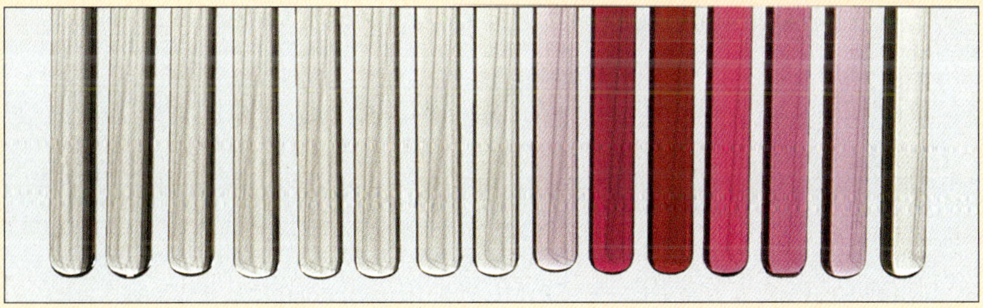

Färbung von Phenolphthalein in saurer, neutraler und alkalischer Lösung

52 Ein Proton als Markenzeichen Was sind Säuren?

Vielfältige Begegnung mit „Säuren". Säuren begegnen uns im Alltag in ganz unterschiedlichen Zusammenhängen. Mit jedem Schluck Cola nehmen wir Kohlensäure und Phosphorsäure zu uns. Mit Säuren können aber auch Gefahrstoffe gemeint sein, z. B. wirkt konzentrierte Salzsäure ätzend; die gleiche Säure, aber stark verdünnt, wirkt in unserem Körper als Magensäure. Auch das lebenswichtige Vitamin C ist eine Säure (B 1). Offensichtlich wird in der Alltagssprache der Ausdruck „Säure" recht unterschiedlich gebraucht. Häufig meint man mit „Säuren" Flüssigkeiten. Wie kann Klarheit geschaffen werden?

V1 Lege auf ein trockenes Indikatorpapier einige Kristalle Citronensäure und beobachte was geschieht, wenn die Kristalle auf dem Papier mit Wasser befeuchtet werden!

V2 Schutzbrille! Gib 10 cm^3 reine Ameisensäure in ein großes Reagenzglas und prüfe die elektrische Leitfähigkeit (B3, S. 13)! Gib dann portionsweise Wasser dazu und prüfe jeweils die elektrische Leitfähigkeit!

1 Vitamin-C-reiche Früchte

2 Zitrusfrüchte enthalten Citronensäure, einen farblosen Feststoff.

„Säuren" – stets Flüssigkeiten? Reine **Citronensäure** z. B. ist ein farbloser **Feststoff** (B 2). Auf trockenem Indikatorpapier bewirkt er keine Veränderung. In Wasser gelöst entsteht eine **Citronensäure-Lösung**. Diese verursacht die bereits bekannte typische Indikatorfärbung für „sauer".
Wir müssen demnach zwischen der eigentlichen **Säuresubstanz**, also der vollkommen wasserfreien Säure, und ihrer **Lösung in Wasser** unterscheiden. Das wird durch das folgende Beispiel noch deutlicher.
Wasserfreie **Ameisensäure und Ameisensäure-Lösung unterscheiden sich** in ihrer elektrischen Leitfähigkeit: Ameisensäure leitet den elektrischen Strom nicht, die Lösung von Ameisensäure in Wasser („verdünnte Ameisensäure") leitet den elektrischen Strom hingegen sehr gut (V2). Worauf beruht dieser Unterschied?
Beim Auflösen der Ameisensäure in Wasser entstehen **frei bewegliche Ionen**, welche für die elektrische Leitfähigkeit verantwortlich sind. Wie können wir uns diesen Vorgang vorstellen?
Durch die Einwirkung von Wasser wird von je einem Ameisensäuremolekül ein **Wasserstoff-Ion (= Proton)** abgespalten, es bleibt ein negativ geladenes Teilchen zurück: **Säurerest-Ion**. Beide Ionenarten verteilen sich in der wässrigen Lösung.

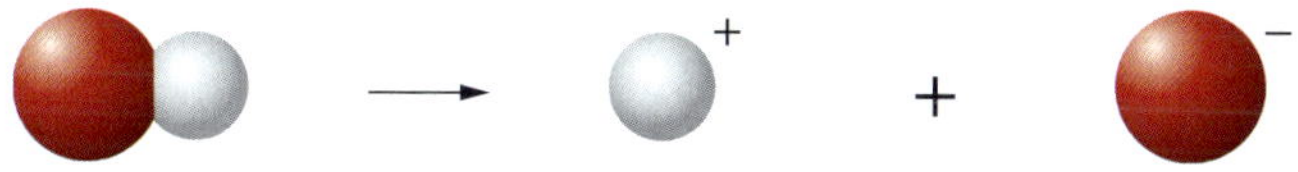

Ameisensäuremolekül ⟶ Wasserstoff-Ion + Säurerest-Ion (Formiat-Ion)

Mit diesem Wissen können wir erklären, warum sämtliche wässrige Säurelösungen elektrisch leitfähig sind. Es handelt sich stets um das gleiche Prinzip, welches sich an **einfachen Beispielen** anwenden lässt. Durch Abspaltung eines H^+-Ions vom Säuremolekül kommt es zur Bildung von Ionen in der wässrigen Lösung. Die Lösung jeder Säure in Wasser enthält H^+-Ionen. Sie bestimmen die allgemeinen Eigenschaften der Säurelösungen.

Diese Zusammenhänge sind in der Tabelle zusammengefasst.

Wasserfreie Säure		Säurelösung		
Citronensäure (fest)	$\xrightarrow{H_2O}$	H^+	+	Citrat-Ion
Schwefelsäure (flüssig)	$\xrightarrow{H_2O}$	H^+	+	Sulfat-Ion
H_2SO_4	$\xrightarrow{H_2O}$	$2\,H^+$	+	SO_4^{2-}
Chlorwasserstoff (gasförmig)	$\xrightarrow{H_2O}$	H^+	+	Chlorid-Ion
HCl	$\xrightarrow{H_2O}$	H^+	+	Cl^-
Säuremolekül	$\xrightarrow{H_2O}$	H^+	+	Säurerest-Ion
HR	$\xrightarrow{H_2O}$	H^+	+	R^-

V3 Vorsicht! Chlorwasserstoff wird nach B 1, S. 140 auf Wasser geleitet und dabei die Änderung der elektrischen Leitfähigkeit verfolgt.

A1 Suche im Haushalt (Lebensmittel, Reinigung, Hobbywerkstatt, usw.) nach Beispielen für „Säuren". Nenne ihre Aufgabe!

Wir erkennen, dass **wasserfreie Säuren** ganz unterschiedliche Substanzen sein können. Manche sind Gase, andere sind Flüssigkeiten und wieder andere feste Stoffe. Häufig hat man es aber im Labor, in der Technik und im Haushalt mit ihren **Lösungen** in Wasser zu tun. Dies ist der Grund für das weit verbreitete Missverständnis, „Säuren" wären stets Flüssigkeiten.

Säuren sind Substanzen, die beim Auflösen in Wasser H^+-Ionen liefern.
Wasserfreie Säuren unterscheiden sich in ihren Eigenschaften von den Säurelösungen (verdünnte Säuren).
Sämtliche Lösungen von Säuren in Wasser leiten den elektrischen Strom.
Sie „enthalten" frei bewegliche Ionen: H^+-Ionen und die Säurerest-Ionen R^-.

* 53 Auch Gase können sauer sein. Vom Chlorwasserstoff zur Salzsäure

Chlorwasserstoff und Salzsäure. Das Gas **Chlorwasserstoff**, HCl, ist ein farbloses, stechend riechendes, giftiges Gas. In Wasser löst sich Chlorwasserstoff sehr gut. Die Rotfärbung des Universalindikators zeigt, dass **eine Säurelösung** entstanden ist: Salzsäure.

Die Lösung von Chlorwasserstoff in Wasser wird Salzsäure genannt.

V1 Vorsicht! Abzug! Gib 2–3 g Kochsalz in einen Kolben und lasse über einen Tropftrichter reine Schwefelsäure einfließen! Leite das entweichende Gas auf destilliertes Wasser, das Indikator enthält (B 1)!

V2 Abzug! Umwickle die Spitze eines Thermometers mit feuchtem Filterpapier und leite darauf Chlorwasserstoff (B 2). Temperaturkontrolle!

Handelsformen der Salzsäure. Je nach dem Wasseranteil lassen sich verschiedene Handelsformen unterscheiden. Die „**konzentrierte Salzsäure**" ist eine 30–35%ige (Massenanteil) wässrige Lösung von Chlorwasserstoff in Wasser. Sie wird auch **rauchende Salzsäure** genannt. Salzsäure, welche 36,5 g Chlorwasserstoff (1 mol HCl) in einem Liter enthält, wird in der Laborsprache als „verdünnte Salzsäure" bezeichnet (ca. 4%ige Salzsäure).

1 Einleiten von Chlorwasserstoff in Wasser mit Indikator

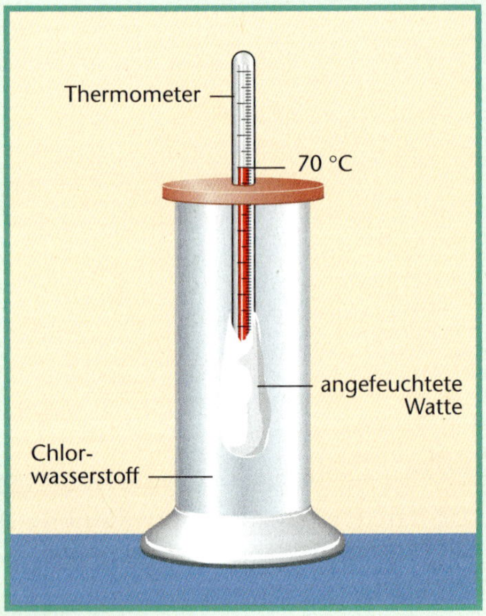

2 Das Lösen von Chlorwasserstoff in Wasser ist eine exotherme Reaktion.

Die Reaktion von Chlorwasserstoff mit Wasser. Die Wärmeentwicklung, die Indikatorreaktion und die Zunahme der elektrischen Leitfähigkeit sind Zeichen einer **chemischen** Reaktion beim Einleiten von Chlorwasserstoff in Wasser (B 1). Die elektrische Leitfähigkeit der Lösung beweist, dass **frei bewegliche Ionen** vorhanden sind.

Wie werden sie gebildet? Chlorwasserstoff- und Wassermoleküle verhalten sich wie winzig kleine Dipole (s. S. 106). Die entgegengesetzt geladenen Molekülenden können sich anziehen. Dies ist die Voraussetzung dafür, dass die **Elektronenpaarbindung** zwischen dem Wasserstoff- und dem Chloratom gelöst wird. Das bindende Elektronenpaar bleibt am Chloratom; aus dem Chloratom wird ein **Chlorid-Ion**. Das positiv geladene **Wasserstoff-Ion (= Proton)** wird auf das Wassermolekül übertragen. Es geht mit einem freien Elektronenpaar am Sauerstoffatom eine Atombindung ein. Das Wassermolekül wird durch die Aufnahme eines Wasserstoff-Ions (= Proton) zum positiv geladenen **Oxonium-Ion**: H_3O^+-Ion. Der Gesamtvorgang wird als Protolyse bezeichnet; er ist exotherm.

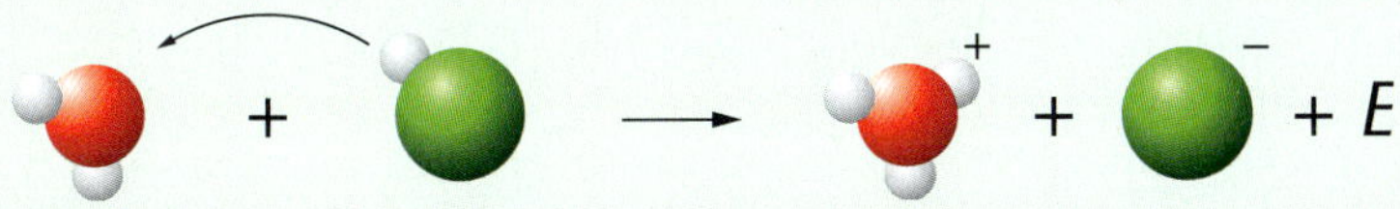

H_2O Wassermolekül + HCl Chlorwasserstoffmolekül ⟶ H_3O^+ Oxonium-Ion + Cl^- Chlorid-Ion + E

Säure – ein wissenschaftlicher Begriff. H_3O^+-Ionen können nur entstehen, wenn Moleküle vorhanden sind, welche zumindest ein Proton (H^+-Ion) abgeben können. Das hat der Däne **J. N. Brönsted** 1923 als Hauptkennzeichen einer Säure hervorgehoben. Seine wissenschaftliche Definition des Säurebegriffs lautet:

Säuren sind Protonenspender; der Vorgang, bei dem Oxonium-Ionen entstehen, wird als Protolyse bezeichnet.

Eine vereinfachte Schreibweise. Nicht immer ist es erforderlich, die chemische Reaktion (Protolyse), welche sich z. B. beim Lösen von Chlorwasserstoffgas in Wasser abspielt, ausführlich zu formulieren. Einfacher ist folgende Schreibweise, welche wir bereits in Kap. 52 kennen gelernt haben.

$$HCl \xrightarrow{H_2O} H^+ + Cl^-$$

Beim Lösen von Chlorwasserstoff in Wasser geht ein Wasserstoff-Ion (Proton) von einem Chlorwasserstoffmolekül auf ein Wassermolekül über: Es entstehen Oxonium-Ionen. Der Vorgang heißt Protolyse.
Anstatt der Oxonium-Ionen, H_3O^+-Ionen, schreiben wir H^+-Ionen!
Die saure Reaktion wird von H_3O^+-Ionen (vereinfacht: H^+-Ionen) verursacht.

V3 Öffne im Abzug eine Flasche mit „rauchender Salzsäure"! Beobachte! Versuche die Beobachtung zu erklären!

A1 Aceton ist ein gutes Lösungsmittel für Chlorwasserstoffgas. Die Lösung zeigt keine elektrische Leitfähigkeit. Suche nach einer Erklärung!

A2 Überlege, woher die Bezeichnung „Salzsäure" stammen konnte. Denke dabei an V1!

A3 Chlorwasserstoff kann unter Druck und durch Abkühlen verflüssigt werden. Ist diese Flüssigkeit Salzsäure?

54 Protonen unterwegs Eigenschaften von Säurelösungen

V1 Bereite mit heißem Wasser einen Blaukrautsud (Extrakt) und Malventee! Teste nun verschiedene Säurelösungen aus Labor und Haushalt mit diesen Farbstofflösungen! Eine weitere derartige Testlösung ist Lackmustinktur.

Wie geben sich Säurelösungen zu erkennen? Von Lebensmittelsäuren (wie Essig-, Citronensäure, etc.) wissen wir, dass ihre Lösungen **sauer schmecken**. Das ist auch der Ursprung für den Begriff „Säure". Aus Sicherheitsgründen können wir diesen Test aber nicht immer anwenden, z. B. bei Salz- und Schwefelsäure. Viel bequemer lassen sich Säurelösungen mithilfe von **Indikatoren** erkennen. Sie zeigen in einer Säurelösung eine charakteristische Farbe. Diese Erscheinung ist uns von Pflanzenfarbstoffen (Blüten-, Früchtefarbstoffe) her gut bekannt.

Um eindeutige Ergebnisse zu erhalten, wurden Farbstoffmischungen entwickelt, welche auch Abstufungen in der Säurewirkung erkennen lassen: **Universalindikatoren**. Durch entsprechende Farben zeigen diese an, dass z. B. eine Probe von „Batteriesäure" (Schwefelsäure-Lösung) stark sauer wirkt. „Kohlensäure" (Lösung von Kohlenstoffdioxid in Wasser) hingegen reagiert schwach sauer (B 3).

1 Hier sind Säuren drin!

2 Aus Zitronensaft wird „Himbeersaft", wenn man zu Zitronensaft Blaukrautwasser gibt. Blaukrautsaft wird durch Säuren rot (Rotkraut). Er ist ein Indikator.

3 Batteriesäure (Schwefelsäure) und Kohlensäure

Beispiele für ätzend wirkende Säurelösungen (Gefahrensymbol C):

Essigsäure:	ab w = 25% (vgl. Essigessenz!)
Salzsäure:	ab w = 25%
Ameisensäure:	ab w = 10%

Ein weiteres wichtiges Kennzeichen einer wässrigen Säurelösung ist ihre gute **elektrische Leitfähigkeit**. Von Salzlösungen wissen wir, dass dazu in der Lösung frei bewegliche elektrisch geladene Teilchen (Ionen) vorhanden sein müssen. In einer Säurelösung liegen auch Ionen vor, nämlich H^+-Ionen und die Säurerest-Ionen (Kap. 52).

Für den sicheren Umgang mit Säuren und Säurelösungen muss man wissen, ob sie **ätzend** oder nur **reizend** wirken. Dies hängt nicht nur von der Art der Säure ab, sondern auch von deren Konzentration. Sie wird häufig in „Massenanteilen" (Prozent) angegeben. Das Zeichen hierfür ist w, vom englischen Wort „weight" abgeleitet.

Säurelösungen zeigen gute elektrische Leitfähigkeit und lassen sich mithilfe von Indikatoren erkennen. Ab einer bestimmten Konzentration können Säurelösungen ätzend wirken!

Säurelösungen reagieren mit Metallen. Viele Metalle, z. B. Magnesium, Eisen, Zink, werden von verdünnten Säuren „aufgelöst". Dabei entsteht Wasserstoff, welcher durch die Knallgasprobe nachgewiesen werden kann. Dampft man die entstandenen Lösungen ein, so bleibt jeweils ein Feststoff zurück. Um welchen Stoff handelt es sich? Dieser Frage wollen wir am **Beispiel** der Reaktion von **Magnesium mit Salzsäure** genauer nachgehen.

Die chemische Reaktion zwischen Magnesium und Salzsäure. Bei dieser Reaktion zwischen Salzsäure und Magnesium entstehen Magnesiumchlorid und Wasserstoff. Magnesiumchlorid löst sich sehr gut in Wasser. Daher können wir dessen Bildung nicht direkt beobachten. Dagegen gibt sich das Wasserstoffgas (aufsteigende Blasen) leicht zu erkennen, ebenso die exotherme Gesamtreaktion (Wärme).

Magnesium + Salzsäure ⟶ Magnesiumchlorid + Wasserstoff + *Energie*

$$Mg + \underbrace{2\,H^+ + 2\,Cl^-}_{\text{Ionen der Salzsäure}} \longrightarrow \underbrace{Mg^{2+} + 2\,Cl^-}_{\substack{Mg^{2+}(Cl^-)_2 \\ \text{Magnesiumchlorid}}} + H_2\uparrow + \textit{Energie}$$

Vereinfacht:

$$Mg + 2\,HCl \longrightarrow MgCl_2 + H_2\uparrow + \textit{Energie}$$

Metalle, die von Säuren unter Wasserstoffentwicklung zersetzt werden, nennt man **unedle Metalle**. Metalle, die nicht unter Wasserstoffentwicklung zersetzt werden, bezeichnet man als **Edelmetalle**.
Danach sind z. B. Kupfer, Silber, Gold und Platin Edelmetalle; Magnesium, Zink und Eisen sind unedle Metalle. Im Alltag spielt die Zersetzung unedler Metalle durch Säuren eine große Rolle.

Bei der Reaktion von Säurelösungen mit unedlen Metallen entstehen Salze und Wasserstoff.

V2 Füge verdünnter Salzsäure (ca. 10 cm^3) so lange Magnesiumband (ca. 2 cm lange Streifen) hinzu, bis die Wasserstoffbildung/Gasentwicklung aufhört und das Metallstückchen nicht mehr aufgelöst wird!
Durch vorsichtiges Eindampfen erhalten wir einen weißen Feststoff. Eine Analyse zeigt, dass dessen Bausteine Magnesium- und Chlorid-Ionen sind.

4 Reaktion von Salzsäure mit Magnesium

A1 Kupferpulver wurde versehentlich mit Zinkspänen vermischt. Wie ließe sich das Kupfer vollkommen rein abtrennen? Zur Verfügung stehen verdünnte Schwefelsäure, Trichter, Filtrierpapier u.a. Geräte.

* 55 Echt Gold? Reaktion von Säurelösungen mit unedlen Metallen

V1 Kupfer, Magnesium, Eisen- und Zinkspäne werden in je einem Reagenzglas mit verd. Salzsäure versetzt. Es wird jeweils die Knallgasprobe durchgeführt. Der Versuch wird mit verd. Schwefelsäure wiederholt.

A1 Worin besteht der wesentliche Unterschied beim Auflösen von Kochsalz in Wasser und Magnesium in Salzsäure?

A2 Formuliere die Bildung von Eisen(II)-Chlorid ($FeCl_2$) aus Eisen und Salzsäure!

A3 Verdünnte Essigsäure, Essigessenz und Essig „lösen" das unedle Metall Magnesium auf. Welche chemische Reaktion liegt dem zugrunde? Erkläre zunächst mit eigenen Worten, verwende dann die Begriffe Oxidation und Reduktion!

1 Ein edles Metall (Kupfer, links) reagiert mit verd. Säure nicht, ein unedles Metall (Magnesium, rechts) reagiert mit verd. Säure.

Die Reaktion von Magnesium mit Salzsäure – genauer betrachtet. Bei dieser Reaktion entstehen das Salz Magnesiumchlorid und das Gas Wasserstoff (s. S. 143).

$$\mathrm{Mg} + \underbrace{2\,\mathrm{H^+} + 2\,\mathrm{Cl^-}}_{\text{„Salzsäure"}} \longrightarrow \underbrace{\mathrm{Mg^{2+}} + 2\,\mathrm{Cl^-}}_{\text{Magnesiumchlorid}} + \mathrm{H_2}\uparrow$$

Vergleichen wir die Ausgangsstoffe mit den Endprodukten, so erkennen wir, dass sich die Chlorid-Ionen bei der Reaktion nicht verändern. Anders ist es mit den Mg-Atomen. Sie werden zu zweifach positiv geladenen Mg-Ionen. Jedem Mg-Atom werden zwei Elektronen entzogen. Dieser Übergang entspricht einer **Oxidation** (s. S. 126):

$$\mathrm{Mg} \longrightarrow \mathrm{Mg^{2+}} + 2\,\mathrm{e^-}$$

Die freigesetzten Elektronen reagieren nun mit den H^+-Ionen der Salzsäure. Jedes H^+-Ion nimmt ein Elektron auf und wird zum H-Atom. Dieser Übergang ist eine **Reduktion** (s. S. 127). Je zwei Wasserstoffatome bilden ein Wasserstoffmolekül.

$$2\,\mathrm{H^+} + 2\,\mathrm{e^-} \longrightarrow 2\,\mathrm{H}$$
$$2\mathrm{H} \longrightarrow \mathrm{H_2}\uparrow$$

Der Wasserstoff bei der Reaktion von Magnesium mit Salzsäure entsteht als Folge einer Redoxreaktion. **Reduktionsmittel** ist das unedle Metall **Magnesium** (s. S. 72).

Vom Einzelfall zum Prinzip. So wie das unedle Metall Magnesium mit Salzsäure reagiert, reagieren auch andere unedle Metalle (abgekürzt: Me) mit wässrigen Säurelösungen. Es handelt sich um Redoxreaktionen, bei denen die H^+-Ionen der Säurelösung zu Wasserstoff reduziert werden. Reduktionsmittel ist stets das unedle Metall.

$$\mathrm{Me} \longrightarrow \mathrm{Me^{2+}} + 2\,\mathrm{e^-}$$
$$2\,\mathrm{H^+} + 2\,\mathrm{e^-} \longrightarrow \mathrm{H_2}$$

Versucht man statt Magnesium das Edelmetall Silber mit Säurelösungen zur Reaktion zu bringen, so gelingt das nicht. Offensichtlich ist die Reduktionswirkung des Edelmetalls zu schwach.

**Bei den Reaktionen von unedlen Metallen mit Säurelösungen handelt es sich um Redoxreaktionen.
Dabei werden die H^+-Ionen reduziert, die Metall-Atome oxidiert.**

Säuren und Salze – was verbindet sie? Säurelösungen reagieren mit unedlen Metallen mehr oder minder heftig. Als Reaktionsprodukte entstehen Wasserstoff und ein Salz. Die Zusammensetzung des Salzes ergibt sich aus dem Metall und der eingesetzten Säure (s. S. 143).

Salzsäure – Chloride. Eine wichtige Reaktion zur Herstellung von Chloriden ist die Umsetzung von Salzsäure mit unedlen Metallen. So kann z. B. Zinkchlorid hergestellt werden.

$$\underset{\text{Zink}}{Zn} + \underbrace{2\,H^+ + 2\,Cl^-}_{\text{Salzsäure}} \longrightarrow \underbrace{Zn^{2+} + 2\,Cl^-}_{\substack{Zn^{2+}(Cl^-)_2 \\ \text{Zinkchlorid}}} + H_2\uparrow$$

Wir erkennen, dass die Chlorid-Ionen (Cl^-) bereits als Bestandteile der Salzsäure vorliegen. **Chlorid-Ionen** werden deshalb als **Säurerest-Ionen** von Chlorwasserstoff- bzw. von Salzsäure bezeichnet. Sie sind ausschlaggebend für die Bezeichnung „Chloride".

Chloride sind salzartige chemische Verbindungen, wie sie uns vom Natriumchlorid oder vom Magnesiumchlorid her bekannt sind. Sämtliche Chloride enthalten Chlorid-Ionen als Bausteine im Ionengitter. Die positiv geladenen Metall-Ionen sind von Chlorid zu Chlorid verschieden.

Beispiele: Kaliumchlorid, K^+Cl^-; Magnesiumchlorid, $Mg^{2+}(Cl^-)_2$ Calciumchlorid, $Ca^{2+}(Cl^-)_2$; Eisen(III)-chlorid, $Fe^{3+}(Cl^-)_3$

Chloride sind die Salze der Salzsäure.

Salpetersäure – Nitrate. Die Formel für Salpetersäure lautet HNO_3. In verdünnter Salpetersäure liegen Säurerest-Ionen mit der Formel NO_3^- vor: **Nitrat-Ionen.**

$$\underset{\text{Salpetersäuremolekül}}{HNO_3} \xrightarrow{H_2O} H^+ + \underset{\text{Nitrat-Ion}}{NO_3^-}$$

Der **Name Salpetersäure** gibt einen Hinweis, wie diese Säure bereits zu Zeiten der Alchemisten hergestellt wurde, nämlich aus Salpeter. Salpeter ist das Kaliumsalz der Salpetersäure, KNO_3 (Kaliumnitrat).

In unserer Zeit ist die Salpetersäure, bzw. ihre wässrige Lösung, stets mit dem Begriff **„saurer Regen"** verbunden. Sie ist neben Schwefelsäure ein Bestandteil des sauren Regens und entsteht durch eine chemische Reaktion der Stickstoffoxide (NO, NO_2) mit Wasser und Sauerstoff in der Luft.

A1 Formuliere die Reaktionsgleichung der Synthese von Magnesiumchlorid! Verwende dazu Salzsäure!

V1 Tropfe zu den Lösungen von Kaliumchlorid, Magnesiumchlorid und Eisen(III)-chlorid eine Lösung von Silbernitrat in Wasser (Silbernitrat $AgNO_3$). Beobachtung?

A2 Schlage je eine Reaktionsgleichung für die chemischen Reaktionen von V1 vor!

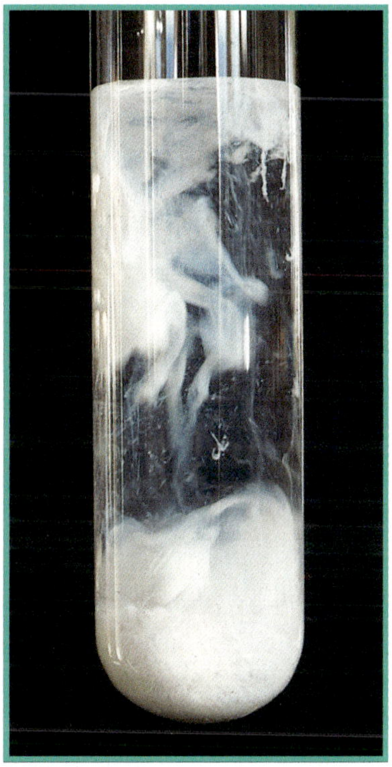

1 Silbernitratlösung bildet mit Kochsalzlösung weißes Silberchlorid.

V2 Schätze mithilfe von Nitratteststäbchen (Aquariumfachhandel) den Nitratgehalt des Trinkwassers am Schul- und Wohnort. Untersuche auch verschiedene Oberflächengewässer.

A3 Was bedeutet der Ausdruck „Eisen wird von verdünnter Salpetersäure aufgelöst"?

Immer wieder wird bei Trinkwasser- und Bodenanalysen ein zu hoher Nitrat-Gehalt festgestellt. Der EG-Richtwert für Trinkwasser liegt bei 50 mg/Liter. Hohe Nitrat-Gehalte können zu gesundheitlichen Schäden, vor allem bei Kleinkindern, führen. Nitrate gelangen entweder mit dem sauren Regen in den Boden, werden dem Boden als Bestandteile von Mineraldüngern zugeführt (z. B. Kaliumnitrat, KNO_3) oder entstehen durch die Tätigkeit von Bodenbakterien aus organischem Dünger (Gülle!). Aufgrund ihrer guten Wasserlöslichkeit gelangen Nitrate leicht in das Grundwasser.

Nitrate sind die Salze der Salpetersäure.

Kohlensäure – Carbonate. Beim Einleiten von **Kohlenstoffdioxid** in Wasser entsteht eine Säure, die so genannte **Kohlensäure.** Die Säurewirkung dieser Lösung ist nicht sehr ausgeprägt. Beim Erhitzen zerfällt Kohlensäure in Kohlenstoffdioxid und Wasser.

$$\underset{\text{Kohlenstoffdioxid}}{CO_2 + H_2O} \underset{\text{Hitze}}{\overset{\text{Kälte}}{\rightleftharpoons}} \underset{\text{Kohlensäure}}{H_2CO_3}$$

Die Salze der Kohlensäure heißen **Carbonate.** Bekannte Beispiele sind Natriumcarbonat (Soda), $(Na^+)_2CO_3^{2-}$, Calciumcarbonat (Kalkstein), $Ca^{2+}CO_3^{2-}$.

Carbonate sind die Salze der Kohlensäure.

Einige Säuren und ihre Salze im Überblick

Säure		Säurerest-Ion	Salze	
Name	**Formel**		**allgemein**	**Beispiele**
Chlorwasserstoff	**HCl**	Chlorid **Cl^-**	Chloride	Natriumchlorid **$NaCl$** (Kochsalz) Silberchlorid **$AgCl$**
Salpetersäure	**HNO_3**	Nitrat **NO_3^-**	Nitrate	Kaliumnitrat **KNO_3** (Kalisalpeter)
Schwefelsäure	**H_2SO_4**	Sulfat **SO_4^{2-}**	Sulfate	Bariumsulfat **$BaSO_4$** Magnesiumsulfat **$MgSO_4$** (**$MgSO_4 \cdot 7\,H_2O$**, Bittersalz)
Kohlensäure	**H_2CO_3**	Hydrogencarbonat **HCO_3^-**	Hydrogencarbonate	Natriumhydrogencarbonat **$NaHCO_3$** (Natron)
		Carbonat **CO_3^{2-}**	Carbonate	Calciumcarbonat **$CaCO_3$** (Kalkstein) Natriumcarbonat **Na_2CO_3** (Soda)
Phosphorsäure	**H_3PO_4**	Phosphat **PO_4^{3-}**	Phosphate	Calciumphosphat **$Ca_3(PO_4)_2$**

Reine Schwefelsäure. Reine Schwefelsäure ist eine farblose, ölige Flüssigkeit. Einige Eigenschaften erfordern besondere **Vorsichtsmaßnahmen** beim Arbeiten mit dieser Säure. Auf Holz, Papier, Zucker, Textilien wirkt reine Schwefelsäure **verkohlend und zersetzend**.

Beim Verdünnen mit Wasser kommt es zu einer beträchtlichen Temperatursteigerung. Es ist darauf zu achten: **nie das Wasser in die Säure schütten**, sonst kann die Flüssigkeit zu sieden anfangen und herausspritzen. Die Säure muss immer vorsichtig in das Wasser gegeben werden. Verdünnte Schwefelsäure leitet den Strom sehr gut und wird als „Batteriesäure" verwendet (s. S. 142).

Beim Verdünnen der Schwefelsäure kommt es zur Protonenübertragung zwischen den Säuremolekülen und den Wassermolekülen. Jedes H_2SO_4-Molekül kann zwei Protonen abgeben, Schritt für Schritt. Die vereinfachte Schreibweise lautet:

1. Stufe: $H_2SO_4 \xrightarrow{H_2O} H^+ + HSO_4^-$ (Hydrogensulfat-Ion)

2. Stufe: $HSO_4^- \xrightarrow{H_2O} H^+ + SO_4^{2-}$ (Sulfat-Ion)

Dementsprechend bildet die Schwefelsäure zwei Reihen von Salzen, nämlich **Hydrogensulfate und Sulfate**. Hydrogensulfate, z. B. $NaHSO_4$ (Natriumhydrogensulfat) wirken in Wasser als Säuren (saure Haushaltsreiniger!), Sulfate nicht.

Beispiele für Sulfate. Gips kommt in der Natur als Mineral vor. Eine Analyse von Gips ergibt die Formel $CaSO_4 \times 2\,H_2O$ (Calciumsulfat-Dihydrat). In teilweise entwässerter Form kann der Gips zur Bereitung von **Gipsmörtel** verwendet werden.

Ein besonders schwer lösliches Sulfat ist **Bariumsulfat** $BaSO_4$. Seine Bildungsreaktion verwendet man zum Nachweis von Sulfat oder Barium-Ionen.

$$Ba^{2+} + SO_4^{2-} \longrightarrow BaSO_4\downarrow$$

Säuren, die mehr als ein Proton pro Säuremolekül abgeben können, nennt man mehrprotonige Säuren.
Schwefelsäure ist eine zweiprotonige Säure: Sie kann zwei Typen von Salzen bilden: Hydrogensulfate und Sulfate.

Hinweis: Schwefelsäurespritzer auf der Haut rufen Verätzungen hervor, wenn sie nicht sofort mit Wasser abgespült werden.

V1 Vorsicht! Schutzbrille! Übergieße in Reagenzgläsern Zucker, Holz, Baumwollstoff, Papier mit konz. Schwefelsäure.

V2 Vorsicht! Schutzbrille! Gieße in einen Kolben mit 100 cm^3 Wasser langsam unter Umrühren konz. Schwefelsäure. Temperaturkontrolle! Vergleiche die elektrische Leitfähigkeit von konz. H_2SO_4 mit einer Schwefelsäure-Lösung $w = 30\,\%$.

V3 Magnesiumspäne und Zinkspäne in verschiedenen Reagenzgläsern werden mit verdünnter Schwefelsäure versetzt. Knallgasprobe. Reaktionstyp?

V4 Löse eine Spatelspitze Natriumsulfat in dest. Wasser auf und gib einige Tropfen Bariumchlorid-Lösung dazu.

V5 Gib zu einigen cm^3 Mineralwasser (verschiedene Sorten) jeweils einige Tropfen Bariumchlorid-Lösung zu. Beobachtung?

1 Gipskristalle

* 58 Her mit dem Proton! Basen – der Gegenpart der Säuren

Ammoniak – ein allgegenwärtiges Alltagsprodukt. Der stechende Geruch in Ställen, der von Mist und Gülle ausgeht, wird von dem farblosen Gas Ammoniak, NH_3, hervorgerufen. Als Abbauprodukt von organischem Material gelangt es in riesigen Mengen in die Atmosphäre und trägt zur Umweltbelastung bei. Es ist im Wasser sehr gut löslich; die Lösung wird „Salmiakgeist" oder „Ammoniakwasser" genannt. Überprüft man Ammoniakwasser mit einem Indikator, so zeigt dieser eine alkalische Reaktion an. Es ist eine Lauge entstanden.

V1 Versetze „Ammoniakwasser" mit einigen Tropfen Universalindikator! Prüfe die elektrische Leitfähigkeit!

Die Reaktion von Ammoniak mit Wasser (V 1). Die alkalische Reaktion und die elektrische Leitfähigkeit von „Ammoniakwasser" lassen auf eine chemische Reaktion zwischen Ammoniak und Wasser schließen. Sie erinnert an die Reaktion von Chlorwasserstoff mit Wasser. Ammoniak- und Wassermoleküle sind Dipole. Deshalb ziehen sich H_2O- und NH_3-Moleküle mit den entgegengesetzt geladenen Polen an. Dabei kommt dem freien Elektronenpaar am Stickstoffatom eine besondere Bedeutung zu. Es kann ein H^+-Ion, welches vom H_2O-Molekül abgelöst wird, binden. Dadurch entstehen Ionen, die die elektrische Leitfähigkeit des Ammoniakwassers verursachen.

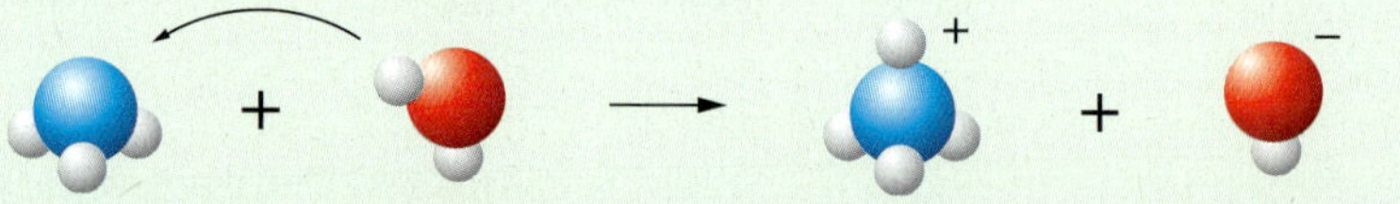

NH_3 + H_2O ⟶ NH_4^+ + OH^-

Ammoniak · Wasser · Ammonium-Ion · Hydroxid-Ion

A1 Formuliere die Reaktion von Ammoniak mit Wasser in Elektronenformeln!

Aus dem Ammoniakmolekül wird durch Aufnahme des Wasserstoff-Ions (= Proton) ein positiv geladenes Ion, das NH_4^+-Ion (**Ammonium-Ion**). Die Abtrennung des H^+-Ions vom H_2O-Molekül hat zur Folge, dass aus dem neutralen H_2O-Molekül ein einfach negativ geladenes Ion wird: das **Hydroxid-Ion OH^-**. Die OH^--Ionen einer wässrigen Ammoniak-Lösung sind für deren alkalische Reaktion verantwortlich.

Die Lösung von Ammoniak NH_3, reagiert in Wasser alkalisch. Die alkalische Reaktion ist auf die entstandenen Hydroxid-Ionen zurückzuführen.

Base – ein wissenschaftlicher Begriff. Nach der Definition von J. Brönsted (1879–1947) sind Säuren Protonenspender (s. S. 141). Zu einem Sender gehört ein Empfänger, den wir wiederum nach Brönsted Base nennen, der Gegenbegriff zu Säure. Eine Base ist also ein Molekül, welches ein Proton (H^+-Ion) aufnehmen kann. Bei obigem Beispiel hat das **Ammoniakmolekül**, welches ein Proton angelagert hat, als **Base** reagiert. **Basen sind Protonenempfänger.**

Säure-Base-Reaktionen sind immer gekoppelt. Die grundlegenden Definitionen von Säuren und Basen helfen uns eine große Anzahl chemischer Reaktionen zu verstehen. Auch die Protolysereaktionen der Säuren sind Säure-Base-Reaktionen. Als Base reagiert in diesem Fall das Wassermolekül, denn es nimmt ein Proton auf. Ein Beispiel für eine Säure-Base-Reaktion, bei der kein Wasser beteiligt ist, zeigt Versuch 2. Bei dieser Reaktion geht ein Proton vom HCl-Molekül auf das NH_3-Molekül über. Es entsteht das Salz $NH_4^+Cl^-$, Ammoniumchlorid.

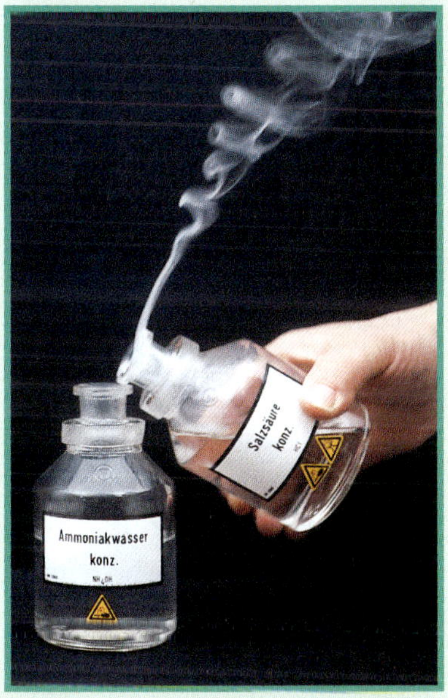

1 Ammoniak reagiert mit Chlorwasserstoff zu Ammoniumchlorid (Rauch).

1 Das Kunsteis im Eisstadion wird mit flüssigem Ammoniak gekühlt.

Säure-Base-Reaktionen sind gekoppelte Reaktionen: eine Säure kann nur ein Proton abgeben, wenn gleichzeitig ein Protonenempfänger vorhanden ist.
Das Ammoniakmolekül ist ein Protonenempfänger, eine Base.

V2 Abzug! Eine offene Flasche konzentrierte Salzsäure wird möglichst nahe an eine offene Flasche mit konzentriertem Ammoniakwasser gehalten. Beobachtung!

A2 Zur Erzeugung von niedrigen Temperaturen in Eisstadien und Kühlhäusern wird flüssiges Ammoniak benötigt. Sind „Ammoniakwasser" und flüssiges Ammoniak identisch? Wie wird flüssiges Ammoniak hergestellt?

A3 Zum „Tüfteln"! Wie werden wohl in einem Eisstadion die niedrigen Temperaturen „erzeugt", damit Eishockey auch im Herbst und Frühjahr gespielt werden kann?

A4 Warum „beschlägt" eine Flasche mit konzentrierter Salzsäure außen häufig mit einer weißen Schicht? Wie heißt diese Schicht? Wie ließe sich diese Erscheinung verhindern?

A5 Schreibe die Elektronenformel von einem Ammoniakmolekül und von einem Chlorwasserstoffmolekül und formuliere die Säure-Base-Reaktion von Ammoniak mit Chlorwasserstoff!

59 Echt ätzend! Was sind Laugen?

V1 Vorsicht! Löse einige Plätzchen Natriumhydroxid in destilliertem Wasser auf! Prüfe die elektrische Leitfähigkeit! Tropfe zu dieser Lösung etwas Blaukrautsud, Lackmus, Universalindikator und Phenolphthalein-Lösung! Beobachte!

V2 Einige Plätzchen Natriumhydroxid werden zu Beginn des Unterrichts offen in eine Abdampfschale gelegt und die Veränderung nach einer halben Stunde beobachtet (B 1).

V3 Vorsicht! Schutzbrille!
5 Plätzchen Natriumhydroxid werden in 10 cm³ Wasser gelöst. Temperaturkontrolle!

Vom Natriumhydroxid („Ätznatron") zur Natronlauge. Natriumhydroxid (Na^+OH^-) ist ein weißer salzartiger Feststoff. Sein Ionengitter besteht aus Na^+-Ionen und OH^--Ionen. Natriumhydroxid zieht begierig Feuchtigkeit aus der Luft an und zerfließt dabei (B 1). Dieses Verhalten nennt man „**hygroskopisch**". V 2 zeigt, dass beim Lösen von Natriumhydroxid eine beträchtliche Wärmeentwicklung auftritt (s. S. 114). Beim Lösen in Wasser wird das Gitter zerstört, die Ionen werden frei beweglich. Dies kann durch die Prüfung der elektrischen Leitfähigkeit bestätigt werden.

$$\underset{\text{Natriumhydroxid}}{Na^+OH^-} \xrightarrow{H_2O} \underbrace{Na^+ + OH^-}_{\text{Natronlauge}}$$

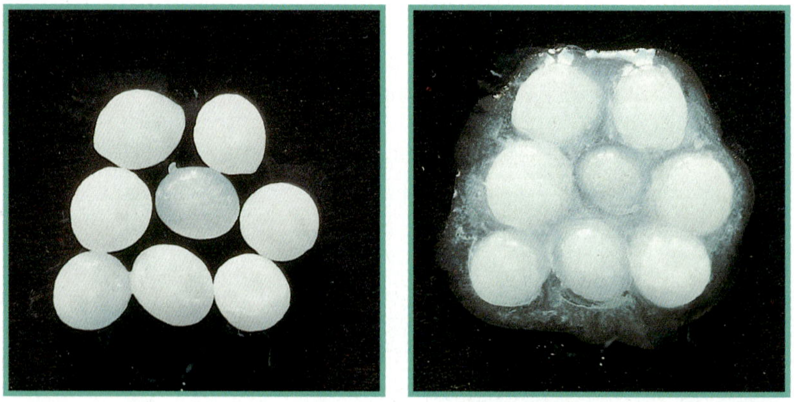

1 Plätzchen von Natriumhydroxid werden an der Luft feucht, weil die Verbindung hygroskopisch ist.

Natronlauge ist die Lösung von Natriumhydroxid in Wasser.

Natronlauge reagiert stark alkalisch. Diese Reaktion muss auf die **Hydroxid-Ionen** zurückgeführt werden, denn die Na^+-Ionen kommen dafür nicht infrage: Natriumchlorid-Lösung müsste sonst ebenfalls alkalisch reagieren.

Natronlauge – wichtig für Industrie und Haushalt. Natronlauge ist eine der wichtigsten Grundchemikalien für Industrie und Technik, aber auch im Haushalt. Je nach Konzentration wirkt sie ätzend bzw. reizend. Sie fühlt sich auch „seifig" an: Sie greift die Haut an und löst sie auf.

Die alkalische Reaktion wird von den Hydroxid-Ionen verursacht.

2 Der Teig von Laugenbrezen wird vor dem Backen mit Natronlauge behandelt.

Kalilauge, Kalkwasser und andere Laugen. Kalilauge erhält man durch Auflösen von **Kaliumhydroxid** in Wasser.

$$\underset{\text{Kaliumhydroxid}}{KOH} \xrightarrow{H_2O} \underbrace{K^+ + OH^-}_{\text{Kalilauge}}$$

Kalilauge hat ähnliche Eigenschaften wie Natronlauge.

Eines der bekanntesten Hydroxide ist **Calciumhydroxid**. Es wird auch als „Ätzkalk" oder „Löschkalk" bezeichnet. Die Lösung von Calciumhydroxid in Wasser ist die **Calciumlauge**. Als **„Kalkwasser"** wird sie im Labor zum Nachweis von Kohlenstoffdioxid verwendet.

$$\underset{\text{Calciumhydroxid}}{Ca(OH)_2} \longrightarrow \underbrace{Ca^{2+} + 2\,OH^-}_{\text{Calciumlauge („Kalkwasser")}}$$

Beim Einleiten von Kohlenstoffdioxid in klares Kalkwasser bildet sich eine weiße Trübung („Niederschlag"). Es handelt sich um Calciumcarbonat. Diese Substanz ist in Wasser schwer löslich.

$$\underbrace{Ca^{2+} + 2\,OH^-}_{\text{„Kalkwasser"}} + CO_2 \longrightarrow \underbrace{CaCO_3\downarrow}_{\text{Calciumcarbonat}} + H_2O$$

V4 Prüfe das Verhalten von „Kalkwasser" gegenüber Indikatoren und die elektrische Leitfähigkeit!

A1 Auf dem Eitkett eines Abflussreinigers befindet sich der Gefahrenhinweis „ätzend" und der Hinweis auf Natriumhydroxid. Der Inhalt besteht v.a. aus weißen „Körnchen". Warum darf **kein Wasser** in diesen Behälter gegossen werden?

A2 Zu welchem Irrtum kann die Aufschrift „Kalkwasser" auf einer Chemikalienflasche führen? Wie sollte die Flasche gekennzeichnet sein?

A3 Überlege, wie du aus Calciumoxid („gebrannter Kalk") „Kalkwasser" bzw. Calciumlauge herstellen würdest (B 4). Hat dies etwas mit dem „Kalk löschen" auf einer Baustelle zu tun?

A4 In Unterseebooten wird während der Tauchfahrt die Luft durch „Löschkalkfilter" gereinigt. Was ist die chemische Grundlage? Welchen Effekt hat dieser Vorgang?

3 Zu einer mit Universalindikator versetzten Kalkwasserlösung (links) wird CO_2 eingeleitet (rechts).

4 So wurde früher gebrannter Kalk CaO mit Wasser abgelöscht.

Auch **Ammoniakwasser** ist eine Lauge. Sie entsteht, wenn das Gas Ammoniak NH_3 („Salmiakgeist") in Wasser eingeleitet wird.

Wässrige Lösungen, die Hydroxid-Ionen enthalten, nennt man Laugen.
Laugen (OH^--Ionen!) lassen sich mit Indikatoren nachweisen.

60 Gegensätze heben sich auf. Neutralisation

V1 Zu verd. Salzsäure wird Universalindikator gegeben. Welche Ionen werden durch die Rotfärbung nachgewiesen?

V2 Zu verd. Natronlauge wird Universalindikator gegeben. Welche Ionen werden durch die Blaufärbung nachgewiesen?

V3 Zu der Salzsäure aus V1 wird verd. Natronlauge zugegeben, bis Grünfärbung eintritt.

A1 Formuliere die Reaktionsgleichung zur Neutralisation von Magensäure mit einem Antazid (s. B1/B2)!

Wie reagieren Salzsäure und Natronlauge miteinander? Lässt man Natronlauge zu Salzsäure tropfen, kann die Säurewirkung aufgehoben werden. Dies ist nur der Fall, wenn ein bestimmtes Volumen Natronlauge zugetropft wird. Mithilfe eines Indikators lässt sich zeigen, dass die Lösung **weder sauer noch alkalisch** reagiert: **Sie ist neutral**. Gleichzeitig kann eine Temperaturerhöhung festgestellt werden. Zum gleichen Ergebnis kommt man, wenn man Salzsäure zu Natronlauge tropfen lässt. Nach dem Eindampfen der neutralen Lösung bleibt Natriumchlorid (Kochsalz) zurück.

Wie lassen sich diese Beobachtungen erklären? Beim Zutropfen von Natronlauge zu Salzsäure kommen vier verschiedene Ionen zusammen: Na^+-, OH^--Ionen einerseits und H^+- und Cl^--Ionen andererseits. Wie kann daraus eine neutrale Lösung entstehen? H^+- und OH^--Ionen können nicht nebeneinander existieren. Sie bilden Wassermoleküle: $H^+ + OH^- \rightarrow H_2O$. Die Lösung besitzt dann weder saure noch alkalische Eigenschaften. Es ist neutrales Wasser entstanden, in dem allerdings noch die Na^+- und die Cl^--Ionen vorhanden sind. Den Vorgang selbst bezeichnet man als **Neutralisation**. Wenn die Lösung eingedampft wird, kristallisiert das Natriumchlorid aus.

$$\underbrace{H^+ + Cl^-}_{\text{Salzsäure}} + \underbrace{Na^+ + OH^-}_{\text{Natronlauge}} \longrightarrow H_2O + \underbrace{Na^+ + Cl^-}_{\text{Natriumchlorid}} + \textit{Energie}$$

1 Ein Antazidum ist ein Mittel, das gegen Sodbrennen hilft. Antazide bestehen z. B. aus Magnesium- oder Aluminiumhydroxid; eine wässrige Suspension davon reagiert alkalisch.

2 Gibt man Magensäure (HCl, links) mit der Suspension eines Antazidums (Mitte) zusammen, findet eine Neutralisationsreaktion statt (rechts).

Die bei der Reaktion frei werdende Energie bezeichnet man als Neutralisationswärme.

Durch Neutralisation von Natronlauge mit Salzsäure erhält man eine Natriumchloridlösung.

Weitere Neutralisationsreaktionen. Auch andere Säurelösungen lassen sich durch Laugen neutralisieren. Stets ist die Wasserbildung aus Wasserstoff-Ionen und Hydroxid-Ionen der wesentliche chemische Vorgang bei der Neutralisation.

Beispiel: Neutralisation von verdünnter Schwefelsäure mit Kalilauge

$$\underbrace{2\,H^+ + SO_4^{2-}}_{\text{Schwefelsäure}} + \underbrace{2\,K^+ + 2\,OH^-}_{\text{Kalilauge}} \longrightarrow 2\,H_2O + \underbrace{2\,K^+ + SO_4^{2-}}_{\text{Kaliumsulfat}}$$

In der Neutralisationsgleichung muss die Anzahl der Wasserstoff-Ionen und die der Hydroxid-Ionen gleich sein! Eine vereinfachte Formulierung ergibt sich, wenn nur die Wasserbildung berücksichtigt wird.

$$\underset{\substack{\text{Wasserstoff-Ion}\\(\text{– Proton})}}{H^+} + \underset{\text{Hydroxid-Ion}}{OH^-} \longrightarrow \underset{\text{Wassermolekül}}{H_2O} + \textit{Energie}$$

Bei Neutralisationsreaktionen vereinigen sich Wasserstoff-Ionen und Hydroxid-Ionen zu Wassermolekülen.
Sie verlaufen exotherm.

Bedeutung von Neutralisationsreaktionen. Die Neutralisation von Säuren mit Laugen (und umgekehrt) ist eine Möglichkeit um Salze herzustellen. Manchmal entstehen dabei schwer lösliche Salze, ein Niederschlag fällt aus. Auch die Trübung von Kalkwasser durch Kohlenstoffdioxid beruht auf einer Neutralisationsreaktion (s. S. 151).
Die Neutralisationsreaktionen haben große praktische Bedeutung bei der Beseitigung umweltgefährdender Säuren und Laugen.

Bei der Neutralisation entstehen aus Säure und Lauge Wasser und ein Salz.
Das Prinzip beruht auf der Kombination von Wasserstoff-Ionen mit Hydroxid-Ionen zu Wassermolekülen.

A2 Wende dein Wissen an! Formuliere die Neutralisation von H_2SO_4 mit $Ba(OH)_2$!

A3 Ein Tankzug mit Natronlauge ist leckgeschlagen. Wie kann man die ausgelaufene Lauge „unschädlich" machen?

A4 Formuliere die Reaktion zwischen Kalkwasser und Kohlensäure als Ionengleichung!

A5 Informiere dich über die chemischen Zusammenhänge von Mitteln gegen Sodbrennen (überschüssige Magensäure)! Erkläre!

* 61 Klare Verhältnisse in trüben Flüssigkeiten
Neutralisation und elektrische Leitfähigkeit

V1 Zu Bariumhydroxid-Lösung („Barytwasser") wird verdünnte Schwefelsäure getropft. Beobachtung? Formelgleichung?

V2 Zu Bariumlauge mit Universalindikatorlösung lässt man langsam verdünnte Schwefelsäure tropfen und verfolgt die Änderung der elektrischen Leitfähigkeit.

Keine Ionen – keine Leitfähigkeit. Bei V 2 sinkt die elektrische Leitfähigkeit der Bariumhydroxid-Lösung bei der Neutralisation mit verdünnter Schwefelsäure, bis sie beim Neutralpunkt (Grünfärbung des zugesetzten Universalindikators!) praktisch gleich null ist. Wie ist das zu erklären? Bei der Neutralisation von Bariumlauge mit Schwefelsäurelösung verbinden sich wie bei jeder Neutralisation OH^--Ionen mit H^+-Ionen zu Wasser. Während aber bei vielen Neutralisationsreaktionen das gebildete Salz in gelöstem Zustand vorliegt, vereinigen sich die Ba^{2+}-Ionen mit den SO_4^{2-}-Ionen zu dem nahezu unlöslichen Salz Bariumsulfat. Damit liegen beim Neutralpunkt praktisch keine frei beweglichen Ionen mehr vor, die für die Stromleitung notwendig wären.

$$\underbrace{Ba^{2+} + 2\,OH^-}_{\text{Bariumlauge}} + \underbrace{2\,H^+ + SO_4^{2-}}_{\text{verd. Schwefelsäure}} \longrightarrow \underbrace{2\,H_2O}_{\text{Wasser}} + \underbrace{BaSO_4}_{\text{Bariumsulfat}}$$

Man kann also die Neutralisation in diesem Fall durch Messung der elektrischen Leitfähigkeit verfolgen und gegebenenfalls regeln.

1 Links: Versuchsaufbau zu V2

2 Rechts: Änderung der Leitfähigkeit bei einer Neutralisation von $Ba(OH)_2$-Lösung mit Schwefelsäure, nachgewiesen durch Messung der Stromstärke.

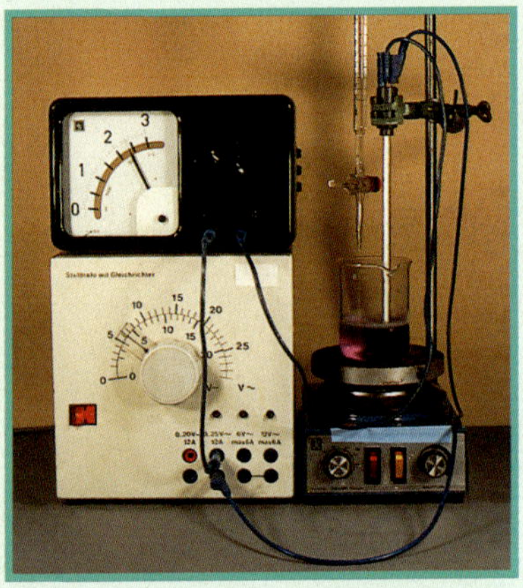

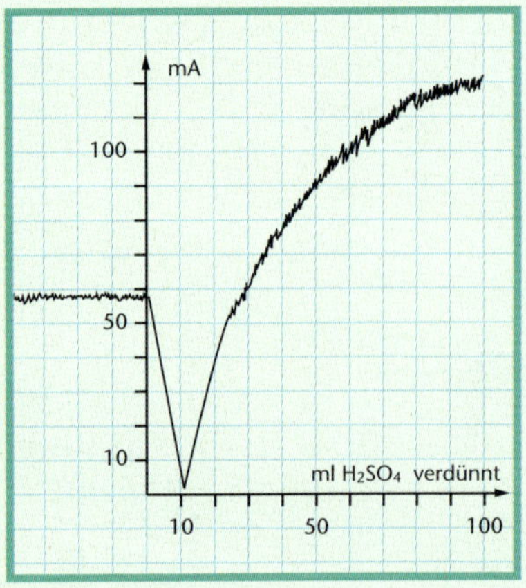

A1 Erläutere den Verlauf der Messkurve in B 2: Leitfähigkeit zu Beginn der Messung? Abnahme der Leitfähigkeit bei Zugabe von Schwefelsäurelösung? Leitfähigkeitsminimum? Anstieg der Messkurve?

A2 Bei Zutropfen von Salzsäure zu Natronlauge beobachtet man ein Absinken der Leitfähigkeit, obwohl doch frei bewegliche Ionen zugegeben werden. Erkläre!

Automatisch geht es leichter. Auch wenn kein unlösliches Salz entsteht, kommt es bei der Neutralisation zu einem Rückgang der Leitfähigkeit, da die beweglicheren H^+- und OH^--Ionen durch die deutlich weniger beweglichen Säure- und Laugerest-Ionen ersetzt werden.
Im Labor und in der Technik nutzt man diese Tatsache aus, wenn es z. B. darum geht, eine Neutralisation in farbigen oder dunklen Lösungen zu verfolgen, wenn also der Einsatz von farbigen Indikatoren schwierig oder nicht möglich ist. Die laufend anfallenden Messwerte erlauben es zudem, eine Neutralisation zu automatisieren, d. h. die jeweils zuzuführende Menge an Lauge oder Säurelösung automatisch zu dosieren.

Bei einer Neutralisation sinkt die elektrische Leitfähigkeit der Lösung.
Leitfähigkeitsminimum = Neutralpunkt

Was versteht man unter pH-Wert? Universalindikatoren zeigen Unterschiede im Säuregehalt von Lösungen durch Farbveränderungen an. Diesen Farbabstufungen wird eine Skala von 0–14 zugeordnet, die pH-Skala. Eine exakt neutrale Lösung besitzt einen pH-Wert von 7. Je niedriger der pH-Wert der Lösung, desto stärker sauer ist sie: Eine Lösung von pH = 3 reagiert stärker sauer als eine Lösung von pH = 5. Mit pH-Werten zwischen 7 und 14 wird der zunehmend alkalische Charakter einer Lösung gekennzeichnet. Eine Lösung mit pH = 14 ist extrem alkalisch.

V1 Gib in 5 Reagenzgläser je 5 cm³ verdünnte Salzsäure, verdünnte Essigsäure, Natriumchloridlösung, verdünntes Ammoniakwasser und verdünnte Natronlauge! Tropfe in jedes Reagenzglas etwas Universalindikator und notiere den pH-Wert der Lösung (vgl. Farbskala)!

1 Veranschaulichung der pH-Skala anhand der Farben des Universalindikators und einiger Beispiele

Häufig genügt es, den pH-Wert einer Lösung mit einem Universalindikator – sei es als Testlösung, sei es als Indikatorstreifen – zu bestimmen. Die ermittelten Werte sind nur grobe Orientierungsdaten. Exaktere Messungen des pH-Wertes sind mithilfe eines Messgerätes (pH-Meter) möglich.

pH < 7: saure Lösung
pH = 7: neutrale Lösung
pH > 7: alkalische Lösung

Die Bedeutung des pH-Werts. Die Lebensvorgänge sind nur innerhalb bestimmter pH-Bereiche möglich. Die Enzyme der Lebewesen arbeiten nur dann optimal, wenn bestimmte pH-Werte eingehalten werden. Da unsere Haut durch einen „Säuremantel" von pH = 5–6 gegen Infektionen geschützt wird, ist es wichtig, dass dieser Schutz erhalten wird. Für das Gedeihen der Pflanzen ist je nach Art ein bestimmter pH-Wert des Bodens entscheidend (s. B1, S. 156). Umgekehrt kann man aus dem Vorkommen bestimmter Pflanzen auf den pH-Wert des Bodens schließen („Zeigerpflanzen"). Aber auch bei vielen chemischen Reaktionen in Labor und Industrie spielt der pH-Wert eine entscheidende Rolle!

V2 Gib 1 cm³ Speiseessig in ein Reagenzglas und verdünne mit 5 cm³ Wasser! Tropfe flüssigen Universalindikator zu der Lösung oder halte kurz einen pH-Teststreifen in die Flüssigkeit! Welchen pH-Wert hat die Lösung?

Der pH-Wert ist ein Maß für den sauren, neutralen oder alkalischen Charakter einer wässrigen Lösung. Er besitzt große Bedeutung in Natur und Technik.

2 Zeigerpflanze

* 63 Der kleine Unterschied
Der pH-Wert – genauer betrachtet

V1 Prüfe mit Universalindikator den pH-Wert von Zitronensaft und Weinsäurelösung! Vergleiche damit den pH-Wert eines „Entkalkers"!

V2 Bestimme mit Universalindikator den pH-Wert verschiedener Fruchtsäfte!

Eine überraschende Beobachtung. Eine Säurelösung mit pH = 1 zeigt eine wesentlich bessere elektrische Leitfähigkeit als eine Säurelösung mit pH = 2. Wir können daraus schließen, dass in der Lösung mit dem pH-Wert 1 mehr H^+-Ionen vorhanden sind als in der Lösung mit dem pH-Wert 2. Wie hängen nun pH-Wert und Konzentration der H^+-Ionen zusammen?

pH-Wert und H^+-Ionen-Konzentration. Die Konzentration von H^+-Ionen bedeutet die **Anzahl von H^+-Teilchen pro Liter**. Um die unvorstellbar große Zahl von Teilchen besser angeben zu können, benutzt man die **Einheit mol** (s. S. 22):

$$\textbf{1 mol } H^+\textbf{-Ionen} \cong 6 \cdot 10^{23}\, H^+\text{-Ionen} \cong \textbf{1 g } H^+\textbf{-Ionen}$$

In 1 Liter einer Salzsäure, welche 1 mol H^+-Ionen enthält, sind demnach $6 \cdot 10^{23}$ H^+-Ionen enthalten. Sie wiegen 1 g. Um nun eine Säurelösung herzustellen, welche 0,1 mol H^+-Ionen pro Liter enthält, müssen **0,1 g H^+-Ionen pro Liter** enthalten sein. Ein pH-Messgerät zeigt an, dass der **pH-Wert dieser Lösung gleich 1** ist.

Beispiel:
Eine Lösung mit einer H^+-Ionen-Konzentration von $\frac{1}{10}$ g H^+-Ionen pro Liter besitzt einen pH = 1.

Um einen pH-Wert = 2 zu erreichen, genügt es nicht, diese Salzsäure auf das doppelte Volumen, also auf 2 Liter zu verdünnen, sondern sie muss auf das Zehnfache verdünnt werden! Die H^+-Ionen-Konzentration beträgt dann 0,01 g H^+-Ionen/Liter oder $\frac{1}{100}$ g H^+-Ionen/Liter. Sie besitzt eine entsprechend geringere elektrische Leitfähigkeit.
Wir erkennen: Der pH-Wert einer Lösung hängt mit der Masse der H^+-Ionen pro Liter zusammen. Nun wird auch der Begriff pH-Wert verständlich; er bedeutet so viel wie die Masse (Masse: lat. **p**ondus) des „Wasserstoffs" (Symbol: **H**, Hydrogenium) in einer Lösung.

Beispiel:
Eine Salzsäure mit einer H^+-Ionen-Konzentration von $\frac{1}{100}$ g pro Liter besitzt einen pH = 2.

Tipp:
Die Anzahl der Nullen im Nenner stimmt mit dem pH-Wert überein.

**Der pH-Wert ist ein Maß für die Konzentration der Wasserstoff-Ionen in einer wässrigen Lösung.
Je niedriger der pH-Wert, desto größer die H^+-Ionen-Konzentration, um so saurer die Lösung.**

V3 Bestimme den pH-Wert folgender Lösungen, indem du einige Tropfen Universalindikator zusetzt: Kernseifen-, Ammoniak-Lösung, Kalkwasser.

V4 Schüttle etwa 10 g luftgetrockneten Boden in 50 cm³ Wasser ungefähr 1 Minute! Dann lässt du absetzen und misst den pH-Wert der überstehenden Lösung. Untersuche zum Vergleich verschiedene Bodenarten!

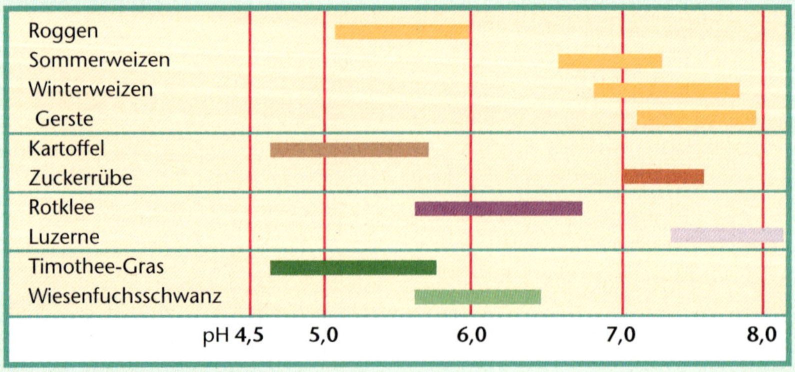

1 Abhängigkeit des Höchstertrages vom pH-Wert des Bodens

pH-Wert – kleine Zahlen handlich gemacht. Wir haben gelernt, dass die typischen Eigenschaften der Säurelösungen von den H^+-Ionen hervorgerufen werden. Folglich ist die Konzentration der H^+-Ionen (also die Anzahl der Teilchen pro Liter) für den sauren Charakter einer wässrigen Lösung entscheidend. Diese Konzentration wird mit dem pH-Wert angegeben.

Warum aber kann ein pH-Wert von neutralem Wasser (pH = 7) und von Laugen angegeben werden? Das wird erst verständlich, wenn wir davon ausgehen, dass in reinem Wasser gleich viele H^+-Ionen wie OH^--Ionen vorhanden sind – wenn auch in sehr geringer Konzentration. Ursache ist, dass das Wasser selbst zu einem geringen Teil in Ionen zerfällt:

$$H_2O \rightleftarrows H^+ + OH^-$$

In **1 Liter neutralem Wasser** sind $\frac{1}{10000000}$ g H^+-Ionen oder $\frac{1}{10000000}$ mol H^+-Ionen enthalten.
Die 7 Nullen zeigen dir, dass diese Lösung den pH-Wert 7 hat.

In alkalischen Lösungen ist die Konzentration von H^+-Ionen noch niedriger als in Wasser, bleibt aber dennoch messbar. Deshalb sind pH-Werte von 8–14 möglich.

Zum Umgang mit pH-Werten. Soll der pH-Wert einer Lösung um eine Einheit erhöht werden, müssen wir um das 10-fache mit Wasser verdünnen. Für 1 Liter Salzsäure von pH = 1 bräuchten wir 1 Million Liter Wasser, um durch Verdünnen eine neutrale Lösung zu erhalten! Das bedeutet, dass wir neutrale Lösungen in der Praxis durch Verdünnen nicht herstellen können!

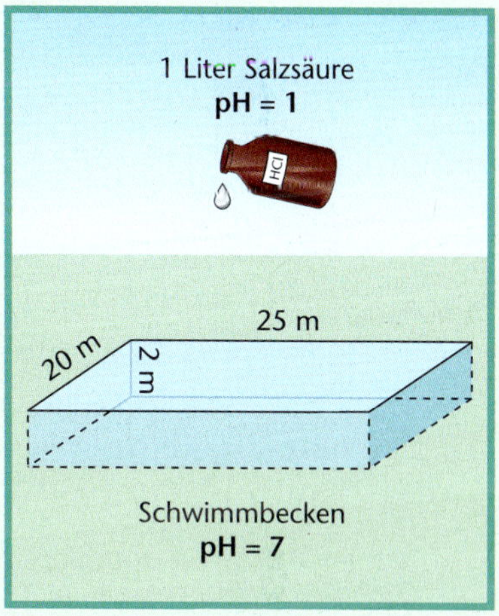

2 Um einen Fingerhut Salzsäure mit pH = 1 durch Verdünnen zu neutralisieren, muss man ihn in ein Schwimmbecken voller Wasser leeren.

Ein Ansteigen des pH-Wertes um zwei Einheiten bedeutet eine Abnahme der H^+-Ionen-Konzentration auf ein Hundertstel: Die pH-Skala ist nicht linear (vgl. Mathematik).
In Wasser beträgt die H^+-Ionen-Konzentration $\frac{1}{10000000}$ $^g/_l$: pH = 7.
Alkalische Lösungen besitzen noch niedrigere H^+-Ionen-Konzentrationen.

Alles im Griff?

1. Säuren und Laugen – nicht immer giftig und ätzend!

Informiere dich, welche Säuren und Laugen in diesen Lebensmitteln enthalten sind! Dabei begegnet dir häufig die Ascorbinsäure. Schlage in einem Lexikon den bekannteren Namen dieser Säure nach!

2. Probier's aus!

Gib vorsichtig ein Ei in ein schmales Trinkglas und fülle dieses mit Essig auf, sodass das Ei vollständig bedeckt ist. (Vorsicht bei Verwendung von Essigessenz!)

Notiere deine Beobachtungen, die du sofort, nach 30 Minuten und nach einem Tag machst. Suche nach einer Erklärung!

3. Probier's aus!

Herstellung von Blaukrautindikator

Du brauchst: 1 Kochtopf, Kochplatte, 1 Küchenmesser, einige Blaukrautblätter, Wasser, mehrere kleine Gefäße (z. B. Trinkgläser, Marmeladengläser)

So gehst du vor:

Schneide die Blaukrautblätter in kleine Streifen und fülle den Topf damit bis zur Hälfte. Gieße nun Wasser dazu, bis das Blaukraut gerade bedeckt ist.

Erhitze das Ganze zum Sieden. Nach 5 Minuten Kochzeit nimmst du den Topf vom Herd und lässt ihn abkühlen.

Dekantiere den kalten Blaukrautsaft ca. 4 cm hoch in die Glasgefäße.

Mit diesem Indikator kannst du verschiedene Stoffe testen. Der Blaukrautindikator nimmt dabei folgende Farben an:

Lösung	sauer z. B. Zitronensaft	neutral z. B. Wasser	laugig (alkalisch) z. B. Kernseifenlösung
Farbe	rot	blau-violett	blau-grün-gelb

4. Wer die Wahl hat, hat die Qual!

Allerdings sollte man Reinigungsmittel nicht nach Lust und Laune verwenden, sondern überlegt!

Der Chemiker ist eindeutig im Vorteil! Betrachte nun folgende Bilder und präge dir die Wirkung von Säuren und Laugen ein.

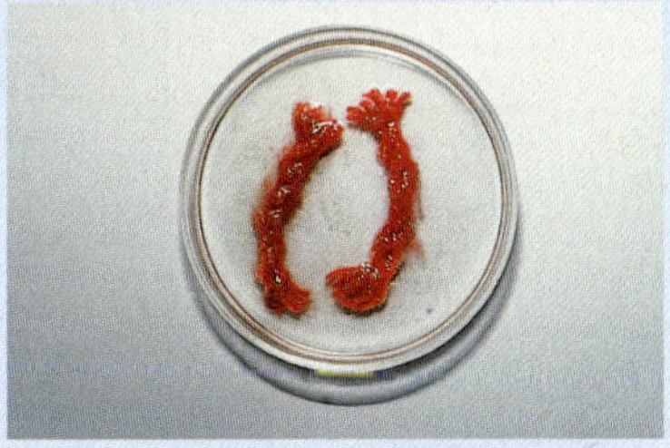

Was sollten also folgende Reinigungsmittel enthalten?

Reinigungsmittel	Kalkentferner 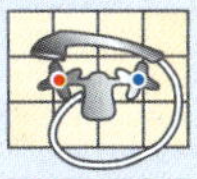	Rohrreiniger 	WC-Reiniger 	Fensterreiniger 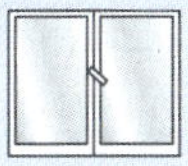
Art der Verschmutzung	Kalk an Fliesen, Armaturen	Speisereste, Haare, Fett	Kalkstein, Urinstein	Fett
wirksamer Stoff	Säurelösung oder Lauge?	Säurelösung oder Lauge?	Säurelösung oder Lauge?	Säurelösung oder Lauge?

Vergleiche zu Hause die Inhaltsstoffe verschiedener Reinigungsmittel!

5. Sodbrennen!?

Brennen in der Speiseröhre und in der Magengegend wird durch Magensäure (Salzsäure) hervorgerufen. Empfohlene Gegenmittel enthalten u. a. Aluminiumhydroxid.

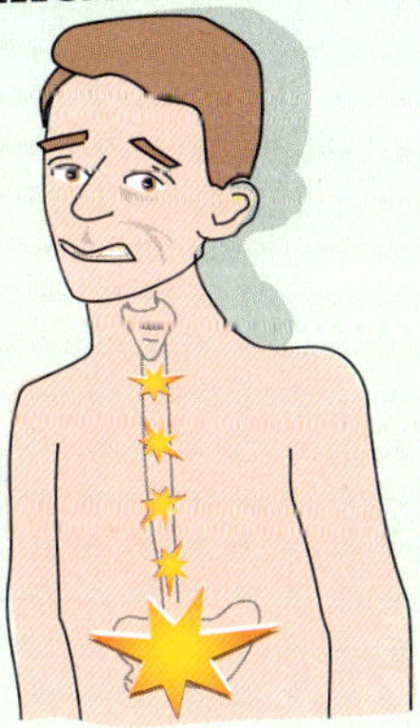

a) Probier's aus!
Essigessenz (an Stelle von Salzsäure)
Medikament gegen Sodbrennen
Blaukrautsaft als Indikator

b) Formuliere die Reaktionsgleichung für Salzsäure!

6. Säuren – echt ätzend!

Diese Eigenschaft der Säuren nutzt man beim Tiefätzen. Wie wird man dabei wohl vorgehen?

Viel lesen und nicht durchschauen
ist viel lesen und nicht verdauen.

Sprichwort

X. Chemie aktuell

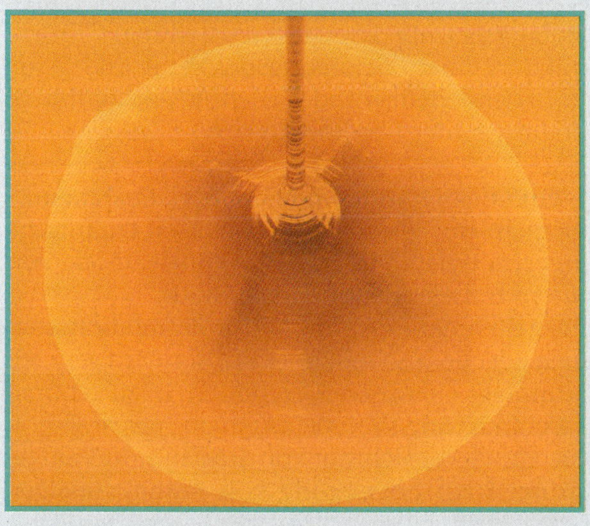

64 Das wäre was für mich! Der Chemiebetrieb

Chemiespezifische Schwerpunkte bei einer Betriebserkundung:

- Was wird hergestellt?
- Welche Rohstoffe werden eingesetzt?
- Wie wird der Energiebedarf gedeckt?
- Welche Rohstoffe verbleiben?
- Zusammenhang der Verfahren?
- Besteht ein Stoffverbund?
- Maßnahmen zum Umweltschutz
- Laufen Kreisprozesse ab?
- Welche Sicherheitsvorkehrungen werden getroffen?

Chemische Industrie – eine wesentliche Grundlage unseres Lebensstandards. Die chemische Industrie ist eine der vier umsatzstärksten Branchen unserer Volkswirtschaft mit etwa 470 000 Beschäftigten (2000). Sie erbringt fast 10% aller industriellen Leistungen in unserem Land. Aber auch in vielen anderen Industriesektoren bilden chemische Reaktionen oder chemische Produkte die Basis für Arbeitsplätze, sei es in der Lebensmittel-, der Baustoff-, Metallindustrie, der Energiewirtschaft (einschließlich Treibstoffe) oder bei der Herstellung elektrischer Batterien und Akkumulatoren, der Glas-, Porzellan- und Keramikbranche. Selbst Kläranlagen, Wasserversorgung, Müllentsorgung und Reinigungsfirmen wenden chemisches Wissen an. Man schätzt, dass mehr als zwei Millionen Menschen in Deutschland in oder für die chemische Industrie tätig sind. Jeder Bürger sollte zumindest einmal – sei es im Rahmen seiner Ausbildung oder zu besonderen Anlässen, etwa am Tag der offenen Tür – den Betriebsablauf in einem Chemiewerk erlebt haben und wirklichkeitsnahe Vorstellungen über Rohstoffversorgung, Energiebereitstellung, Größenordnung der Produktion, über Entsorgungsprobleme und deren Lösung gewonnen haben. Nicht minder wichtig sind Einblicke in die Arbeitsbedingungen der Beschäftigten.

Chemiebetrieb – ein außerschulischer Lernort. Ein Chemiebetrieb ermöglicht nicht nur Einblicke in chemisch-technische Verfahren, sondern vermittelt auch Eindrücke von der modernen Arbeitswelt mit einem hohen Sicherheitsstandard.
Als Chemiebetriebe gelten demnach nicht nur Produktionsstätten und Laboratorien der chemischen Industrie, sondern generell Betriebe auf der Grundlage chemischer Verfahren. Dazu gehören auch Betriebe zur Veränderung (Veredelung) von Ausgangsstoffen, Analysenlabors zur Untersuchung von Stoffen und Stoffgemischen, Einrichtungen zur Entsorgung von festen, flüssigen und gasförmigen Abfallstoffen im Rahmen des Umweltschutzes.

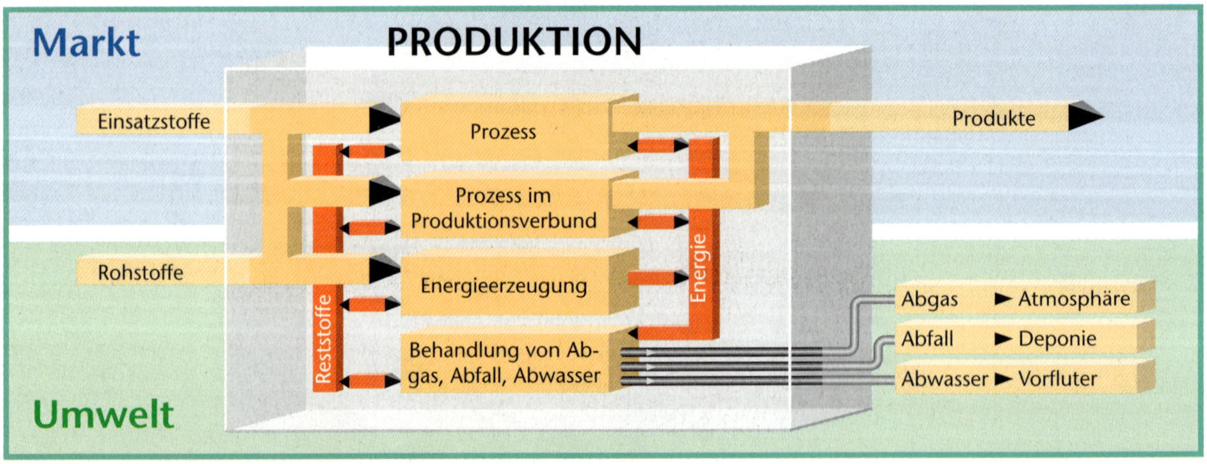

1 Chemisch-technische Verfahren mit geringer Umweltbelastung

Als Beispiele für Betriebserkundungen kommen infrage: ausgewählte Produktion ortsansässiger Chemiebetriebe, Aluminiumwerke, Eisen- und Stahlerzeugung, Glas – Keramik – Porzellan, Raffinerien, Galvanisierbetriebe, Bereiche der Lebensmittelchemie, Verfahren zur Wasserversorgung und zum Umweltschutz, Kraftwerke.

Berufsbilder, die uns im Chemiebetrieb begegnen. Zur Betriebserkundung gehört auch, sich über die Ausbildung der Beschäftigten zu informieren. Im Bereich Chemie sind etwa 50% der Arbeitsplätze von Facharbeitern besetzt. Etwa 35% der Beschäftigten sind angelernte Arbeiter und Hilfsarbeiter, d. h., ihrer Berufstätigkeit liegt keine besondere Ausbildung zugrunde. Dieser Anteil wird zukünftig sicher zurückgehen, denn die Nachfrage nach höher qualifizierten Arbeitskräften wird weiter zunehmen. Ca. 15% verteilen sich auf Diplomchemiker und Diplomingenieure, Meister, Techniker und Vorarbeiter.

Welche Berufswege den Realschulabsolventen offen stehen, wird aus der Grafik ersichtlich.

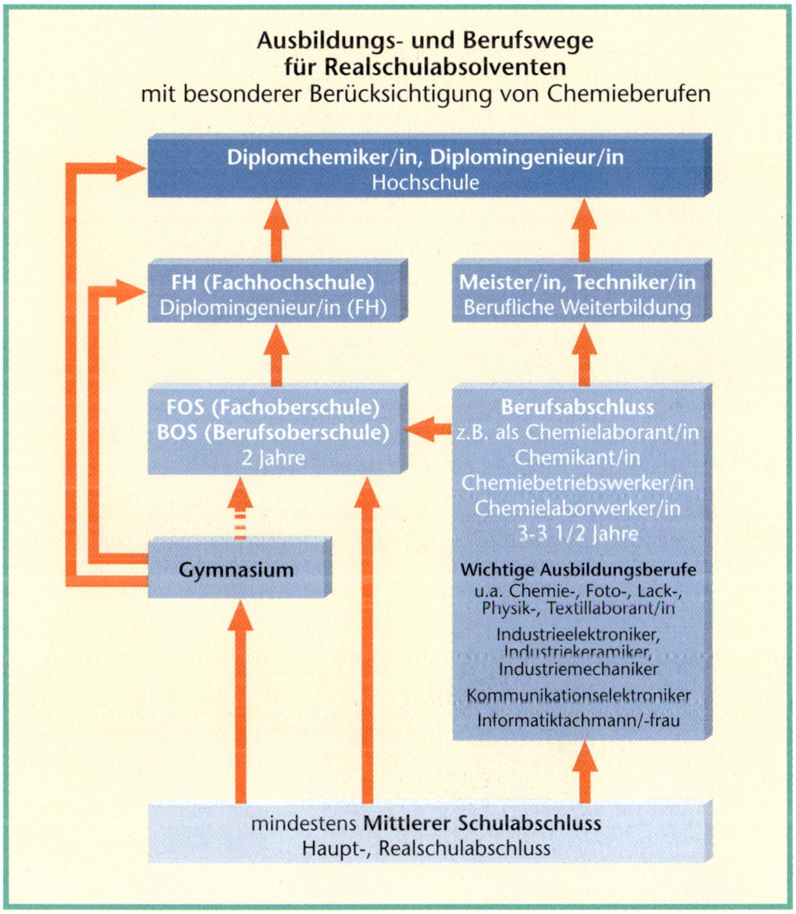

2 Ausbildungs- und Berufswege für Realschulabsolventen mit besonderer Berücksichtigung von Chemieberufen

** 65 Vom Sand zum Hightech-Produkt Silicium

V1 Abzug! Reduktion von Siliciumdioxid durch Magnesium: 1 g trockenes Quarzpulver wird mit 1,4 g feinem Magnesiumpulver in einem Porzellantiegel gemischt und auf einer feuerfesten Unterlage bis zum Aufglühen erhitzt. Vorsicht beim Entsorgen. Das Reaktionsprodukt kann mit Wasser giftige, selbst entzündliche Gase bilden.

V2 Lege an ein Stück Silicium eine Spannung an und miss die Stromstärke. Was kann man bei Erhitzen des Siliciums beobachten? Führe den gleichen Versuch mit Kupfer aus. Beobachtung?

Quarz, Ausgangsstoff zur Herstellung von Silicium. Silicium ist der wichtigste Grundstoff für die Mikroelektronik und für die zukunsftsorientierte Solarstromtechnologie. Wie lässt sich Silicium herstellen? An Rohstoffen mangelt es nicht. Silicium ist nach dem Sauerstoff maßgeblich am Aufbau der Erdkruste beteiligt – aber nicht als Element, sondern als Bestandteil wichtiger Mineralien und Gesteine (Quarz SiO_2; Silicate, z. B. Kalifeldspat $KAlSi_3O_8$). Silicium rein darzustellen, ist allerdings nicht einfach, denn Quarz lässt sich nur schwer reduzieren. Der Modellversuch (V1) zeigt, dass es dennoch möglich ist. Als Reduktionsmittel dient Magnesium, es reduziert Siliciumdioxid zu Silicium.

$$\underset{\text{Siliciumdioxid}}{SiO_2} + \underset{\text{Magnesium}}{2\,Mg} \longrightarrow \underset{\text{Silicium}}{Si} + \underset{\text{Magnesiumoxid}}{2\,MgO} + \textit{Energie}$$

In der Technik wird Quarz mit Kohlenstoff bei sehr hohen Temperaturen reduziert. Als Produkt erhält man **Rohsilicium**.

Elementares Silicium wird aus Siliciumdioxid durch Reduktion mit Kohlenstoff gewonnen.

Silicium ist ein Halbleiter. Ohne das Element Silicium wäre unser „Computerzeitalter" nicht möglich, denn 90% aller Halbleiterbauelemente sind aus Silicium hergestellt. Halbleiter sind Materialien mit besonderen Eigenschaften, die zwischen Isolator und Leiter angesiedelt sind. Im Gegensatz zu den Metallen (s. S. 98) leiten sie bei zunehmender Temperatur den elektrischen Strom besser.

Das Element Silicium ist ein Halbleiter. Im Gegensatz zu Metallen nimmt seine elektrische Leitfähigkeit mit steigender Temperatur zu.

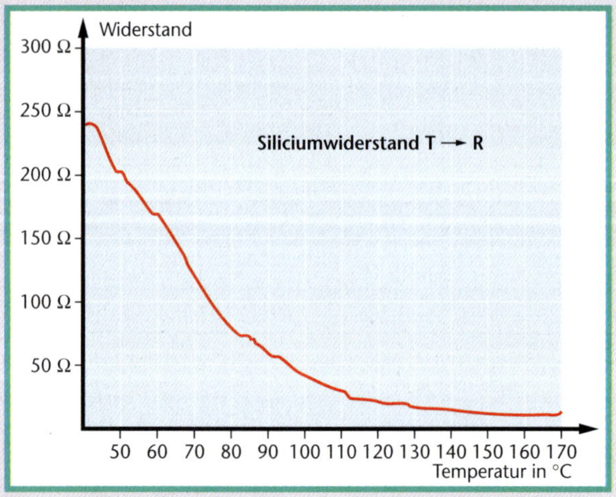

1 Temperaturabhängigkeit des Widerstands eines Halbleiters (Silicium)

2 Oberfläche von polykristallinem Silicium

Reinstsilicium. Für die Computertechnik ist Silicium von höchster Reinheit erforderlich. Zusätzlich muss dieses Material noch in einen großen, etwa 300 kg schweren **Einkristall** umgewandelt werden: monokristallines Silicium. Heute gelingt es Einkristalle von 30 cm Durchmesser und 200 cm Länge zu erzeugen (Siliciumstäbe). Deren Reinheit liegt hier schon bei 99,9999999 %. Die restlichen (geringen) Verunreinigungen sind vergleichbar mit einem Menschen, der in einer Milliarde Menschen versteckt ist!
Die elektrischen Eigenschaften des Reinstsiliciums können durch Zugabe (Dotierung) z. B. von Bor und Phosphor gezielt beeinflusst werden.

Die Größenordnung der Dotierung ist schwer vorstellbar. Sie entspricht der gleichmäßigen Verteilung von einem Esslöffel Zucker in einem Schwimmbecken mit den Maßen 5 Meter × 10 Meter × 2 Meter (100 000 Liter).

Aus einem Einkristall werden mit Diamantsägen Scheiben von 1 mm Dicke und 300 mm Durchmesser geschnitten, die so genannten **Wafer**. Daraus werden 700 bis 900 **Chips** (Größe 5 mm × 5 mm) hergestellt, die Baueinheiten, die unsere Computer „zum Laufen" bringen.

A1 Wie rein müssen die Chemikalien sein, die zur Bearbeitung der „Wafer" verwendet werden?

Monokristallines Silicium dient auch zur Herstellung von **Solarzellen**. Sie wandeln Licht in elektrischen Strom um. Einem breiteren Einsatz steht zur Zeit noch der hohe Preis entgegen. Deshalb wird zunehmend billigeres polykristallines Silicium verwendet.
Polykristallines Silicium besteht aus einem unregelmäßigen Gefüge von vielen Siliciumkristallen.

3 Einkristall-Siliciumstab, Wafer und Chips

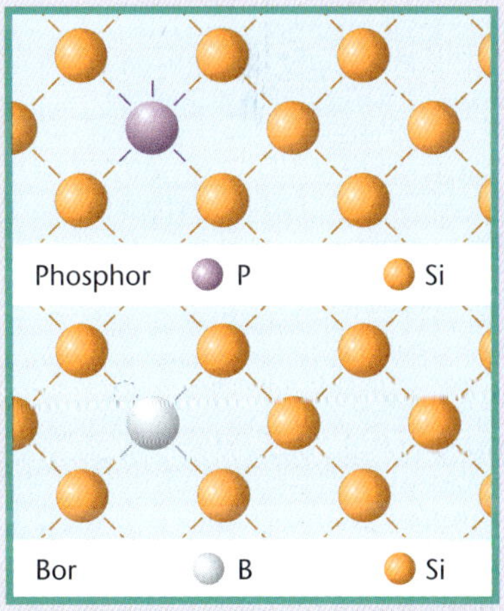

4 Dotierung

Durch Dotierung werden die elektrischen Eigenschaften des Halbleiters Silicium gezielt beeinflusst. Rohsilicium, Reinsilicium, polykristallines und monokristallines Reinsilicium sind Produktionsstufen, die bis zum Wafer durchlaufen werden müssen.

** 66 Das kalte Feuer Wasserstofftechnologie

Visionen... ,,Was werden wir später einmal statt Kohle verbrennen?'', fragte der Seemann. ,,Wasser'', antwortete Smith. ,,Wasserstoff und Sauerstoff werden für sich zusammen zu einer unerschöpflichen Quelle von Wärme und Licht werden, von einer Intensität, die die Kohle überhaupt nicht haben könnte; das Wasser ist die Kohle der Zukunft'' (Jules Verne, Science-Fiction-Autor, ,,Die geheimnisvolle Insel'', **1874**). Ludwig Bölkow, Flugzeugbauer, wurde vor rund 20 Jahren verlacht, als er im Wasserstoff unsere Zukunft sah.

Verbrennungswärme von Stoffen

Heizwert in kJ/kg	
Benzin	$40{,}6 \cdot 10^3$
Erdgas	$55{,}3 \cdot 10^3$
Wasserstoff	$126{,}5 \cdot 10^3$

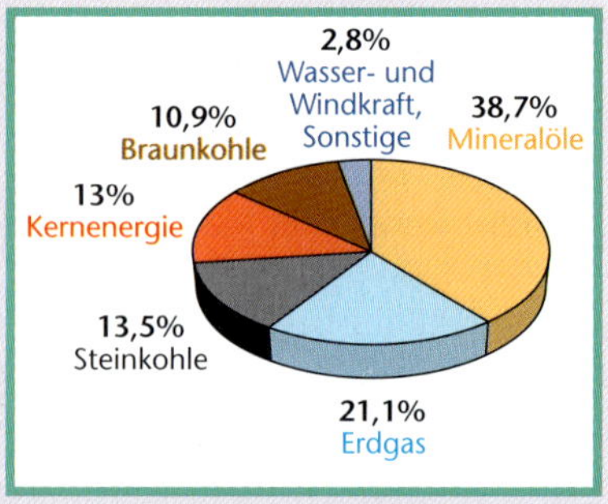

1 Energieträger in Deutschland 2000 (Quelle: Arbeitsgemeinschaft Energiebilanzen)

2 Sir William Robert Grove

Und die Gegenwart? Energie ist die Grundlage für Wohlstand und Wachstum. Derzeit wächst die Bevölkerung der Erde pro Tag um rund 240 000 Menschen. Der wirtschaftliche Nachholbedarf in den Entwicklungs- und Schwellenländern wird den zukünftigen Energie- und vor allem Strombedarf enorm ansteigen lassen. Dabei sind aber zum einen die Vorräte von Erdgas und Erdöl nicht unbegrenzt, zum anderen entsteht bei der Energiegewinnung aus fossilen Brennstoffen das Treibhausgas Kohlenstoffdioxid. Die Kernenergie ist keine echte Alternative (Angst vor Reaktorunfällen, ungelöste Frage der radioaktiven Abfälle, geplanter Ausstieg). Mithilfe von Wasserstoff sollen erneuerbare Energien wie Sonne, Wind, Erdwärme oder Biomasse genutzt, gespeichert und transportiert werden. Die Folge davon: Die wertvollen Vorräte an Erdgas oder Erdöl werden nicht mehr für Verbrennungsvorgänge verschwendet, die Umwelt wird nicht weiter mit Kohlenstoffdioxid belastet. Beim Verbraucher angekommen, kann der Wasserstoff verbrannt werden, Wärme erzeugen oder Verbrennungsmotoren und Gasturbinen antreiben.

Die Brennstoffzelle – moderne Technik mit Vergangenheiten. Zukunftsträchtiger ist der Einsatz von Wasserstoff in der **Brennzelle**. Das Jahr 1839 gilt als deren Geburtsjahr. Damals stellte Sir Robert Grove den ersten funktionsfähigen Prototypen der Öffentlichkeit vor. Wie so oft in der Geschichte verkannten die Zeitgenossen seine Entdeckung, die Zeit war noch nicht ,,reif'' dafür und das Thema geriet in Vergessenheit. Erst in den 50er-Jahren des 20. Jahrhunderts griff man die Idee wieder auf und begann, die Brennstoffzelle in der Militär- und Raumfahrttechnik einzusetzen. Die zivile Nutzung wurde in den letzten Jahren interessant. Wissenschaftler und Ingenieure entwickeln seit Beginn der 1990er-Jahre verschiedene Konzepte, mit denen es gelingt, die Leistungsfähigkeit weiter zu steigern und gleichzeitig die Kosten zu senken.

Dabei sind Brennstoffzellen sehr einfach aufgebaut. Die eigentliche Zelle besteht aus drei übereinander liegenden Schichten: Anode, Kathode und dazwischen ein protonendurchlässiger Elektrolyt. Als Elektrolyt dienen in den verschiedenen Typen unterschiedliche Stoffe, feste mit Membran-Struktur oder flüssige. Da die einzelne Zelle nur eine sehr geringe Spannung erzeugt, werden je nach benötigter Spannung mehrere Zellen aufeinander gestapelt. Wie aber entsteht die Energie? Das Prinzip ist nicht

allzu kompliziert. Bei der Brennstoffzelle handelt es sich um eine „umgekehrte Elektrolyse". Statt Wasser mit elektrischem Strom in Wasserstoff und Sauerstoff zu zerlegen, wird nun aus diesen Gasen Wasser in Form von Dampf hergestellt. Dabei wird Energie in Form von Gleichstrom gewonnen. B 3 verdeutlicht dir das genauer. An der Anode wird der zuströmende Wasserstoff durch Elektronenabgabe zu Wasserstoff-Ionen (Protonen) oxidiert, an der Kathode wird der Sauerstoff durch Elektronenaufnahme reduziert. An der Kathode herrscht somit Elektronenmangel, an der Anode Elektronenüberschuss. Verbindet man nun die beiden Elektroden mit einem elektrischen Leiter, fließt Strom über den äußeren Leiterkreis. Die beiden Reaktionen können durch folgende Gleichungen vereinfacht wiedergegeben werden.

Anode: $2\,H_2 \longrightarrow 4\,H^+ + 4\,e^-$

Kathode: $O_2 + 4\,e^- \longrightarrow 2\,O^{2-}$

$$2\,H_2 + O_2 \longrightarrow 2\,H_2O$$

Wasserstoff als Energieträger wird viele Bereiche unseres Lebens verändern, er könnte die gesamte Energieversorgung revolutionieren (B 4, B 5).

4 Stadtbus mit Brennstoffzelle und Drucktanks auf dem Dach

5 Ein Tanklastzug transportiert verflüssigten Wasserstoff zum Kunden.

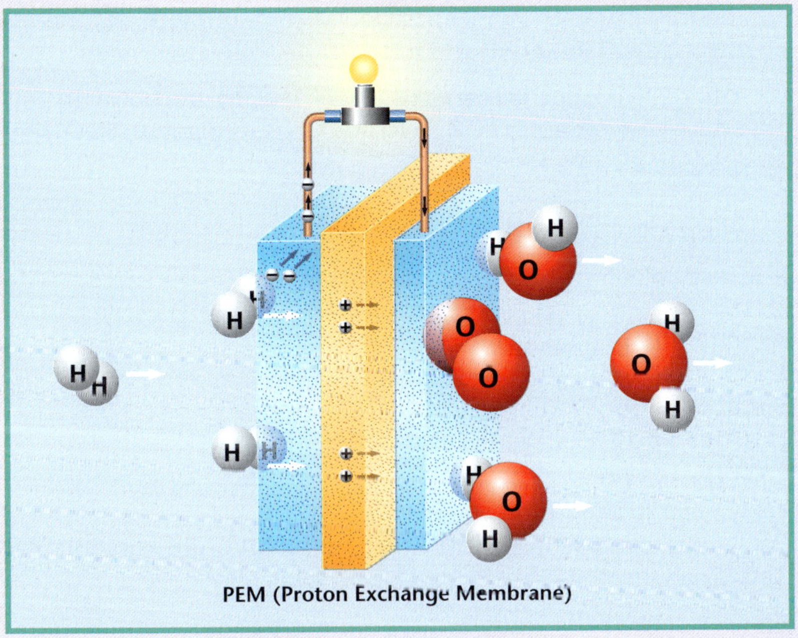

3 Aufbau einer Brennstoffzelle

A1 Erkundige dich, in welcher Form Wasserstoff gespeichert werden kann!

A2 Erläutere die Aussage „Energie zum Nulltarif"!

A3 Warum sind Länder wie z. B. die Vereinigten Emirate an der Wasserstofftechnologie sehr interessiert?

A4 Informiere dich im Internet über den aktuellen Entwicklungsstand der Wasserstofftechnologie, z. B. beim Deutschen Wasserstoff-Verband.

In der Brennstoffzelle wird chemische Energie direkt in elektrische Energie umgewandelt.
Merke: Die sauberste und billigste Energie ist die, die nicht verbraucht wird.

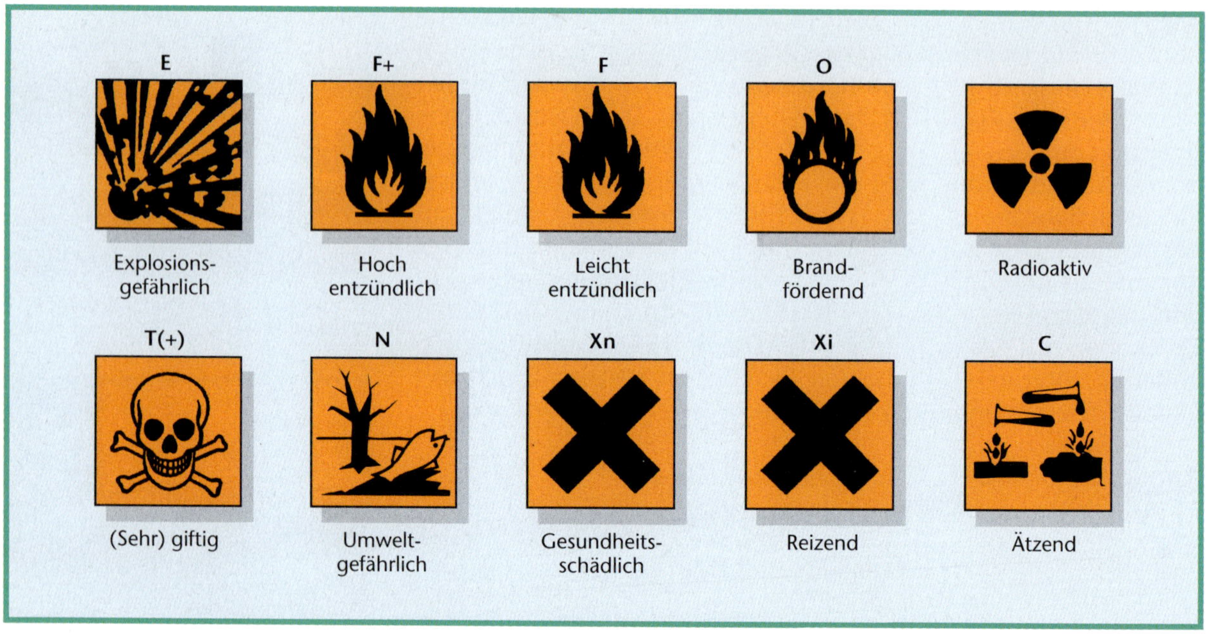

Orangefarbene Warntafeln beim Transport von gefährlichen Stoffen

Auf den Warntafeln der Fahrzeuge sind Nummern zur Kennzeichnung der Gefahren und der Gefahrstoffe angegeben.

30
1202

Die **obere Nummer** kennzeichnet die Gefahr und besteht aus zwei oder drei Ziffern. Die Ziffern weisen auf folgende Gefahren hin:

Die erste Ziffer (**1** bis **8**) bezeichnet die Hauptgefahr:

1 feste Explosivstoffe (nicht für Tankwagen)
2 Gas
3 entzündbare Flüssigkeit
4 entzündbarer fester Stoff
5 entzündend (oxidierend wirkender Stoff)
6 giftiger Stoff
8 ätzender Stoff

33
1203

Die zweite (und evtl. dritte) Ziffer bezeichnet die zusätzlichen Gefahren:

0 keine zusätzliche Gefahr
1 Explosion
2 Entweichung von Gas
3 Entzündbarkeit
5 Entzündende Wirkung
6 Giftigkeit
8 Ätzbarkeit
9 Gefahr einer heftigen Eigenreaktion (z. B. Selbstzersetzung)

Wenn der oberen Nummer ein X vorangestellt ist, reagiert der Stoff in gefährlicher Weise mit Wasser.

Z. B.	**20**	inertes Gas (z. B. Kohlenstoffdioxid)
	225	tiefgekühltes, oxidierendes Gas (z. B. flüssige Luft)
	236	brennbares Gas, giftig
	266	sehr giftiges Gas
	286	ätzendes Gas, giftig (z. B. Hydrogenchlorid)
	X 338	leicht entzündbare Flüssigkeit, ätzend, die mit Wasser gefährlich reagiert

Die **untere Nummer** mit vier Ziffern kennzeichnet den Gefahrstoff. Jeder Gefahrstoff hat eine eigene Nummer, die international gilt.

Z. B.	1202 = Heizöl	1203 = Benzin
	1003 = flüssige Luft	1017 = Chlor
	1789 = Salzsäure	1824 = Natronlauge
		1428 = Natrium

Feuerwehr und Polizei können anhand dieser Kennzeichnung schon aus größerer Entfernung feststellen, welcher gefährliche Stoff geladen ist und im Notfall die richtigen Maßnahmen treffen.

Entsorgung von Chemikalienresten in den Schulen

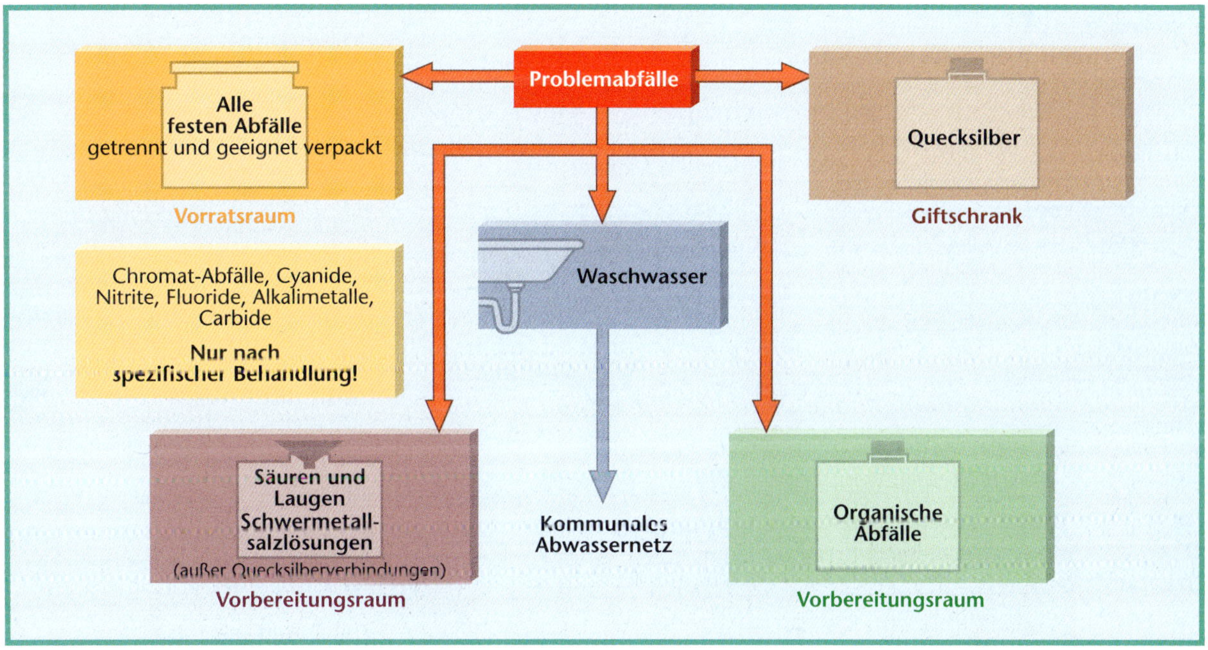

Aktivierungsenergie: Energiebetrag, der notwendig ist, um eine chemische Reaktion in Gang zu bringen. Die Aktivierung erfolgt meist durch Erhitzen („Zünden"), Belichten oder Stoß.

Alkalimetalle: „Familienname" der Elemente der 1. Hauptgruppe des PSE. Die Atome dieser reaktionsfreudigen Metalle besitzen jeweils nur ein Außenelektron und bilden bei chemischen Reaktionen einfach positiv geladene Ionen.

Analyse: griech. „Auflösung". Zersetzung einer chemischen Verbindung und Ermittlung ihrer Zusammensetzung.

Anionen: Negativ geladene Ionen, die bei der Elektrolyse zur positiv geladenen Anode wandern.

Atom: Kleinstes, mit chemischen Mitteln nicht weiter zerlegbares Teilchen eines chemischen Elements. Es existieren so viele verschiedene Atomsorten wie es chemische Elemente gibt.

Atombindung: auch Elektronenpaarbindung genannt. Chemische Bindung zwischen Atomen durch gemeinsame Elektronenpaare. Durch die Bindung der Atome durch gemeinsame Elektronenpaare entstehen Moleküle.

Atommasse: Masse eines Atoms. Die absolute Atommasse, angegeben z. B. in kg, ergibt unhandliche Zahlenwerte. Die relative Atommasse ist eine Verhältniszahl und gibt an, wie viel mal schwerer ein Atom ist, als das leichteste Atom, das Wasserstoffatom (relat. Masse = 1).

Basen: Teilchen (Moleküle oder Ionen), die H^+-Ionen (Protonen) aufnehmen, also Protonenempfänger.

Bindungstyp: Art des Zusammenhalts der Atome in Atomverbänden. Beispiele: Atombindung (Elektronenpaarbindung) und Ionenbindung.

chemische Reaktion: Bei einer chemischen Reaktion entstehen aus Stoffen (Ausgangsstoffen) neue Stoffe (Reaktionsprodukte) mit völlig anderen Eigenschaften. Bei allen chemischen Reaktionen ist Energie beteiligt.

Dipol: Molekül mit einem negativen und einem positiven Pol. Zwischen Dipol-Molekülen wirken erhöhte zwischenmolekulare Anziehungskräfte.

Edelgase:
Elemente („ Elementfamilie") der 8.Hauptgruppe. Edelgase sind die einzigen Elemente, die bei Normalbedingungen atomar vorkommen. Sie zeichnen sich durch extreme Reaktionsträgheit aus.

Edelgaskonfiguration: Anordnung der Außenelektronen wie bei Edelgasatomen. Alle Edelgasatome (Ausnahme: Helium) haben auf der Außenschale 8 Elektronen (Achterschale; Oktett).

Elektrolyse: Chemische Zersetzung einer Lösung oder Schmelze durch den elektrischen Strom. Bei der Elektrolyse werden die Ionen des Elektrolyten entladen.

Elektronegativität: Abkürzung EN. Die EN gibt die Fähigkeit eines Atoms an, innerhalb eines Moleküls die gemeinsamen Elektronen an sich zu ziehen. Das Fluoratom hat den höchsten EN-Wert (4).

Elektronenpaarbindung: siehe Atombindung!

Element: Ein chemisches Element (Grundstoff) ist ein Reinstoff, der chemisch nicht mehr zersetzt werden kann und der aus einer einzigen Atomsorte (Atome mit derselben Ordnungszahl) besteht.

Elementarteilchen: Grundbausteine der Atome (Protonen und Neutronen im Atomkern, Elektronen in der Hülle).

Elementfamilie: Chemisch verwandte Elemente in einer Gruppe des PSE.

Endotherm: Bei endothermen Reaktionen muss laufend Energie zugeführt werden. Die Reaktionsprodukte sind energiereicher als die Ausgangsstoffe.

exotherm: Bei exothermen Reaktionen wird insgesamt Energie freigesetzt. Die Reaktionsprodukte sind energieärmer als die Ausgangsstoffe.

Formel: Kurzschreibweise für chemische Verbindungen mithilfe von chemischen Symbolen.

Gemisch: Ein Stoff, der aus zwei oder mehreren Reinstoffen zusammengesetzt ist und der sich durch physikalische Trennmethoden (z. B. Filtrieren, Destillieren) wieder zerlegen lässt. Die Eigenschaften eines Gemisches hängen stark vom Mischungsverhältnis seiner Bestandteile ab.

Gesetz von der Erhaltung der Masse: Bei einer chemischen Reaktion bleibt die Gesamtmasse der Reaktionspartner erhalten. Es gehen also weder Atome verloren, noch werden Atome neu geschaffen. Masse der Ausgangsstoffe = Masse der Reaktionsprodukte.

Gitterenergie: Energie, die frei wird, wenn sich Ionen zu einem Ionengitter zusammenlagern. Die Gitterenergie ist ein Maß für die Kräfte, mit denen die Ionen in einem Ionengitter zusammengehalten werden.

Gruppen: Die im Periodensystem senkrecht untereinander stehenden Elemente bilden jeweils eine Gruppe oder Elementfamilie. Die Elemente einer Gruppe stimmen in der

Zahl der Außenelektronen überein. Sie besitzen daher viele übereinstimmende Eigenschaften, d. h. sie verhalten sich chemisch sehr ähnlich.

Halogene: „Salzbildner". Elemente der 7. Hauptgruppe des PSE. Die Atome dieser sehr reaktionsfähigen Nichtmetalle besitzen jeweils 7 Außenelektronen. Bei der Reaktion mit Metallen bilden sich Salze (Name!) mit einfach negativ geladenen Halogenid-Ionen.

Hauptgruppen: siehe Gruppen!

Hydratisierung: Umhüllung von Ionen oder Molekülen mit den Dipolmolekülen des Wassers. Bei der Bildung der Hydrathülle wird Energie frei (exotherme Reaktion).

Hydroxid-Ion: Bezeichnung für das einwertige Anion OH^-. Wässrige Lösungen, die Hydroxid-Ionen enthalten, werden Laugen genannt.

Indikatoren: lat. „Anzeiger". Stoffe, mit deren Hilfe man chemische Vorgänge verfolgen oder bestimmte Zustände erkennen kann. Säure-Base-Indikatoren zeigen durch unterschiedliche Farben an, ob eine Lösung sauer, alkalisch (laugig) oder neutral reagiert.

Ionen: Elektrisch geladene Atome oder Atomgruppen. Aufgrund ihrer elektrischen Ladung „wandern" (Name!) sie bei der Elektrolyse zu den entsprechenden Elektroden.

Ionenbindung: Eine Art der chemischen Bindung. Dabei erreichen Metallatome durch Elektronenabgabe bzw. Nichtmetallatome durch Elektronenaufnahme jeweils eine stabile Außenschale („Edelgasschale"). Die entstandenen positiven und negativen Ionen ziehen sich gegenseitig an und lagern sich zu größeren Ionenverbänden (Ionengitter) zusammen.

Ionenverbindungen: „Salze". Verbindungen, die aus positiv und negativ geladenen Ionen (Kationen und Anionen) aufgebaut sind. Im festen Zustand bilden sie ein Ionengitter. Sie besitzen i. a. hohe Schmelz- und Siedepunkte, sind meist hart und spröde.

Katalysator: Stoff, der die Aktivierungsenergie für eine chemische Reaktion herabsetzt und dadurch den Reaktionsablauf beschleunigt. Er wird dabei nicht verbraucht.

Kation: Positiv geladenes Ion, das bei der Elektrolyse zur negativen Kathode wandert.

Kern-Hülle-Modell: Modell, das v. a. auf Rutherford zurückgeht und den Aufbau eines Atoms so beschreibt: Im Zentrum eines Atoms ist ein winziger, positiv geladener Kern. Um den Kern bewegen sich fast masselose, negativ geladene Elektronen und bilden die Atomhülle.

Kernladungszahl: auch Ordnungszahl genannt. Anzahl der Protonen im Atomkern eines Elements. Im elektrisch neutralen Atom ist die Kernladungszahl gleich der Anzahl der Elektronen in der Atomhülle. Alle Atome mit derselben Kernladungszahl gehören zum selben Element. Die Atome verschiedener Elemente haben immer auch verschiedene Kernladungszahlen.

Laugen: Wässrige, alkalisch reagierende Lösung von Basen, erkennbar mithilfe von Indikatoren; allgemein: hohe Hydroxid-Ionen-Konzentration, z. B. Natronlauge.

Leiter: Materialien und Stoffe, die – im Gegensatz zu Isolatoren – beim Anlegen einer Spannung den elektrischen Strom leiten. Leiter 1. Klasse: Metalle (Elektronenleiter), Leiter 2. Klasse: Elektrolyte (Ionenleiter); Halbleiter liegt zwischen Leiter und Isolator.

Metalle: Chemische Elemente mit den typischen Eigenschaften: Metallglanz (Lichtreflexion), gute bis sehr gute thermische und elektrische Leitfähigkeit und Verformbarkeit. Bei chemischen Reaktionen Bildung positiver Ionen (Kationen, Metall-Ionen); Metall-Ionen bilden im festen Zustand ein Metallgitter, welches durch die Valenzelektronen („Elektronengas") zusammengehalten werden.

Mol: Basiseinheit der Stoffmenge mit dem Zeichen „mol"; das Mol ist die Stoffmenge, die so viele Teilchen (Atom, Moleküle, Ionen) enthält wie in 12 g des Kohlenstoffisotops ^{12}C (Atomsorte des Kohlenstoffs) enthalten sind: 1 mol besteht aus $6{,}02 \cdot 10^{23}$ Teilchen.

Molekül: Elektrisch neutraler Teilchenverband bestehend aus einer bestimmten Anzahl von Atomen auf der Basis der Atombindung (z. B. Wassermolekül). Riesenmoleküle bestehen aus Hunderten bis Tausenden von Atomen (Makromoleküle).

Neutralisation: Chemische Reaktion, bei der aus einer sauer und einer alkalisch reagierenden Lösung eine neutrale Lösung entsteht. Das Wesentliche bei einer Neutralisation ist die Bildung von Wassermolekülen durch Vereinigung von H^+- und OH^--Ionen.

Oktett-Regel: Einfache Vorstellung zur chemischen Bindung. Atome mit 8 Elektronen in der äußeren Schale sind besonders stabil, z. B. die Edelgasatome außer Helium. Dieser Zustand kann auch erreicht werden, wenn Atome Elektronen abgeben oder aufnehmen, also zu Ionen werden. Beispiel: das Cl^--Ion erfüllt die Oktettregel, nicht aber das Cl-Atom.

Ordnungszahl: Platznummer eines Elementes im PSE; identisch mit der Kernladungszahl bzw. der Anzahl der Protonen.

Oxidation: a) Ursprüngliche Definition: Chemischer Vorgang, bei dem sich ein Stoff mit Sauerstoff verbindet.
*b) Erweiterte Definition: Abgabe von Elektronen.

Oxonium-Ion: Charakteristische Ionenart aller wässrigen Säurelösungen (H_3O^+); entsteht aus einem Wassermolekül durch Aufnahme eines Protons; nach Brönsted selbst eine Säure.

Periode: Waagrechte Anordnung (Zeile) von Elementen im PSE, jede Periode schließt ab mit einem Edelgas; es gibt 7 Perioden – entsprechend den 7 Hauptenergieniveaus (Schalen) in der Atomhülle. Die maximale Anzahl der Elemente pro Periode ist durch die maximale Elektronenzahl ($z = 2\,n^2$) bedingt.

pH-Wert: Der pH-Wert ist ein Maß für die H^+-Ionen-Konzentration einer Lösung. Reines Wasser besitzt den pH-Wert 7, Säurelösungen besitzen einen pH-Wert unter 7, alkalische Lösungen über 7.

polare Atombindung: Atombindung zwischen 2 Atomen, von denen eines das gemeinsame Elektronenpaar stärker anzieht als der Bindungspartner. Als Folge entstehen an den Atomen negative bzw. positive Teilladungen.

Protolyse: Wichtiger Reaktionstyp, bei dem es zu einem Protonenübergang kommt, z. B. zwischen HCl-Gas und Wasser; macht allgemein Säure-Base-Reaktionen verständlich.

Redoxreaktion: Koppelung von Reduktion und Oxidation in einer chemischen Reaktion.
a) Ursprüngliche Definition: Übertragung von Sauerstoff (Abgabe und Aufnahme von Sauerstoff bei einer chemischen Reaktion). Oxidationsmittel liefert Sauerstoff, Reduktionsmittel nimmt Sauerstoff auf.
*b) Erweiterte Definition: Elektronenübertragung (Abgabe und Aufnahme von Elektronen bei einer chemischen Reaktion). Reduktionsmittel liefert Elektronen, Oxidationsmittel nimmt Elektronen auf.

Reduktion: a) Ursprüngliche Definition: Chemischer Vorgang, bei dem ein Stoff Sauerstoff abgibt.
*b) Erweiterte Definition: Aufnahme von Elektronen.

Reinstoff: Reine Stoffe. Durch klassische physikalische Methoden der Stofftrennung nicht weiter zerlegbar; es werden Verbindungen und Elemente unterschieden. Reinstoffe besitzen konstante (gleich bleibende) physikalische Eigenschaften wie Schmelz- und Siedetemperatur (Bedingungen!).

relative Atommasse (m_A): Verhältniszahlen zwischen den Massen unterschiedlicher Atome.
a) Ursprüngliche Definition: Bezugsgröße ist die Masse eines Wasserstoffatoms, die gleich 1 gesetzt wird.
*b) Moderne Definition: Bezugsgröße ist 1/12 der Masse des C-Isotops (bestimmte Atomsorte des Kohlenstoffs) ^{12}C.

Säurelösung: Erhältlich durch Auflösen einer Säure im Wasser; Gegensatz zu Lauge; charakteristische Eigenschaften – Geschmack, Wirkung auf Indikatoren, elektrische Leitfähigkeit, Wirkung auf unedle Metalle; pH-Wert < 7.

Säuren: a) Einfache Definition: Stoffe, die mit Wasser zu einer Säurelösung reagieren (s. o.). Wichtige Beispiele: Chlorwasserstoff, HCl; Schwefelsäure, H_2SO_4; Salpetersäure, HNO_3.
*b) Allgemeinere Definition (nach Brönsted): Moleküle oder Ionen, welche Protonen abgeben können.

Salze: Reaktionsprodukt (Verbindung) aus Metall und Nichtmetall; Ionenbindung. Feststoffe mit charakteristischem Ionengitter; daher hoher Schmelzpunkt (exemplarisch: Natriumchlorid). Schmelze und wässrige Lösung leiten den elektrischen Strom. Anionen leiten sich von Säuren ab, z. B. Sulfat-Ion (Schwefelsäure).

sauer: (Phänomenologische) Kennzeichnung der Eigenschaften einer Säurelösung (Geschmack, Wirkung auf Indikatoren) – Gegensatz zu alkalisch; bezogen auf den pH-Wert: pH < 7; allgemein: Lösung mit hoher H+-Ionen-Konzentration.

Stoff: Fachausdruck in der Chemie für eine bestimmte Art von Material unabhängig von der Form. Man unterscheidet Reinstoffe und Gemische; homogene und heterogene Stoffe.

Symbol: International einheitliche Abkürzung für die Elemente, zurückgehend auf Berzelius (1813); häufig liegt die lateinische oder griechische Bezeichnung der Elemente zugrunde, z. B. H/Hydrogenium/Wasserstoff.

Synthese: griech. „Vereinigung". Aufbau einer chemischen Verbindung aus den Elementen (Elementarsynthese) oder aus einfacheren Bausteinen (Zwischenstufen); Glanzpunkte sind Naturstoffsynthesen (z. B. Vitamin A).

Teilchenmodell: Philosophische Vorstellung über den Aufbau der Stoffe (Materie!) – diskontinuierliche, „körnige Struktur" der Materie; fruchtbarster Ansatz war die Atomhypothese von Dalton um 1800.

Treibhauseffekt: Begriff für die Wirkung bestimmter Gase in der Lufthülle (Atmosphäre) auf den Wärme-/Temperaturhaushalt der Erde (z. B. Kohlenstoffdioxid, Lachgas, Ozon, FCKW). Genauer müsste vom zusätzlichen Treibhauseffekt gesprochen werden (greenhouse-effect).

Wertigkeit: Die stöchiometrische Wertigkeit ist ein Hilfsbegriff zum Aufstellen chemischer Formeln; Ursache ist die Anzahl der Außenelektronen. Beispiele: Mg = 2-wertig: 2 Außenelektronen.

Bildquellenverzeichnis

Agrar Service, Schmalfeld (Foto: N. Cattlin): S. 7.3, 77;
akg-images, Berlin: S. 8.2, 8.3;
Archiv Ruhrverband, Essen: S. 87;
argus fotoarchiv, Hamburg (Foto: Woltmann): S. 61.3;
Baumgart, Carmen, München: S. 60;
Bilderberg, Hamburg (Foto: Milan Horacek): S. 85.4;
BMW, München: S. 69.4, 75.2;
Bongarts Sportfoto, Hamburg (Foto: Alexander Hassenstein): S. 149.2;
ddp-Nachrichtenagentur, München: S. 75.4;
Degussa Metals Catalysts Cerdera AG, Hanau: S. 35;
Deutsches Museum, München: S. 9.4, 20.1, 35.3, 37.3, 37.5, 90.1, 94.1, 96, 166.2;
Donoslovìc, Ivan, Neuried: S. 9.6, 10, 12, 13.4, 15.4, 17(oben), 99.3–7, 109.2,116.2, 123, 130.2, 131.4, 132, 133.2, 134, 138.2, 142.2;
dpa, Frankfurt/M.: S. 62.2, 82, 116.2;
Eisner, T./Aneshausley, D., Ithaka/USA: S. 38.7;
Engel, Dr. Thomas & Lanig, Dr., Harald, Computer-Chemie-Zentrum, Erlangen: S. 107.2;
Evo Bus GmbH, Mercedes-Benz Omnibus, Mannheim: S. 167.4;
Fotostudio Tauber, Heilbronn: S. 11.4 (links);
Freilichtmuseum Glentleiten (Foto: Dr. Klein): S. 151.4;
Getty Images Deutschland GmbH, München (Foto: Jan Murphy) S. 161.1;
Honda Motor Europa GmbH, Offenbach: S. 121.3;
IFA-Bilderteam, München (Foto: Ostarhild): S. 7.6;
Jilka, Johannes, Altenstadt: S. 1, 7.4, 7.7, 11.5, 54.1, 57.2, 58, 125, 126, 130.1, 131.3;
Key-color, Zürich (Foto: Kupferschmidt): S. 7.8;
Keystone Pressedienst, Hamburg: S. 35.4, 75.1;
Köster, H. Baldham: S. 110.3;
Krimmer, Jan, Großnöbach: S. 7.1;
Linde AG, München: S. 167.5;
Mauritius Bildagentur, Mittenwald: S. 74;
Medenbach, Ulrike, Wissenschaftl. Fotografie, Witten: S. 41;
MEV Verlag, Augsburg: S. 7.2, 7.5, 57.3, 68.2, 75.3, 129.4;
OKAPIA, Frankfurt/M (Foto: Helmut Göthel): S. 8.1;
OSRAM GmbH, München: S. 133.3;
Pfeifer, P., Bayreuth: S. 63.4, 128.1;
Picture Press, Hamburg /Foto: Friedel: S. 53;
Rampf, H., München/Reichelt, R., Ebersberg: S. 11.4 (rechts), 13.3, 14.1, 15.3, 15.5, 16, 17.5, 23, 27, 28, 29, 30, 31, 36, 37.4, 39, 40, 54.2, 55, 56, 63.5, 65.2, 68.1, 70.2, 73, 99.1–2, 99.4, 99.8, 107.1, 109.1, 115.2, 116.1, 116.3–6, 117, 118, 121.2, 137, 138.1, 142.1, 142.3, 143.4, 144.1, 145.1, 147.1, 149.1, 150, 151.3, 152, 154.1;
Salzbergwerk Berchtesgaden: S. 14.2;
Solar-Wasserstoff-Bayern GmbH (SWB), München: S. 161.4;
Tauber, Wolfgang, Edling: S. 61.5;
Techniker Krankenkasse, Hamburg: S. 63.3;
VCH Verlagsgesellschaft, Weinheim aus: Angewandte Chemie Nr. 108/7, S. 765: S. 21;
Wacker Siltronic AG, Burghausen (Werkfoto): S. 161.2, 161.3, 164.2, 165.3;
Werkstudio, Düsseldorf: S. 9.5;
ZEFA, Düsseldorf: S. 69.3 (Foto: Photri), 86 (Foto: R. Hackenberg), 155 (H. Kehrer)

Geräte und Arbeitsverfahren des Chemikers

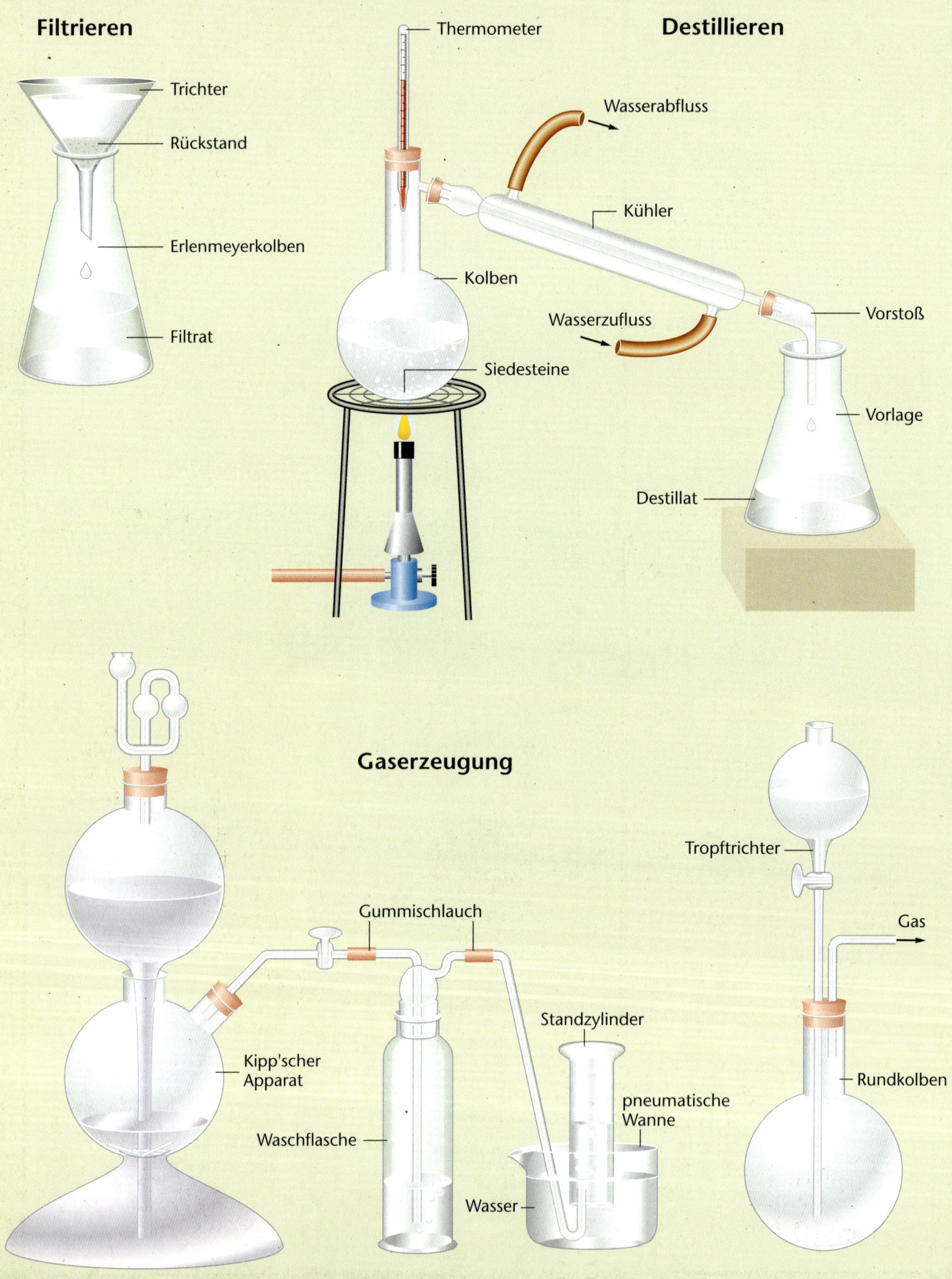